Praxisleitfaden Chatbots

Beate Bruns · Cäcilie Kowald

Praxisleitfaden Chatbots

Conversation Design für eine bessere User Experience

Beate Bruns
time4you GmbH
Karlsruhe, Deutschland

Dr. Cäcilie Kowald
time4you GmbH
Karlsruhe, Deutschland

ISBN 978-3-658-39644-2   ISBN 978-3-658-39645-9 (eBook)
https://doi.org/10.1007/978-3-658-39645-9

Die Deutsche Nationalbibliothek verzeichnet diese Publikation in der Deutschen Nationalbibliografie; detaillierte bibliografische Daten sind im Internet über http://dnb.d-nb.de abrufbar.

© time4you GmbH communication & learning 2023
Das Werk einschließlich aller seiner Teile ist urheberrechtlich geschützt. Jede Verwertung, die nicht ausdrücklich vom Urheberrechtsgesetz zugelassen ist, bedarf der vorherigen Zustimmung des Verlags. Das gilt insbesondere für Vervielfältigungen, Bearbeitungen, Übersetzungen, Mikroverfilmungen und die Einspeicherung und Verarbeitung in elektronischen Systemen.
Die Wiedergabe von allgemein beschreibenden Bezeichnungen, Marken, Unternehmensnamen etc. in diesem Werk bedeutet nicht, dass diese frei durch jedermann benutzt werden dürfen. Die Berechtigung zur Benutzung unterliegt, auch ohne gesonderten Hinweis hierzu, den Regeln des Markenrechts. Die Rechte des jeweiligen Zeicheninhabers sind zu beachten.
Der Verlag, die Autoren und die Herausgeber gehen davon aus, dass die Angaben und Informationen in diesem Werk zum Zeitpunkt der Veröffentlichung vollständig und korrekt sind. Weder der Verlag, noch die Autoren oder die Herausgeber übernehmen, ausdrücklich oder implizit, Gewähr für den Inhalt des Werkes, etwaige Fehler oder Äußerungen. Der Verlag bleibt im Hinblick auf geografische Zuordnungen und Gebietsbezeichnungen in veröffentlichten Karten und Institutionsadressen neutral.

Planung/Lektorat: Carina Reibold
Springer Gabler ist ein Imprint der eingetragenen Gesellschaft Springer Fachmedien Wiesbaden GmbH und ist ein Teil von Springer Nature.
Die Anschrift der Gesellschaft ist: Abraham-Lincoln-Str. 46, 65189 Wiesbaden, Germany

Vorwort

Künstliche Intelligenz ist eine der Schlüsseltechnologien des 21. Jahrhunderts. Ein stetig wachsendes Anwendungsgebiet sind Conversational Agents und Conversational Services: Chatbots unterstützen Menschen bei der Recherche und beim Einkaufen, sie agieren als digitale Assistenten im Privatleben und im Beruf, sie helfen bei Reklamationen und dabei, am Ziel einer Reise anzukommen. Wir Menschen schätzen besonders, dass sie immer und überall erreichbar sind und unaufdringlich, gelassen und freundlich ihren Job erledigen.

Als wir vor einigen Jahren anfingen, uns mit Chatbots zu beschäftigen, waren diese noch ein Nischenthema; allerdings schickten sie sich gerade an, diese Nische zu verlassen. Kurz darauf kam der erste Hype – gefolgt von Ernüchterung. Das Ideal des kommunikativen, freundlichen, flexiblen, hilfsbereiten virtuellen Helfers scheiterte allzu oft an banalen Verständigungsschwierigkeiten, und viele Chatbots kamen über ein „Entschuldigung, ich habe dich nicht verstanden, kannst du das bitte anders formulieren" nicht hinaus.

Die Technik sei noch nicht so weit, meinten die einen, und andere: Chatbots hätten eben doch nicht das prognostizierte Potenzial. Und so mancher Chatbot, der mit großem Tusch an den Start ging, verschwand nur wenige Monate später wieder sang- und klanglos von der Bildfläche.

Doch diejenigen, die blieben, und viele, die seither dazu gekommen sind, haben sich weiterentwickelt, und sie lassen erahnen, dass das Potenzial von Chatbots sehr wohl vorhanden ist, aber bisher nur zu einem winzigen Teil ausgeschöpft wird. Nicht, weil die Technik noch nicht weit genug wäre, sondern weil wir sie oft noch nicht richtig nutzen. Auch Computer leisteten anfangs kaum mehr als heute ein einfacher Taschenrechner, doch sie wurden schnell viel mehr als das – weil Menschen sich überlegt haben, was man alles mit Rechenmaschinen anstellen kann und welche spannenden Aufgaben sich durch Zahlenschiebereien erledigen lassen. Und so machen wir heute mit Computern Musik, spielen Spiele, überwachen Produktionsprozesse, entwickeln neue Produkte und noch vieles mehr.

Chatbots haben es vermutlich etwas schwerer als die ersten Computer, denn auch früher schon konnten nur wenige Menschen sehr gut rechnen und genau das Rechnen beherrschen Computer ja sehr überzeugend. Wir alle haben jedoch eine ziemlich gute Vorstellung davon, wie man mit anderen Menschen kommuniziert, und führen täglich mit großer Routine viele Gespräche. Diesen Erwartungen an eine gute Kommunikation muss sich der Chatbot stellen.

Auf der anderen Seite sind wir Menschen bereit, im Dialog mit einer Maschine gewisse Abstriche zu machen – wenn das Ergebnis stimmt. Zahlreiche Studien und Evaluationen belegen eindeutig: Der Erfolg eines Chatbots hängt wesentlich davon ab, wie nützlich er für seine Nutzerinnen und Nutzer ist und ob sie das Gespräch mit ihm als angenehm und insgesamt positiv empfinden. Das wichtigste Ziel bei der Chatbot-Entwicklung ist es also, eine angemessene funktionale und hedonische Qualität sicherzustellen. Darum kümmert sich vor allem das Conversation Design, eine noch relativ junge Disziplin, die sich aus verschiedenen Expertisen speist. User Experience Design, Copywriting, Rhetorik, Psychologie, Linguistik, Prozessmanagement und Informatik gehören dazu.

Wir, die Autorinnen, haben im Laufe der Jahre viele Chatbots kennengelernt, selbst eine ganze Reihe von ihnen entwickelt und andere Personen und Organisationen auf dem Weg zu ihren Chatbots begleitet. Dabei haben wir immer wieder festgestellt, dass das Conversation Design und damit auch die Conversational User Experience in ihrer Relevanz für die Qualität des späteren Chatbots zunächst unterschätzt werden. In diesem Buch legen wir deshalb unseren Schwerpunkt auf das Conversation Design, denn es ist unserer Auffassung nach entscheidend für eine gelungene User Experience und damit für Akzeptanz und langfristigen Erfolg des Conversational Agent.

Und weil wir überzeugt sind, dass es gerade bei Chatbots (übrigens nicht nur dort) immer wieder darauf ankommt, über den Tellerrand hinaus zu blicken und zu versuchen, eine Sache von allen Seiten wahrzunehmen und zu begreifen, bleiben wir beim Conversation Design nicht stehen. Wir laden Sie, liebe Leserin und lieber Leser, ein, in sieben Hauptkapiteln die Entwicklung eines Chatbots von den ersten Überlegungen bis zum Go-live zu verfolgen, zu durchdenken und gewissermaßen mitzuerleben. Vielleicht nutzen Sie dieses Vorgehen ja später als Leitfaden, wenn Sie Ihre eigenen Chatbots gestalten.

Unser Buch richtet sich zunächst einmal an Menschen, die noch keine oder nur rudimentäre Erfahrungen mit der Konzeption und Umsetzung von Chatbots gemacht haben. Darüber hinaus sind wir optimistisch, dass auch erfahrene Chatbot-Entwickler:innen hier den einen oder anderen wertvollen Hinweis und Anregungen für ihre Chatbot-Praxis finden.

Ein solches Buch schreibt sich nicht im stillen Kämmerlein, auch wenn wir dort jede Menge Zeit verbracht haben, gerade in den letzten Wochen und Monaten! Wir haben unendlich viel gelernt aus den Unterhaltungen mit unseren Kolleg:innen bei time4you, mit Teilnehmerinnen und Teilnehmern von Workshops und Online-Kursen, mit anderen Chatbot-Entwickler:innen und mit unseren Kunden. Ihnen allen danken wir an dieser Stelle sehr!

Und nun nehmen wir Sie mit in die Chatbot-Werkstatt, in das Labor und in die Kreativräume der Chatbot-Entwicklung: Mit vielen Beispielen, Kurzanalysen, Auszügen aus Konfigurationsdateien, Chatbot-Skripten, Drehbüchern und Copytexten wird es hoffentlich ganz konkret und anschaulich, was es heißt, einen Chatbot zu entwerfen und umzusetzen.

Karlsruhe
im September 2022

Beate Bruns
Cäcilie Kowald

Inhaltsverzeichnis

1 Conversation Design für gute Chatbots 1
   1.1 Das Conversation Design macht den Unterschied 1
   1.2 Was ist ein Chatbot? 3
      1.2.1 Definition 3
      1.2.2 Conversational Services 5
      1.2.3 Ein kurzer Blick in die Geschichte 6
      1.2.4 Organisatorische Vorteile von Chatbots 9
      1.2.5 Die Beziehung zu den Nutzer:innen 10
   1.3 Was einen guten Chatbot auszeichnet 12
      1.3.1 Vier Merkmale eines guten Chatbots 12
      1.3.2 Nützlichkeit 13
      1.3.3 Adäquate Interaktionsmuster 14
      1.3.4 Sprachliche Qualität 14
      1.3.5 Hedonische Qualität 15
   1.4 Technische Grundlagen 16
      1.4.1 Chatbots als KI-Anwendung 16
      1.4.2 Wie funktioniert ein Chatbot-Dialog? 18
      1.4.3 Die Verarbeitung von Eingaben 19
      1.4.4 Chatbot-Tools und die passenden Technologien 21
   1.5 In sechs Schritten zum Chatbot 23
      1.5.1 Chatbot-Entwicklung im Überblick 23
      1.5.2 Analyse, Planung, Proof of Concept 25
      1.5.3 Conversation Design vom Prototyp zum Copywriting .. 26
      1.5.4 Finale Implementierung des Chatbots und Roll-out 27
   Literatur 28

2 Der Start: Vom Bedarf zum Chatbot-Use-Case 29
   2.1 Was am Anfang wichtig ist 29
   2.2 Bedürfnisse, Interessen und Nutzen 31
      2.2.1 Bedarfsanalyse 31

		2.2.2	Zieldefinition	34
		2.2.3	Mehr als nützlich	36
	2.3	Die Zielgruppe		37
		2.3.1	Analyse	37
		2.3.2	Die Persona der Zielgruppe	38
		2.3.3	Chatbot-spezifische Aspekte	39
		2.3.4	Anwendungskontext und technische Ausstattung	39
	2.4	Den Use Case definieren		42
		2.4.1	Was genau ist ein Use Case?	42
		2.4.2	Use Case für einen Support-Chatbot	43
		2.4.3	User Stories	44
		2.4.4	Die Domäne des Chatbots	46
		2.4.5	Integration und Schnittstellen	47
	2.5	Fallbeispiel: Chatbot Maxi vermittelt Baustoff-Wissen		50
		2.5.1	Hintergrund	50
		2.5.2	Bedarf und Ziele	50
		2.5.3	Die Zielgruppen	51
		2.5.4	Der Use Case	52
	Literatur			52
3	**Planung der Chatbot-Entwicklung**			**55**
	3.1	Was bei der Planung zu beachten ist		55
	3.2	Vorgehensweise		56
		3.2.1	Projekt oder Prozess?	56
		3.2.2	Agiles Arbeiten	57
		3.2.3	Machen oder machen lassen?	59
		3.2.4	Die Chatbot-Entwicklung managen	60
	3.3	Erfolgsfaktor Teamarbeit		61
		3.3.1	Zusammenarbeit in einem interdisziplinären Team	61
		3.3.2	Funktionale Rollen bei der Chatbot-Entwicklung	61
		3.3.3	Kommunikation	63
	3.4	Planung von Technik und Tools		64
		3.4.1	Vorüberlegungen für die Tool-Auswahl	64
		3.4.2	Verarbeitung der Eingaben	64
		3.4.3	Ausgabekanal	66
		3.4.4	Skalierbarkeit	66
		3.4.5	Integration	67
		3.4.6	Ressourcen	68
		3.4.7	Fallbeispiel: Auswahl des passenden Chatbot-Tools	69
		3.4.8	Checkliste: Auswahl des Chatbot-Tools	70
	Literatur			71

4 Chatbot-Skizze und Proof of Concept 73
- 4.1 Die Conversational User Experience entwickeln 73
- 4.2 Der Gesprächstyp 74
  - 4.2.1 Aufgabenorientierung und Themenorientierung 74
  - 4.2.2 Task-led-Variante: Einen Auftrag erledigen 77
  - 4.2.3 Task-led-Variante: Eine Auskunft geben 78
  - 4.2.4 Topic-led: Themenorientierte Konversation 80
  - 4.2.5 Hybride Konversationen 82
  - 4.2.6 Gesprächssimulation und Storytelling 84
- 4.3 Die Persönlichkeit des Chatbots 86
  - 4.3.1 Persönlichkeit schafft Vertrauen 86
  - 4.3.2 Frage an Chatbot: „Wer bist du und wenn ja, wie einzigartig?" ... 88
  - 4.3.3 Die Chatbot-Persona 90
  - 4.3.4 Der Charakter des Chatbots 92
  - 4.3.5 Domänenkompetenz und Soft Skills 93
  - 4.3.6 Die visuelle und akustische Repräsentation 94
  - 4.3.7 Der Name des Chatbots 97
- 4.4 Modellierung der Konversation 99
  - 4.4.1 Die Grundstruktur des Dialogs: Haupt- und Nebenpfade 99
  - 4.4.2 Vom Gesprächstyp zum Ablaufdiagramm 101
  - 4.4.3 Das Ablaufdiagramm entwerfen 104
  - 4.4.4 Proof of Concept 105
- 4.5 Beispiel: Dialogmodellierung eines Support-Bots 106
- Literatur 108

5 Conversation Design: Domäne, Flow, Prototyping 111
- 5.1 Chatbot-Entwicklung in Iterationen 111
- 5.2 Die Domäne des Chatbots 112
  - 5.2.1 Die Sammelphase 112
  - 5.2.2 Die Domäne definieren 113
  - 5.2.3 Aufbereiten der Inhalte für die Konversation 116
- 5.3 Vom Ablaufdiagramm zum funktionierenden Dialog 116
  - 5.3.1 Den Dialogablauf ausdifferenzieren 116
  - 5.3.2 Chatbot- und User-gesteuerter Dialog 117
  - 5.3.3 Den Use Case systematisch operationalisieren 119
  - 5.3.4 Effiziente Intent-Erkennung mit Rich Responses 120
  - 5.3.5 Das Zusammenspiel von Intent-Klassifizierung, Entity-Extraktion und Slot-Filling 121
  - 5.3.6 Kontextverständnis und Gedächtnis für einen guten Flow ... 123
  - 5.3.7 Knotenpunkte und Rettungsringe 124
  - 5.3.8 Pfade und Turns vervollständigen 125

	5.4	Styleguide für die Conversational User Experience	127
		5.4.1 Faktoren einer kohärenten Nutzungserfahrung	127
		5.4.2 Der Conversational User Experience Styleguide	128
		5.4.3 Gestaltung verwendeter Medien	129
	5.5	Fallbeispiel: Event-Chatbot Zupy	130
		5.5.1 Kontext und Use Case	130
		5.5.2 Persönlichkeit, Branding und Sprache	131
		5.5.3 Hybride Konversation mit Integration externer Systeme	131
		5.5.4 Dialogablauf und Dialogmanagement	133
	5.6	Umsetzung im Chatbot-Tool	134
		5.6.1 Leitfaden zur Umsetzung	134
		5.6.2 Organisatorische Aspekte	137
		5.6.3 Aufbau eines Klick-Prototypen per Chatbot-Builder	138
		5.6.4 Aufbau eines skriptbasierten Prototypen	140
		5.6.5 Aufbau eines Prototypen in Dialogflow	143
	5.7	Die Relevanz des Testens bei der Chatbot-Entwicklung	144
		5.7.1 Testen und evaluieren als Erfolgsfaktoren	144
		5.7.2 Systematische Qualitätssicherung	146
		5.7.3 Chatbot-Tests auswerten	147
		5.7.4 Evaluierung einer Pilotphase	148
	Literatur		149
6	**Conversation Design: Sprache, Dialogstrategien, Copywriting**		**151**
	6.1	Ein Chatbot lernt sprechen: Erfolgsfaktor kommunikative Qualität	151
	6.2	Die Sprache des Chatbots	153
		6.2.1 Chatgerechte Sprache	153
		6.2.2 Vertrauen und soziale Präsenz	157
		6.2.3 Ziel-, Bedarfs- und Kontextadäquatheit	160
		6.2.4 Sprache und Persönlichkeit	161
		6.2.5 Duzen oder Siezen?	164
	6.3	Strategien der Gesprächsführung	165
		6.3.1 Die Strategien im Überblick	165
		6.3.2 Erwartungsmanagement	166
		6.3.3 Explizite Vorgaben	168
		6.3.4 Implizite Vorgaben	171
		6.3.5 Geschlossene Fragen	172
		6.3.6 Rückfragen	174
		6.3.7 Themenwechsel und Themen-Rückführung	177
		6.3.8 Zusammenfassung: Strategien der Gesprächsführung	179
	6.4	Fallbeispiel: StudiCoachBot der TH Köln	179
		6.4.1 Hintergrund	179

		6.4.2	Use Case.	180
		6.4.3	Gesprächsstrategien	180
		6.4.4	Ergebnisse	181
	6.5	Chatbot-Copywriting		182
		6.5.1	Das Copywriting im Conversation-Design-Prozess.	182
		6.5.2	Vorgehensweisen im Copywriting	183
		6.5.3	Das Drehbuch: Zentrales Instrument für das Conversation Copywriting	185
		6.5.4	Copywriting im Ablaufdiagramm	187
		6.5.5	Prompts im Chatbot-Tool texten	188
		6.5.6	Copywriting im strukturierten Drehbuch.	190
		6.5.7	Utterances und Intent-Varianten.	192
		6.5.8	Entity-Extraktion und Slot-Filling	193
	6.6	Nebenpfade unter der Lupe		194
		6.6.1	Onboarding.	194
		6.6.2	Hilfe.	196
		6.6.3	Positive Reaktionen: Verabschiedung, Dank und Lob	198
		6.6.4	Negative Reaktionen: Anmache, Beschimpfungen	199
		6.6.5	Smalltalk und „Ostereier"	200
		6.6.6	Anbieterkennung	202
	6.7	Tipps aus der Copywriting-Werkstatt		203
		6.7.1	Freies Dialogschreiben als Vorstufe für das Copywriting	203
		6.7.2	Wiederverwendung von Pfaden und Prompts	205
		6.7.3	Checkliste: Feintuning der Chatbot-Prompts.	206
	Literatur.			206
7	Der Chatbot geht live			209
	7.1	Was jetzt noch zu tun ist		209
	7.2	Feintuning		210
		7.2.1	Auf dem Weg zum Release Candidate.	210
		7.2.2	Feintuning der Intent-Klassifizierung	211
		7.2.3	Wiederverwendbare Strukturen und Dialogmanagement	213
		7.2.4	Anbieterkennung	214
	7.3	Qualitätssicherung für den Go-live		216
		7.3.1	Tipps zum Vorgehen.	216
		7.3.2	Memory und Persistenz	217
		7.3.3	Integrationstest.	218
		7.3.4	Barrierefreiheit.	219
		7.3.5	Datenschutz	220

	7.4	Der Chatbot im Live-Betrieb	220
		7.4.1 Pilotbetrieb	220
		7.4.2 Roll-out und Go-live	221
		7.4.3 Weiterentwicklung und Continuous Improvement	222
	Literatur		223

Glossar 225

Über die Autorinnen

Beate Bruns, M.A., studierte Philosophie, Physik und Mathematik in München und Karlsruhe. Nach beruflichen Stationen in Training, Personalentwicklung und Management gründete sie 1999 zusammen mit Dipl.-Inform. Sven Dörr das Unternehmen time4you GmbH communication & learning. Beate Bruns berät Organisationen bei der Gestaltung digitaler Personal-, Informations-, und Lernprozesse. Aktuelle Schwerpunkte ihrer Arbeit sind nachhaltige Weiterbildung, Klimaneutralität im Corporate Learning und Conversation Design. Sie ist Verfasserin zahlreicher Publikationen über digitales Lernen und Chatbots.

Cäcilie Kowald, Dr. phil., studierte Mathematik, Slawistik und Germanistik in Heidelberg und arbeitete viele Jahre als Beraterin, Konzeptionierin und Texterin für Unternehmenskommunikation in verschiedenen Unternehmen und Branchen. Daneben bildete sie sich in belletristischem Schreiben weiter und veröffentlichte 2022 ihren ersten Roman. Seit 2018 ist Cäcilie Kowald bei der time4you GmbH im Bereich Learning Design tätig, mit den Schwerpunkten KI, Conversation Design und Storytelling. Sie ist Verfasserin zahlreicher Artikel und Fachbeiträge, unter anderem über Conversational Learning und Conversation Design.

Gemeinsam beraten und unterstützen die Autorinnen Organisationen bei der Konzeption und Umsetzung ihrer Chatbots. Dabei sind sie immer wieder fasziniert von der Vielfalt und Komplexität dieser Aufgabe, und wie sehr erst die Verbindung von Technik und Logik mit sprachlicher Kreativität wirklich überzeugende Ergebnisse bringt.

Die Autorinnen sind zu erreichen unter chatbots@time4you.de. Weitere Informationen über ihre Aktivitäten im Bereich Conversation Design finden Sie auch auf www.time4you.de.

Abbildungsverzeichnis

Abb. 1.1	Architektur eines Conversational User Interface.	4
Abb. 1.2	Recruiting-Chatbot der Deutschen Bahn (karriere.deutschebahn.de).	8
Abb. 1.3	Anwendungsgebiete von CUIs.	8
Abb. 1.4	Potenziale von Chatbots.	9
Abb. 1.5	Effizienter Dialog mit Chatbot Emma (US Citizenship and Immigration Services).	10
Abb. 1.6	Komponenten eines CUI für die Dialogverarbeitung.	20
Abb. 1.7	Stärken von Pattern Matching und NLU-basierten Verfahren.	23
Abb. 1.8	Die sechs Schritte der Chatbot-Entwicklung im Überblick.	24
Abb. 1.9	Die ersten drei Schritte der Chatbot-Entwicklung.	25
Abb. 1.10	Schritte 4 und 5 der Chatbot-Entwicklung.	26
Abb. 1.11	Der letzte Schritt der Chatbot-Entwicklung.	27
Abb. 2.1	Aufgaben im ersten Schritt der Chatbot-Entwicklung.	30
Abb. 2.2	Bedarfsanalyse mit Bewertung nach Effekt und Machbarkeit.	33
Abb. 2.3	Zusammenhang von Use Case und User Stories.	46
Abb. 2.4	Optionen zur Weiterleitung einer Bestellanfrage über Schnittstellen.	48
Abb. 3.1	Aufgaben im zweiten Schritt der Chatbot-Entwicklung.	56
Abb. 4.1	Aufgaben im dritten Schritt der Chatbot-Entwicklung.	74
Abb. 4.2	Pfadstruktur eines einfachen aufgabenorientierten Chatbot-Dialogs.	75
Abb. 4.3	Pfadstruktur eines themenorientierten Chatbot-Dialogs.	76
Abb. 4.4	Auftragsorientierter Dialog: Zimmerbuchung (A&O Hostels).	77
Abb. 4.5	Auskunftsorientierten Dialog: „Ask Julie" (Amtrak).	79
Abb. 4.6	Themenorientierter Dialog: Smalltalk (Cleverbot).	81
Abb. 4.7	Eine kauzige Persönlichkeit: Chatbot Wilma (time4you).	89
Abb. 4.8	Chatbot mit Markenpersönlichkeit: „Frag Magenta" (Telekom).	99

Abb. 4.9	Chatbot mit eher nüchterner Persönlichkeit: Studienkredit-Chatbot (KfW).	100
Abb. 4.10	Pfadstruktur eines aufgabenorientierten Dialogs	102
Abb. 4.11	Pfadstruktur eines einfachen auskunftsorientierten Dialogs (FAQ-Bot)	103
Abb. 4.12	Pfadstruktur eines themenorientierten Dialogs	103
Abb. 4.13	Support-Bot: Grundstruktur des Dialogs	107
Abb. 4.14	Support-Bot: Skizzierung der Hauptpfade und Stories	107
Abb. 4.15	Support-Bot: Verfeinerung des Dialogablaufs im Diagnosedialog	108
Abb. 5.1	Aufgaben im vierten Schritt der Chatbot-Entwicklung	112
Abb. 5.2	Funktionsweise eines CUI	119
Abb. 5.3	Setzen und Abfrage von Kontexten in Jix	124
Abb. 5.4	Themen-Knotenpunkt von Lernbot Kim (time4you)	125
Abb. 5.5	Event-Chatbot Zupy: Onboarding (time4you)	132
Abb. 5.6	Event-Bot Zupy: Dialogablauf im Hauptpfad Aussteller	134
Abb. 5.7	Intent-Verwaltung in Google Dialogflow	138
Abb. 5.8	Chatbot-Builder Landbot.io	139
Abb. 5.9	Landbot-Chatbot in der Vorschau	139
Abb. 5.10	Skript in AIML	141
Abb. 5.11	Datei in Liza-Script für einen Jix-Chatbot	142
Abb. 5.12	Ansicht des Jix-Chatbots im Browser	142
Abb. 5.13	Ablaufmodellierung in Google Dialogflow	143
Abb. 5.14	Konfiguration eines Dialogschritts in Google Dialogflow	144
Abb. 5.15	Anlegen eines Intents in Google Dialogflow	144
Abb. 6.1	Aufgaben im fünften Schritt der Chatbot-Entwicklung	152
Abb. 6.2	Onboarding in zwei Fassungen (Govbot)	155
Abb. 6.3	Dialogeinstieg mit Datenabfrage von Chatbot K(a)i (EMP)	159
Abb. 6.4	Explizite Vorgaben als Buttons und Schlagwörter von Chatbot Isa (hsag)	169
Abb. 6.5	Explizite Vorgaben als Links von der Wissenseule Wilma (time4you)	170
Abb. 6.6	Implizite Vorgaben in Formulierungen (Süwag)	170
Abb. 6.7	Geschlossene Frage mit Antwortoptionen eines Support-Bots (time4you)	174
Abb. 6.8	Reparaturdialog von Wissensbot Wilma (time4you)	176
Abb. 6.9	Rückführung zum Thema von Lernbot Kim (time4you)	177
Abb. 6.10	Themenwechselstrategie von Lernbot Kim (time4you)	178
Abb. 6.11	Self-Disclosure von StudiCoachBot (TH Köln)	181
Abb. 6.12	Self-Disclosure und Information-Disclosure von StudiCoachBot (TH Köln)	181
Abb. 6.13	Skript-Baustein für Onboarding mit Textvarianten in AIML	189

Abb. 6.14	Formularbasierte Erfassung von Prompts in Flowxo	189
Abb. 6.15	Strukturiertes Drehbuch in dialogorientierter Form	191
Abb. 6.16	Strukturiertes Drehbuch in tabellarischer Form	191
Abb. 6.17	Onboarding von Lernbot Kim (time4you)	197
Abb. 6.18	Reaktion der Wissenseule Wilma auf Beschimpfung (time4you)	200
Abb. 6.19	„Osterei" von Lernbot Kim mit Rückführung zur Domäne (time4you)	202
Abb. 6.20	Drehbuch in dialogischer Form	204
Abb. 7.1	Aufgaben im sechsten Schritt der Chatbot-Entwicklung	210
Abb. 7.2	Anbieterkennungen von Chatbot Karl (Süwag)	215

Quellen der Abbildungen

Abb. 1.1	eigene Darstellung
Abb. 1.3	karriere.deutschebahn.de, abgerufen am 28.02.2022
Abb. 1.4	eigene Darstellung
Abb. 1.5	eigene Darstellung
Abb. 1.7	https://ceciva.uscis.gov/Alme/, abgerufen am 2.6.2022
Abb. 1.8	eigene Darstellung
Abb. 1.9	eigene Darstellung
Abb. 1.10	eigene Darstellung
Abb. 1.11	eigene Darstellung
Abb. 1.12	eigene Darstellung
Abb. 1.13	eigene Darstellung
Abb. 2.1	eigene Darstellung
Abb. 2.2	eigene Darstellung
Abb. 2.3	eigene Darstellung
Abb. 2.4	eigene Darstellung
Abb. 3.1	eigene Darstellung
Abb. 4.1	eigene Darstellung
Abb. 4.2	eigene Darstellung
Abb. 4.3	eigene Darstellung
Abb. 4.4	www.aohostels.com, abgerufen am 19.7.2022
Abb. 4.5	www.amtrak.com/about-julie-amtrak-virtual-travel-assistant, abgerufen am 18.7.2022
Abb. 4.6	www.cleverbot.com, abgerufen am 18.7.022
Abb. 4.7	time4you GmbH
Abb. 4.8	www.telekom.de/hilfe/frag-magenta, abgerufen am 19.7.2022
Abb. 4.9	https://www.kfw.de/inlandsfoerderung/Privatpersonen/Chatbot/, abgerufen am 19.7.2022
Abb. 4.10	eigene Darstellung

Abb. 4.11	eigene Darstellung
Abb. 4.12	eigene Darstellung
Abb. 4.13	eigene Darstellung
Abb. 4.14	eigene Darstellung
Abb. 4.15	eigene Darstellung
Abb. 5.1	eigene Darstellung
Abb. 5.3	eigene Darstellung
Abb. 5.4	time4you GmbH
Abb. 5.5	time4you GmbH
Abb. 5.8	time4you GmbH
Abb. 5.9	time4you GmbH
Abb. 5.10	dialogflow.cloud.google.com, eigener Screenshot
Abb. 5.11	landbot.io, eigener Screenshot
Abb. 5.12	landbot.io, eigener Screenshot
Abb. 5.13	eigener Screenshot
Abb. 5.15	time4you GmbH
Abb. 5.16	time4you GmbH
Abb. 5.17	dialogflow.cloud.google.com, eigener Screenshot
Abb. 5.18	dialogflow.cloud.google.com, eigener Screenshot
Abb. 5.19	dialogflow.cloud.google.com, eigener Screenshot
Abb. 6.1	eigene Darstellung
Abb. 6.2	govbot.bonn.de, abgerufen am 1.2.2019 und muenchen.digital, abgerufen am 4.7.2022
Abb. 6.3	www.emp.de, abgerufen am 11.2.2022
Abb. 6.6	www.stadtwerk.bot, abgerufen am 22.5.2022
Abb. 6.7	time4you GmbH
Abb. 6.8	www.suewag.de, abgerufen am 5.7.2022
Abb. 6.10	time4you GmbH
Abb. 6.11	time4you GmbH
Abb. 6.13	time4you GmbH
Abb. 6.14	Vanessa Mai, TH Köln, Cologne Cobots Lab
Abb. 6.15	Vanessa Mai, TH Köln, Cologne Cobots Lab
Abb. 6.16	eigene Darstellung
Abb. 6.17	flowxo.com, eigener Screenshot
Abb. 6.18	time4you GmbH
Abb. 6.19	time4you GmbH
Abb. 6.20	time4you GmbH
Abb. 6.22	time4you GmbH
Abb. 6.23	time4you GmbH
Abb. 6.24	time4you GmbH
Abb. 7.1	eigene Darstellung
Abb. 7.3	www.suewag.de, abgerufen am 16.5.2022

Tabellenverzeichnis

Tab. 1.1	NLU und Pattern Matching im Vergleich	21
Tab. 2.1	Checkliste: Chatbot-spezifische Analyseaspekte	40
Tab. 2.2	Beispiel für einen Chatbot-Use-Case	44
Tab. 2.3	Beispiele für User Stories	45
Tab. 2.4	Checkliste: Kriterien für die Auswahl des Chatbot-Tools in Bezug auf die Eingabeverarbeitung	49
Tab. 3.1	Rollen und Aufgaben im Chatbot-Projekt	62
Tab. 3.2	Typische Anwendungsfälle für verschiedene Arten der Eingabeverarbeitung	65
Tab. 3.3	Checkliste: Kriterien für die Auswahl des Chatbot-Tools in Bezug auf die Eingabeverarbeitung	65
Tab. 3.4	Checkliste: Kriterien für die Auswahl des Chatbot-Tools	70
Tab. 4.1	Gesprächstypen von Chatbots und ihre Merkmale	76
Tab. 4.2	Persona-Steckbrief für einen Chatbot (Auszug)	91
Tab. 4.3	Charakter-Steckbrief für einen Chatbot (Auszug)	92
Tab. 4.4	Vorgehen zur Namensfindung	98
Tab. 4.5	Schritte zur Ausarbeitung des Ablaufdiagramms	105
Tab. 6.1	Checkliste: Chatgerechte Sprache	157
Tab. 6.2	Dialogstrategien für Vertrauen und soziale Präsenz	160
Tab. 6.3	Checkliste: Sprache und Persönlichkeit	164
Tab. 6.4	Methoden des Conversation Copywriting	184
Tab. 6.5	Conversation Copywriting in sieben Schritten	186
Tab. 6.6	Checkliste: Onboarding	196
Tab. 6.7	Checkliste: Hilfe	198
Tab. 6.8	Checkliste: Positive Reaktionen	199
Tab. 6.9	Checkliste: Reaktion auf verbale Übergriffe	200
Tab. 6.10	Checkliste: Smalltalk	202

Tab. 6.11	Checkliste: Anbieterkennungen	203
Tab. 6.12	Checkliste: Feintuning der Chatbot-Prompts	206
Tab. 7.1	Beispiele für Utterances und Trainingsdaten zu einem Intent	212

Conversation Design für gute Chatbots 1

1.1 Das Conversation Design macht den Unterschied

Gespräche sind eine der wichtigsten und elementarsten Formen, wie wir Menschen in Kontakt treten. In Gesprächen lernen wir einander kennen, tauschen uns aus, verhandeln, streiten, einigen uns, gleichen Wünsche, Sichtweisen und Vorstellungen ab. Wir führen Gespräche, um etwas zu erreichen oder etwas zu bekommen – eine Auskunft, eine Dienstleistung, eine Ware – und um unser eigenes und gemeinsames Handeln zu organisieren. Nicht zuletzt lernen wir in Gesprächen dazu: wie Dinge funktionieren, wie wir mit anderen Menschen gut zusammenarbeiten, wie wir ein Projekt am besten angehen.

Kein Wunder also, dass Chat- und Voicebots immer beliebter werden. Denn sie versprechen nicht weniger als einen ganz neuen Umgang mit technischen Systemen: Anstatt dass wir Menschen lernen, wie wir sie bedienen, sprechen beziehungsweise chatten wir einfach mit ihnen, in der uns gewohnten Kommunikationsweise. Chatbots und Voicebots senken dadurch die Hürde, ein technisches System zu nutzen. Bei komplexen und miteinander vernetzten Systemen können sie außerdem als zentrale Anlaufstelle dienen, ähnlich wie ein guter Kundenberater unterschiedliche Services und Produkte („one face to the customer") anbietet, um deren Betreuung er sich dann kümmert.

Doch so beliebt Chatbots in den letzten Jahren auch wurden, so berüchtigt sind sie auch. Berüchtigt dafür, in Schleifen immer wieder zu antworten: „Entschuldigung, ich habe Sie leider nicht verstanden. Ich lerne noch dazu.". Berüchtigt für wenig hilfreiche Antworten und dafür, nicht mehr zu sein als eine Spielerei. Viele Chatbots, die mit großem Tusch und lauten Fanfaren an den Start gehen, verschwinden nur wenige Monate später sang- und klanglos, weil sie die in sie gestellten Erwartungen nicht erfüllen.

Sind Chatbots also noch nicht intelligent genug? Ganz bestimmt. Ist die Technik einfach noch nicht so weit? Technische Verbesserungen sind immer möglich. Die meisten

Chatbots scheitern jedoch nicht an mangelhafter oder fehlender Technik. Woran liegt es dann?

Um hierauf Antworten zu finden, hilft es, die Frage „Was macht ein Chatbot eigentlich?" noch einmal neu zu stellen. Ein Chatbot verarbeitet eine Texteingabe im Chat oder eine gesprochene Frage und liefert eine Reaktion. Bei dieser auf den ersten Blick einfachen Abfolge von Input – Verarbeitung – Output sind eine ganze Reihe nicht trivialer Aufgaben zu lösen:

- Wie gut „versteht" der Chatbot die Eingabe? Was bedeutet „verstehen"?
- Wie analysiert der Chatbot den Input?
- Wie wird das Ergebnis der Input-Analyse weiterverarbeitet? Was macht der Chatbot damit?
- Zu welchen Schlüssen kommt er, was mit der Eingabe erreicht werden soll?
- Welche Hilfsmittel stehen ihm zur Verfügung?
- Wie gut ist die Ausgabe, die Antwort, die Reaktion des Chatbots?
- Ist sie sachlich korrekt? Passt sie in den Kontext?
- Erledigt der Chatbot damit die Aufgabe, die ihm gestellt wurde?

Wenn Chatbots scheitern, lösen sie oft gleich mehrere Versprechen nicht ein: das Versprechen, ein Gespräch zu führen; das Versprechen, wirklich Bescheid zu wissen; das Versprechen, einen Auftrag erfolgreich auszuführen. Die gute Nachricht: Dafür ist in den meisten Fällen nicht die Technik verantwortlich, sondern eine konzeptionelle Schwäche. Chatbots werden allzu oft nur als simple und relativ unflexible Ein-/Ausgabe-Roboter entworfen. Doch so wie sprechen zu können nicht reicht, um erfolgreich Produkte zu verkaufen oder gut zu verhandeln, sollte auch ein Chatbot in der Lage sein, auf unterschiedliche Eingaben adäquat zu antworten, ein Gespräch angemessen zu führen und als kompetenter Kommunikationspartner aufzutreten.

Stellen Sie sich vor, Sie gehen zu einer Kollegin, um sie um Rat zu fragen. Gut möglich, dass sie zu Beginn des Gesprächs etwas sagt wie „Was möchtest du denn wissen?" oder „Du kannst mich alles fragen." Aber würde sie dann nur Ihre Frage beantworten und wieder schweigen, bis Sie die nächste Frage stellen? Wohl kaum. Als kompetente Kollegin kennt sie sich in ihrem Fachgebiet aus und versteht, worum es Ihnen geht. Und an vielen Stellen wird sie Ihnen weitere Gesprächsangebote machen – etwa: „Ich kann dir zu diesem und jenem Aspekt noch mehr erzählen – interessiert dich das?" oder „Sollen wir uns das einmal gemeinsam anschauen?" oder „Wofür genau brauchst du das?". Wenn Sie das Büro dieser Kollegin verlassen, dann vermutlich mit dem guten Gefühl, diese Kollegin auch beim nächsten Mal wieder um Rat fragen zu können, wenn Sie nicht weiterwissen.

Dieses Gesprächsverhalten können Chatbots imitieren, indem sie auf weiterführende Informationen hinweisen, Bezüge zwischen Themen aufzeigen und passende neue Gesprächsangebote machen. Nötig ist also eine Perspektive, die nicht die technische Funktionsfähigkeit des Chatbots in den Mittelpunkt stellt, sondern die Conversational

User Experience, das Gesprächserlebnis, das die Nutzer:innen in der Interaktion mit dem Chatbot erhalten. Dieses ist entscheidend für Erfolg und Akzeptanz des Chatbots – und um diese zu erreichen, ist in der Entwicklung des Chatbots ein konsequent darauf ausgerichtetes Conversation Design notwendig.

▶ **Definition** Die *Conversational Experience* beziehungsweise *Conversational User Experience (CUX)* bezeichnet das Erlebnis, das Nutzer:innen im Dialog mit dem Chatbot haben. Neben Bedienung, Fachkompetenz und Ästhetik sind für die CUX die Gesprächsführung und die Qualität des entstehenden Dialogs relevant.

Conversation Design verbindet Konzepte und Ansätze aus UX-Design, Textkreation, Rhetorik, Psychologie und vielen mehr, um künstliche (simulierte, automatisierte) Konversationen zu schaffen, die menschlichen Dialogen nachempfunden sind. Conversation Design trifft Entscheidungen darüber, was ein Chatbot in welcher Situation wie sagt, um eine gelingende Conversational User Experience zu schaffen.

1.2 Was ist ein Chatbot?

1.2.1 Definition

Technisch gesehen ist ein Chatbot ein „Stück Software", und zwar eine Mensch-Maschine-Schnittstelle (MMS oder auf Englisch HMI, Human Machine Interface). Chatbots unterstützen die Interaktion mit einem technischen System in einer sehr einfachen, intuitiven Weise, nämlich über die natürliche Sprache. Um die Maschine, in der Regel eine Software wie zum Beispiel eine Web-Anwendung, zu steuern, geben Sie Sätze beziehungsweise Wörter ein, wie Sie sie auch im Alltag verwenden. Wenn die Maschine auf dem gleichen Weg Rückmeldung gibt, entsteht ein Mensch-Maschine-Dialog. Diesen speziellen Dialog bezeichnet man im Chatbot-Kontext oft auch als eine Konversation („conversation") und den Chatbot als Conversational User Interface oder Dialog Interface.

▶ **Definition** Ein *Conversational User Interface* (CUI) ist eine dialogbasierte Benutzerschnittstelle, über die Menschen mit einem technischen System per natürlicher Sprache interagieren. Erfolgt diese Interaktion über einen Chat, wird das CUI auch *Chatbot* genannt.

Ein Chatbot wird manchmal auch als *Conversational Agent* bezeichnet und statt „Chatbot" heißt es oft kurz nur „Bot".

Genau genommen gibt es zwei verschiedene Typen von Conversational User Interfaces: solche, die mit geschriebener, also im Chatfenster ein- und ausgegebener, Sprache operieren, und solche, bei denen der Dialog mit gesprochener Sprache erfolgt, wie zum Beispiel die Smart Speaker von Google und Amazon. Letztere werden zur Unterscheidung von den textbasierten Chatbots oft auch Voicebots genannt. Auch digitale Assistenten wie Siri, Cortana und Google Assistant, die auf Smartphones und Tablets genutzt werden, sind Voicebots.

Zu einem Chatbot gehört das System zur Verarbeitung des Chat-Dialogs elementar dazu. Es umfasst Komponenten für die Eingabeverarbeitung, das Dialogmanagement und die Ausgabeverarbeitung sowie bei Bedarf Schnittstellen zu externen Systemen. Ein Shopping-Bot greift beispielsweise auf Bestands- und Bestelldaten zu, ein Chatbot, der Musik-Playlisten kuratiert, auf die verfügbare Musikbibliothek, und dergleichen mehr. Abb. 1.1 zeigt vereinfacht die Komponenten und die Funktionsweise eines CUI.

Im Grunde sind es drei Software-Komponenten, die einen Chatbot ausmachen und im Verlauf der Chatbot-Entwicklung eine große Rolle spielen:

- Die Software, mit der der Chatbot betrieben wird
- Das Tool, mit dem der Chatbot genutzt wird
- Die Software, mit der der Chatbot erstellt wird

Die Software, mit der der Chatbot betrieben wird, verarbeitet die Eingaben, liefert die Chatbot-Ausgaben und verwaltet die zugehörigen Prozesse. Diese Software-Komponente ist üblicherweise ein Server-System oder eine Plattform, die zentral die Chatbot-Sessions der Nutzenden und in der Regel auch mehrere unterschiedliche Chatbots managt.

Die zweite Komponente ist das Tool, mit dem die Nutzenden auf den Chatbot zugreifen, wie zum Beispiel ein Browser oder eine App. Sie läuft in der Regel lokal auf dem Endgerät der User und arbeitet mehr oder weniger eng mit dem Chatbot-Server beziehungsweise der Chatbot-Plattform zusammen.

Hinzu kommt als drittes Element die Software, mit der Conversation Designer und Chatbot-Developer den Chatbot erstellen und konfigurieren. Das geschieht

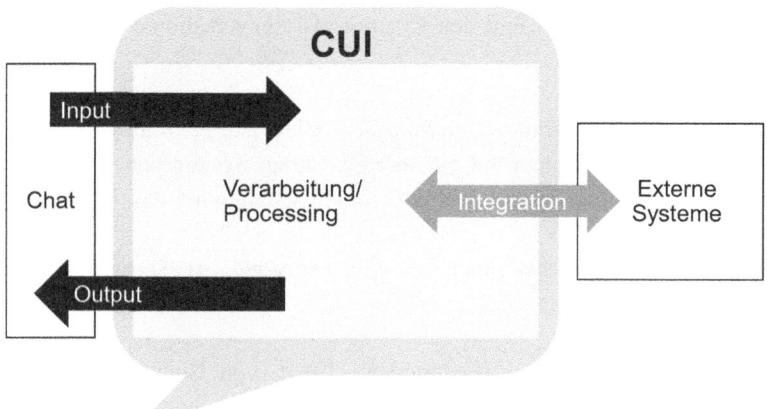

Abb. 1.1 Architektur eines Conversational User Interface.

formulargestützt, in einer grafischen Oberfläche, mithilfe eines Skripts oder mit einer Kombination daraus.

Zu verstehen, was Software ist, wie Software entsteht und welche Lifecycle-Stationen Software durchläuft, hilft dabei, Chatbots, ihre Funktionsweise und den Chatbot-Entwicklungsprozess besser zu verstehen. Und das wiederum ist eine Voraussetzung dafür, erfolgreich Chatbots zu konzipieren und umzusetzen. Ein Informatik-Studium brauchen Sie dafür nicht zu absolvieren, ein wenig Einlesen in die entsprechende Literatur ist jedoch empfehlenswert. Diese Konzepte sollten Sie kennen:

- Software-Lifecycle: analysieren, entwerfen (design), entwickeln (implement, build, develop), testen, ausliefern (deploy), in Betrieb nehmen (launch), warten und pflegen (maintain)
- Entwicklungsschritte: Proof of Concept, Prototyp, alpha, beta, Release Candidate, Early Access, Final Version
- Releases und Versionierung, Releaseplanung und -management
- Service Updates, Patches, Service Management
- Produktmanagement inklusive -marketing, Weiterentwicklung, Ablösung durch neue Produkte

Wie gesagt: Die Technik ist lange nicht alles, was einen Chatbot erfolgreich macht, aber ohne sie ist alles nichts. Mit einem guten Verständnis der technischen Grundlagen fällt es Ihnen im Conversation-Design-Prozess wesentlich leichter, die Voraussetzungen für eine gelingende User Experience zu schaffen.

1.2.2 Conversational Services

Ein Chatbot erbringt „Conversational Services", einfache und komplexere Services, solche, deren Erledigung nur wenige Sekunden bis Minuten in Anspruch nimmt, und solche, bei denen die Konversation zwischen Chatbot und Nutzer eine halbe Stunde oder länger dauert. Beispiele für einfache Conversational Services sind Chatbots, die

- eine kurze Auskunft in Form einer Information geben oder
- einen kleinen Auftrag wie zum Beispiel eine Buchung erledigen.

Umfassendere Conversational Services verfügen über eine größere Bandbreite an Interaktionsmustern, Gesprächspfaden und -strategien, wie sie beispielsweise für Conversational Finance, Conversational Support und auch das Conversational Learning nötig sind. Oft setzen sich solche Conversational Services aus einer Abfolge einfacherer Services zusammen, die über unterschiedliche Gesprächsstrategien miteinander verknüpft sind.

Auch bei einfachen Conversational Services steigt die Akzeptanz der Nutzenden und damit die Erfolgsaussicht, wenn die User Experience im Gespräch so erfreulich ist, dass der Service in guter Erinnerung bleibt und gerne wiederholt genutzt wird. Wenn das Ziel selbst komplexer ist und nur über ein umfassenderes Gespräch erreichbar, ist dieser Aspekt noch wichtiger, nicht zuletzt deshalb, weil die Konversation länger dauert und die Motivation der Nutzenden über einen längeren Zeitraum aufrechterhalten werden muss. Damit ein solcher Chatbot seinem Auftrag gerecht werden kann, steht demgemäß eine besonders reichhaltige Conversational User Experience im Fokus der Entwicklung.

1.2.3 Ein kurzer Blick in die Geschichte

Künstliche menschenähnliche Wesen faszinieren Menschen seit Jahrtausenden. Humanoide Figuren treten in Mythologie und Literatur, in Filmen und in der Bildenden Kunst auf. Die ersten Chatbots wurden in den 1960er Jahren entwickelt mit dem Ziel, ein möglichst „menschliches" Gespräch zu führen. Im Fokus stand die Qualität der Konversation selbst, nicht die Erfüllung eines Auftrags oder Aufgabe. Ziel dieser Chatbots war es, den Turing-Test zu bestehen: erfolgreich einen Menschen davon zu überzeugen, sie seien ebenfalls ein Mensch.

▶ **Definition** Der *Turing-Test* wurde in den 1950er Jahren, als sich die Künstliche Intelligenz als Teilgebiet der Informatik herausbildete, von dem Mathematiker und Informatiker Alan Turing formuliert. Er soll die Frage beantworten, wie man feststellen kann, ob eine Maschine ein dem Menschen gleichwertiges Denkvermögen hat.

Der Turing-Test sieht vor, dass sich ein Mensch, der Befrager, über Tastatur und Bildschirm, ohne Sicht- und Hörkontakt, parallel mit einem anderen Menschen und der zu untersuchenden Maschine unterhält. Beide versuchen, den Befrager zu überzeugen, dass sie Menschen sind. Wenn der Befrager am Ende nicht entscheiden kann, welcher seiner beiden Gesprächspartner die Maschine ist, hat die Maschine den Turing-Test bestanden.

Als erster Chatbot gilt Eliza, ein Computerprogramm, das 1966 von dem US-amerikanischen Informatiker Joseph Weizenbaum entwickelt wurde. Eliza gibt sich als Psychotherapeutin aus. Sie steuert keine eigenen Inhalte zum Gespräch bei, sondern greift Formulierungen der Nutzer:innen auf und stellt dazu Rückfragen. Wenn sie eine Eingabe nicht verarbeiten kann, greift sie zu einer allgemeinen Aufforderung, wie zum Beispiel „Erzählen Sie mir mehr davon", oder wechselt zu einem früheren Thema zurück.

Nach Eliza war es lange still um Chatbots, wie um Künstliche Intelligenz (kurz: KI) insgesamt. Zwar gab es weitreichende theoretische Konzepte, doch nur unzureichende Möglichkeiten der Umsetzung, weil die damaligen Computer dazu noch nicht in der Lage waren.

1.2 Was ist ein Chatbot?

Dies änderte sich gegen Ende des 20. Jahrhunderts. Die Fortschritte in der Künstlichen Intelligenz sind ganz deutlich im Alltag zu spüren, in dem inzwischen viele KI-Anwendungen genutzt werden. Dazu gehören Chatbots und digitale Assistenten wie Siri, Cortana und Google Assistant; auch in der Robotik spielen CUIs eine Rolle, insbesondere bei humanoiden Robotern, wie sie in Haushalt und Pflege, aber auch auf Messen und in Vorlesungen zum Einsatz kommen.

Entscheidend für Entwicklung und Erfolg der KI-Anwendungen war und ist die zunehmende Leistungsfähigkeit der Computer-Hardware, primär in Bezug auf Speicher- und Rechenkapazität und -geschwindigkeit. Nicht zu vernachlässigen ist auch, dass inzwischen wesentlich mehr große Datenmengen verfügbar sind, was vor allem für statistische Verfahren relevant ist.

1991 stiftete der amerikanische Millionär und Soziologe Hugh Gene Loebner den nach ihm benannten Loebner-Preis. Mit ihm sollen Computerprogramme ausgezeichnet werden, denen es gelingt, über einen Zeitraum von 25 min den Turing-Test zu bestehen. Bis heute wurde jedoch jeweils nur die Bronze-Medaille für das eingereichte Programm, das sich als das „menschenähnlichste" erwies, vergeben; den Test bestanden hat noch kein einziges. Die Chatbot-Entwicklung verdankt dem Preis unabhängig von der Kritik am Wettbewerbsmodus und zum Teil an den Ergebnissen viele Impulse.

Neuen Auftrieb erhielten Chatbots durch den Siegeszug der Messaging Apps wie Facebook Messenger und WhatsApp sowie virtueller Assistent:innen wie Siri und Alexa. Im Jahr 2015 eröffneten Telegram und Facebook die Möglichkeit, eigene Chatbots innerhalb der jeweiligen Messaging App zu betreiben. Eine ganze Flut von Chatbots wurde daraufhin geschaffen – von denen jedoch der Großteil die in sie gesetzten Erwartungen nicht erfüllte und wieder in Vergessenheit geriet.

Doch seitdem sind Chatbots nicht mehr aufzuhalten. Heute geben sie Auskunft über Produkte und Services, übernehmen einfache Aufgaben wie die Pflege von Benutzerdaten und unterstützen beim Online-Shopping. Interaktive Lautsprecher beziehungsweise Smart Speaker wie Amazon Echo und Google Home steuern in Privathaushalten per Spracheingabe Beleuchtung und Heizung, informieren über das Wetter und die aktuellen Nachrichten, übernehmen Erinnerungsdienste, erzählen Geschichten und spielen Musik ab. Im Internet sind textbasierte CUIs verbreitet: In Online-Shops beispielsweise helfen Chatbots bei der Produktauswahl und beantworten Fragen. In den USA gibt es einen Pizza-Service, bei dem ein Chatbot die Bestellungen entgegennimmt. Andere Chatbots erstellen zusammen mit dem User Playlisten, die zu dessen Stimmung und Geschmack passen, oder suchen bei Netflix nach passenden Filmen und Serien.

Einsatzfelder für Chatbots in der Personalarbeit sind beispielsweise das Recruiting und das Onboarding für neue Mitarbeitende sowie die Weiterbildung. In vielen Fällen bilden häufig gestellte Fragen und Antworten die Wissensbasis dieser Chatbots, um an einer Bewerbung Interessierte und Neuzugänge im Unternehmen schnell zu informieren und eine positive Einstellung zum Unternehmen als Teil des Employer Branding zu fördern. Ein typisches Beispiel hierfür ist der Karriere-Chatbot der Deutschen Bahn (Abb. 1.2).

Abb. 1.2 Recruiting-Chatbot der Deutschen Bahn (karriere.deutschebahn.de)

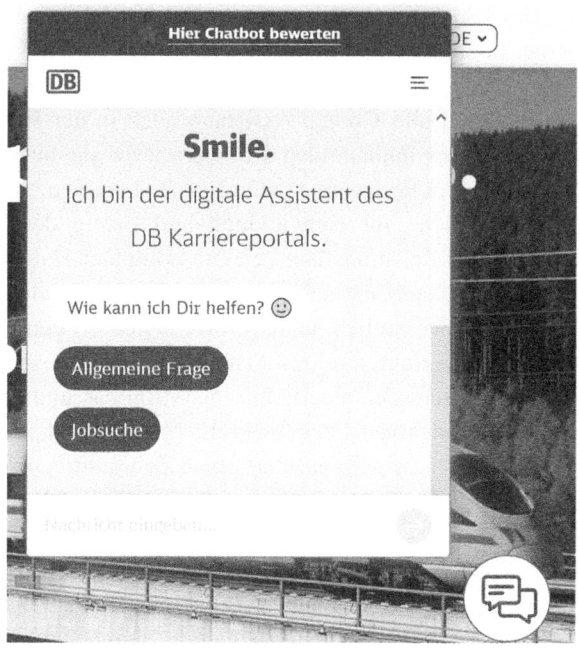

Abb. 1.3 Anwendungsgebiete von CUIs

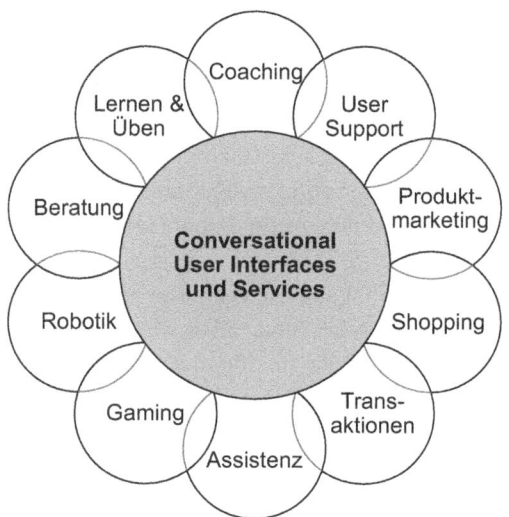

Chatbots kommen also in den unterschiedlichsten Geschäftsbereichen zum Einsatz. Einen Überblick über wichtige Anwendungsgebiete und Einsatzszenarien zeigt Abb. 1.3.

Auch wenn viele Chatbots die in sie gesetzten Hoffnungen noch nicht erfüllen: Chatbots haben ein großes Potenzial. Zum einen bieten sie aufgrund der hohen technischen Verfügbarkeit und der Skalierbarkeit des Services großen organisatorischen

1.2 Was ist ein Chatbot?

Nutzen. Zum anderen lassen sich mit Chatbots User Experiences gestalten, die so mit keinem anderen Medium und keiner anderen Anwendung möglich sind. Allerdings ist keiner dieser Vorteile automatisch einfach da. So wie dafür gesorgt werden muss, dass ein technischer Service wirklich 24/7 zur Verfügung steht, müssen auch bei der Konzeption des Chatbots die Voraussetzungen dafür schaffen werden, dass die für den Erfolg der Konversation benötigte Aktivierung erfolgt und eine quasi-soziale Beziehung aufgebaut und aufrechterhalten wird.

1.2.4 Organisatorische Vorteile von Chatbots

Die organisatorischen Vorteile von Chatbots, die in Abb. 1.4 aufgeführt sind, liegen auf der Hand: Als softwaregestützte Services sind sie im Normalfall jeden Tag rund um die Uhr verfügbar. Wartungsintervalle und Hardware-/Software-Ausfälle liegen typischerweise bei einem Prozent der Gesamtlaufzeit eines Systems – damit bleiben immer noch ungefähr 8672 Uptime-Stunden pro Jahr. Außerdem skalieren sie fast beliebig mit einer steigenden Zahl von Nutzenden. Und anders als zum Beispiel eine Webseite bearbeiten Chatbots deren Anliegen individuell und bieten einen quasi-persönlichen Service.

Chatbots bieten außerdem den Vorteil, dass ihre Benutzung relativ intuitiv erfolgt und somit die Zugangshürde niedriger liegt als bei vielen anderen technischen Systemen. Es stellt bereits eine deutliche Erleichterung für die Nutzer:innen dar, wenn sie sich nicht über viele Links oder durch inhaltliche Kategorien und Unterkategorien hindurch zu dem vorarbeiten müssen, was für sie relevant ist, sondern mit der passenden Frage direkt zu den Inhalten gelangen, die sie benötigen.

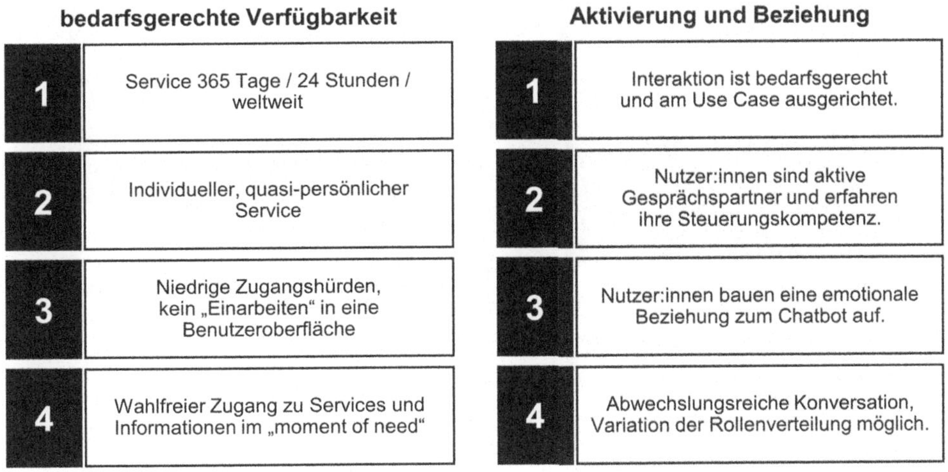

bedarfsgerechte Verfügbarkeit		Aktivierung und Beziehung	
1	Service 365 Tage / 24 Stunden / weltweit	1	Interaktion ist bedarfsgerecht und am Use Case ausgerichtet.
2	Individueller, quasi-persönlicher Service	2	Nutzer:innen sind aktive Gesprächspartner und erfahren ihre Steuerungskompetenz.
3	Niedrige Zugangshürden, kein „Einarbeiten" in eine Benutzeroberfläche	3	Nutzer:innen bauen eine emotionale Beziehung zum Chatbot auf.
4	Wahlfreier Zugang zu Services und Informationen im „moment of need"	4	Abwechslungsreiche Konversation, Variation der Rollenverteilung möglich.

Abb. 1.4 Potenziale von Chatbots.

Als Anwendungen, die auf dem Bildschirm wenig Platz benötigen, sind Chatbots außerdem sehr gut für kleine mobile Endgeräte geeignet, was ebenfalls Nutzungshürden abbaut und die ubiquitäre Verfügbarkeit der Services weiter verbessert.

1.2.5 Die Beziehung zu den Nutzer:innen

Neben den organisatorischen Vorteilen bietet ein Chatbot weitere Potenziale, die mit dem Verhältnis zu den Nutzer:innen im Dialog zu tun haben. Sie sind ebenfalls in Abb. 1.5 aufgelistet.

Ein Chat mit einem Chatbot setzt voraus, dass sich die Nutzenden aktiv daran beteiligen. Wenn sie nichts mehr sagen, hat auch der Chatbot nichts mehr, worauf er reagieren kann, und das Gespräch bricht ab. Umgekehrt heißt das: Solange es dem Chatbot gelingt, die Nutzenden im Gespräch zu halten, sind diese notwendigerweise aktiv dabei, und die Chance, dass der Chatbot seine Nützlichkeit beweisen kann, steigt. Das ist im Support oder beim Lernen, im Marketing und im Kundenservice von großer

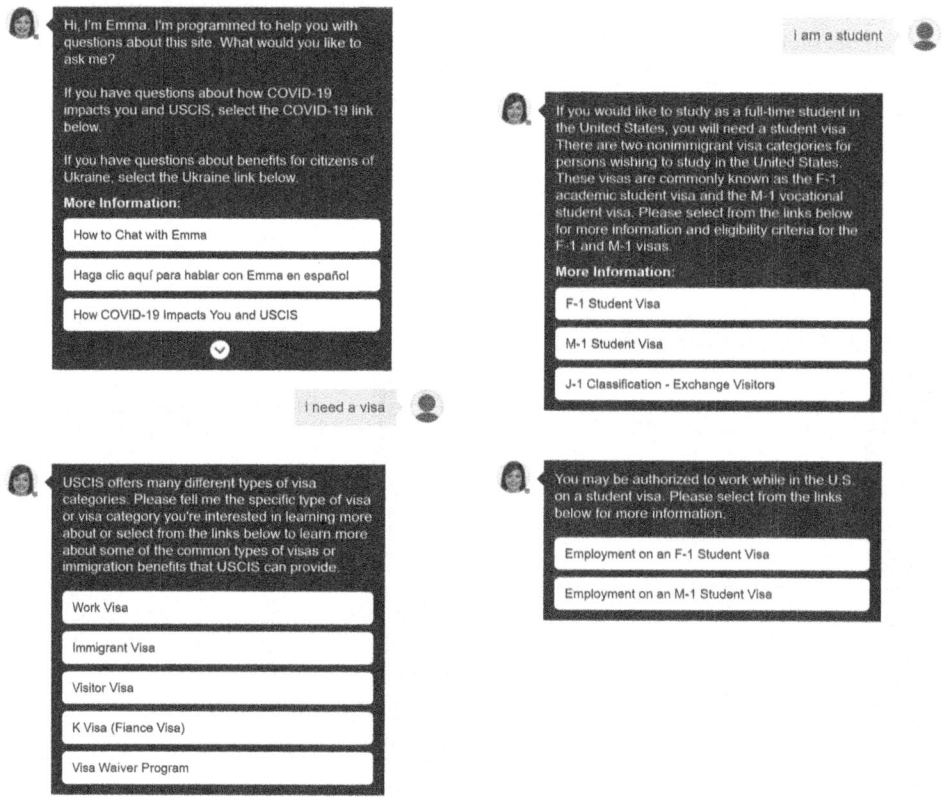

Abb. 1.5 Effizienter Dialog mit Chatbot Emma (US Citizenship and Immigration Services)

1.2 Was ist ein Chatbot?

Bedeutung, denn eine aktive mentale Beteiligung der Zielgruppe ist wesentlich für den Aufbau einer Beziehung und ein nachhaltiges Gesprächsergebnis. Zumal ein quasi-persönlicher Service letztlich ohne aktives Einbeziehen der Nutzer:innen und ihrer Anliegen nur schwer möglich ist.

Nutzer:innen begreifen einen Chatbot fast unwillkürlich als ein Gegenüber, mit dem sie umgehen wie mit einem anderen Menschen. Diese Beobachtung ist älter als Chatbots: Sobald technische Systeme oder Maschinen etwas tun, das uns an das Verhalten von Menschen oder auch Tieren erinnert, gehen wir mit ihnen um wie mit Menschen oder Tieren. Deshalb spricht man auch vom „CASA-Paradigma": CASA steht für „Computers are social actors". Dieser Effekt ist im Spiel, wenn Sie Ihren Computer beschimpfen, weil er ausgerechnet dann ein Update startet, wenn Sie sich in das Meeting mit Ihrem Team einwählen wollen, oder wenn Sie Ihren Saugroboter loben, weil er die schwer zugängliche Zimmerecke heute besonders gut gereinigt hat.

Menschen nehmen also Maschinen als soziale Akteure wahr und bauen unwillkürlich eine gewisse emotionale Beziehung zu ihnen auf. Das passiert auch in der Interaktion mit einem Chatbot. Die Kunst besteht darin, diese Beziehung sinnvoll und gewinnbringend für die Nutzer:innen und den Chatbot-Betreiber zu gestalten. Denn eine gute Beziehung erhöht die Markenbindung, motiviert zum wiederholten Besuch der Website, verbessert den Lernerfolg und sorgt dafür, dass die Anwender:innen eher bereit sind, den Conversational Service als nützlich einzustufen.

Chatbots treten oft als eine Art dienstbarer Geist auf, der mit Rat und Tat zur Seite steht. Doch so wie Sie in zwischenmenschlichen Gesprächssituationen unterschiedliche Rollenmuster und -verteilungen erleben, sind auch Chatbots imstande, verschiedenartige Kommunikationssituationen zu simulieren. Bei Anwendungen in der Weiterbildung, im Support und im Coaching kann eine andere als die gewohnte Rollenverteilung sogar die Conversational User Experience verbessern. Wenn zum Beispiel ein Lernbot nicht, wie es naheliegt, die Lehrenden-Rolle übernimmt, sondern als jemand auftritt, der auf das Vorwissen des Nutzers angewiesen ist, ermöglicht das nicht nur reizvolles Storytelling, sondern in der Regel auch ein besseres Lernen. Die Nutzenden werden stärker in den Dialog involviert, überdies aktivieren sie ihr eigenes Wissen und rezipieren nicht nur das Wissen des Chatbots.

Beispiel

Ein Chatbot, der Erstsemester bei der Orientierung an der Hochschule und beim Einleben ins Studium unterstützt, ist viel überzeugender, wenn er als ebenfalls studierender „Peer Coach" auftritt, der nur ein paar Semester weiter ist und den Erstsemestern dadurch um wesentliche Erfahrungen voraus. Mit einem solchen Peer Coach kommunizieren die Nutzer:innen auf Augenhöhe und dadurch viel vertrauensvoller als in einer „offiziellen" Studienberatung, wo die Gesprächssituation eher hierarchisch geprägt ist. ◄

1.3 Was einen guten Chatbot auszeichnet

1.3.1 Vier Merkmale eines guten Chatbots

In den letzten Jahren ist die Anzahl der Chatbots, die Service-Aufgaben erledigen, stark gestiegen, und aktuelle Studien prognostizieren einen weiter wachsenden Bedarf nach automatisierten Services. Entsprechend gut untersucht ist inzwischen auch die Nutzung von Conversational Agents.

Wer als Unternehmen beziehungsweise Organisation heute bereits Chatbots in der Kommunikation und im Service einsetzt, hat das große Potenzial erkannt und beabsichtigt, dies in Zukunft noch stärker zu nutzen. Die Betreiber sehen jedoch, auch das zeigen die Umfragen, ebenso klar, dass ihre Conversational Services in vielen Punkten verbesserungswürdig sind.

Immerhin ist ungefähr die Hälfte der Nutzenden – je nach Umfrage mehr oder weniger als die Hälfte – im Wesentlichen zufrieden mit ihrer Interaktion mit einem Chatbot. Im Vergleich zur zeitaufwendigen Suche auf einer FAQ-Seite und dem Warten in einer Telefonschleife schätzen die Nutzenden sehr, dass sie unmittelbar eine Antwort auf ihre Frage erhalten. Allerdings zeigen die Untersuchungen auch, dass die Qualität der Antwort noch zu oft zu wünschen übrig lässt. Viele Befragte kennen frustrierende Erlebnisse: Chatbots, die kaum eine Eingabe verstehen und unpassende Antworten geben, oder solche, bei denen man erst nach mehreren Wortwechseln feststellt, dass sie das, was man von ihnen erwartet hat, nicht leisten. Andererseits kann die Erfahrung, eine Aufgabe im Dialog mit einem Chatbot zu erledigen, außerordentlich angenehm sein. Im besten Fall hinterlässt die Interaktion eine wesentlich positivere Erinnerung als die Bedienung eines Software-Tools oder das Navigieren in einem Online-Shop.

Was sind also die entscheidenden Merkmale eines exzellenten Conversational User Interface, was macht einen Chatbot wirklich gut? Das Tool, mit dem Sie Ihren Chatbot entwickeln und betreiben, ist ein wichtiger Aspekt. Ausschlaggebend für Leistungsfähigkeit und Qualität von Chatbots sind jedoch wesentlich häufiger konzeptionelle Faktoren und solche, die mit der konkreten sprachlichen Kompetenz zusammenhängen. Als ideal wird ein Chatbot empfunden, der – um es mit Begriffen aus dem Usability Design auszurücken – eine hohe pragmatische beziehungsweise funktionale Qualität mit einer angemessenen hedonischen Qualität verbindet.

▶ **Definition** Die *pragmatische* beziehungsweise *funktionale Qualität* einer Software (oder auch eines Produkts) beschreibt, wie effizient diese die Nutzer:innen dabei unterstützt, ihre Aufgabe zu erledigen. Die pragmatische Qualität umfasst die Nützlichkeit und die Nutzbarkeit.

Die *hedonische Qualität* beschreibt emotionale Aspekte, die über die Nützlichkeit hinausgehen, und umfasst beispielsweise Spaß, Unterhaltung, angenehme Empfindungen, Stimulation, Image.

1.3 Was einen guten Chatbot auszeichnet

So weisen Forschungs- und Umfrageergebnisse gleichermaßen immer wieder auf vier Merkmale hin, die einen guten von einem weniger guten Chatbot unterscheiden:

- Nützlichkeit
- Adäquate Interaktionsmuster
- Sprachliche Qualität
- Hedonische Qualität

1.3.2 Nützlichkeit

Das wichtigste Kriterium für einen guten Chatbot ist seine Nützlichkeit, also die pragmatische Qualität. Das ist letztlich in der direkten Kommunikation mit einem menschlichen Ansprechpartner für eine Dienstleistung auch nicht anders: Menschen, die sich mit einem Anliegen an eine andere Person wenden, die sie in dieser Sache für zuständig und kompetent halten, wünschen sich, dass ihr Anliegen geklärt, ihr Problem gelöst, ihre Frage beantwortet wird. Kurze Antwortzeiten spielen bei der Bewertung der Nützlichkeit ebenso eine Rolle wie der Zeitraum, der benötigt wird, um das Problem zu lösen.

Ein gutes Beispiel ist Chatbot Emma der U.S. Citizenship and Immigration Services (Abb. 1.5): Mit nur wenigen Fragen erhalten die Nutzenden genau die Informationen, die sie interessieren und die für sie relevant sind.

Jeder Chatbot muss also einen Service bieten, der den erwarteten Nutzen in einer angemessenen Zeit liefert. Voraussetzung dafür ist, dass der Chatbot über ausreichend Kompetenz zur Problemlösung verfügt, zuverlässig ist und effizient vorgeht. Niemand möchte als geduldiger Stichwortgeber einen Chatbot dabei begleiten, wie er sich allmählich und in vielen Schleifen zum Kern der Fragestellung vorarbeitet, um am Ende zu erfahren, dass die Antwort das Ausgangsproblem nur teilweise löst. Die Domänenbeziehungsweise Fachkompetenz des Chatbots, seine zuverlässige Korrektheit und Effizienz sind deshalb zentrale Aspekte für die Konzeption und Umsetzung von Chatbots, ohne die eine gute pragmatische Qualität nicht zu erreichen ist.

Über die pragmatische Qualität eines Chatbots entscheiden schlussendlich die Nutzer:innen. Kein Chatbot ist per se nützlich; er ist es dann, wenn die Nutzer:innen ihn nützlich finden. Deshalb ist es unverzichtbar, den Chatbot von Anfang an und ganz konsequent mit Blick auf die Zielgruppe und den jeweiligen Anwendungsfall und -kontext zu konzipieren. Zu Beginn der Konzeption eines Chatbots steht folglich eine gründliche Untersuchung des Use Case und der Zielgruppen (vgl. Kap. 2).

1.3.3 Adäquate Interaktionsmuster

Auf den ersten Blick ist der Anteil eines Chatbots an einem Dialog einfach die Summe seiner Äußerungen. Die Gesprächsbeiträge eines Chatbots folgen jedoch einem mehr oder weniger komplexen und variantenreichen kommunikativen Interaktionsmuster, zu dem die einzelnen Aussagen und Aktionen kombiniert sind.

Das Interaktionsmuster reflektiert den Anwendungsfall im Ganzen: das Problem, um dessen Lösung es geht, die Zielgruppe, die mit dem Chatbot interagiert, und den Kontext, in dem das Gespräch angesiedelt ist. Es ist konzeptionell ein großer Unterschied, ob der Chatbot eine Auskunft über das Wetter gibt, ein Hotelzimmer bucht, oder ob seine Aufgabe darin besteht, einfache Supportfälle direkt zu lösen und erst bei noch unbekannten oder komplexeren Anfragen an das menschliche Supportteam zu übergeben.

Ihr Chatbot ist umso nützlicher, je adäquater seine kommunikativen Interaktionsmuster für den Anwendungsfall sind. Adäquat bedeutet hier, dass der Chatbot – zumindest innerhalb eines gewissen Rahmens – auf individuelle Wünsche und Anforderungen eingeht, zwischendurch auftretende Fragen berücksichtigt, Interventionen der Nutzenden berücksichtigt und bei alldem dennoch zielführend bleibt. Dafür müssen seine Interaktionsmuster adaptiv, flexibel und für die Nutzenden transparent sein:

- Adaptiv: Für jede Aufgabenstellung und Varianten davon gibt es passende Interaktionsmuster.
- Flexibel: Der Chatbot reagiert auf unterschiedliche Beiträge des menschlichen Gegenüber unterschiedlich.
- Transparent: Den Nutzenden ist immer nachvollziehbar, wo sie sich im Dialogprozess gerade befinden und wohin die Reise geht.

Für die pragmatische, und im Übrigen auch für die hedonische, Qualität eines Chatbots sind adäquate Interaktionsmuster wie der passende Gesprächstyp, eine situativ angemessene Gesprächsführung, die richtigen Dialogstrategien essenziell. Sie zu entwickeln, ist eine wichtige Aufgabe im Conversation Design (vgl. Kap. 5 und 6).

1.3.4 Sprachliche Qualität

Das primäre Ausdrucksmittel eines Chatbots ist seine Sprache. Diese wirkt sich sowohl auf die pragmatische Qualität als auch auf die hedonische Qualität aus.

Stellen Sie sich vor, Sie haben die Wahl zwischen zwei kompetenten Ansprechpartnern, von denen einer Ihnen sehr korrekte Informationen gibt, aber eine komplizierte Fachsprache verwendet, und der andere Ihnen in einfachen Worten gut erklärt, worum es geht. Welchen wählen Sie? In den meisten Fällen wahrscheinlich den zweiten. Oder

1.3 Was einen guten Chatbot auszeichnet

denken Sie an zwei Kolleginnen, die beide gleich gut Bescheid wissen; die eine ist eher verschlossen und wortkarg, die andere freundlich und hilfsbereit. Auch hier wenden Sie sich mit Ihrem Anliegen vermutlich lieber an die zweite Person.

Diese Beobachtungen und Erfahrungen aus der zwischenmenschlichen Kommunikation lassen sich gut auf das Conversation Design übertragen. Es macht eben einen Unterschied, wie viel Verständnis, Hilfsbereitschaft und Anteilnahme ein Chatbot zeigt, wie höflich oder humorvoll er ist. In der Sprache des Chatbots drückt sich seine Persönlichkeit aus, die wiederum prägt, welche Haltung er im Gespräch einnimmt.

Damit der Dialog effizient und nützlich ist, muss der Chatbot zuverlässig auf den Punkt kommen. Das bedeutet, dass Sie im Conversation-Design-Prozess die Informationen sorgfältig auswählen und möglichst präzise formulieren. Auch wie ein Chatbot etwas mitteilt, ist Teil seines Kommunikationsverhaltens und hängt von der Gestaltung des Gesprächsablaufs als Ganzem und von jeder einzelnen Äußerung ab.

Zudem haben unterschiedliche Medienformen ihre spezifischen sprachlichen Gewohnheiten und Regeln. Wir chatten anders als wir E-Mails schreiben, und wir lesen Chats anders als zum Beispiel einen Artikel auf einer Webseite. Chatbots, die diese Gewohnheiten nicht berücksichtigen, wirken oft ungewollt unangemessen.

Um bei einem Chatbot eine hohe sprachliche Qualität zu erzielen, sind folgende Aspekte wichtig:

- Einfachheit
- Sachliche Korrektheit
- Präzision
- Kontextualität
- Konsistenz in Bezug auf die Persönlichkeit

Um diese sprachliche Qualität zu erreichen, liegt im Conversation Design von Anfang an der Fokus auf Präzision und Prägnanz. Ganz im Mittelpunkt steht die sprachliche Qualität dann beim Thema Copywriting, also der Formulierung der einzelnen Dialogbeiträge des Chatbots (vgl. Kap. 6).

1.3.5 Hedonische Qualität

Ob Menschen einen Chatbot benutzen oder nicht, entscheiden sie nicht danach, ob er verspricht, unterhaltsam zu sein; abgesehen von Chatbots, deren einziger Zweck es ist, ein vergnügliches Gespräch zu führen. Ausschlaggebend ist die pragmatische Qualität, die Nützlichkeit des Chatbots.

Dennoch ist die hedonische Qualität eines Chatbots keineswegs nur Beiwerk, ganz im Gegenteil. Ein nützlicher Chatbot kann seine Akzeptanz bei den Nutzer:innen und deren Zufriedenheit durchaus noch steigern, wenn das Gespräch mit ihm zugleich Vergnügen bereitet. Auch spielerische Elemente werden gut angenommen, vorausgesetzt, sie lenken nicht ab, sondern dienen der Sache. Oft bleiben Chatbots gerade deswegen in Erinnerung, weil sie etwas bieten, das ein wenig über ihre rein pragmatische Aufgabe hinaus geht.

> **Tipp** Spielerische, unterhaltsame, optisch und akustisch attraktive Elemente bereichern den Chatbot und fördern seine Akzeptanz, sofern sie nicht von dem eigentlichen Ziel und Auftrag wegführen.

Als attraktiv werden nicht nur kommunikative Elemente wie Humor oder Storytelling wahrgenommen, sondern auch Buttons und Medien. Sie erhöhen die Chance, dass der Chatbot in positiver Erinnerung bleibt und regelmäßig genutzt wird. Und in vielen Fällen sind sie keineswegs nur „nice to have", sondern tragen dazu bei, die Nutzenden so lange im Gespräch zu halten, dass der Chatbot ihre Ziele erreichen kann.

Die hedonische Qualität wiederum hängt eng zusammen mit der sprachlichen und kommunikativen Qualität des Chatbots (vgl. Kap. 6); beide Aspekte zahlen nicht nur auf die funktionale Qualität ein, sondern in hohem Maße auch auf die hedonische Qualität. Die Persönlichkeit des Chatbots (vgl. Abschn. 4.3) beeinflusst ebenfalls die hedonische Qualität der Konversation.

1.4 Technische Grundlagen

1.4.1 Chatbots als KI-Anwendung

Die Entwicklung von Chatbots ist historisch gesehen eng mit der Entwicklung der Künstlichen Intelligenz verbunden.

> **Definition** *Künstliche Intelligenz* ist das Teilgebiet der Informatik, das sich mit der Automatisierung intelligenten Verhaltens befasst. Intelligentes Verhalten ist für die KI durch folgende Merkmale charakterisiert: Suchen, planen, optimieren, logisch schließen, approximieren.

Eine KI-Anwendung stellt immer nur eine Annäherung an intelligentes Verhalten dar. Sie nimmt dem Menschen viel Arbeit ab, zum Beispiel, wenn es darum geht, Muster zu erkennen, Daten auszuwerten, komplexe regelhafte Aufgaben zu lösen. Hier ist KI schneller und präziser als der Mensch. Bei anderen Aufgabenstellungen wie zum Beispiel Kommunikation jedoch ist der Mensch in den meisten Fällen nach wie vor überlegen. Deshalb ist es für den Erfolg von Conversational Services so entscheidend, die vorhandenen technischen Grenzen durch ein gutes Konzept zumindest ein Stück weit auszugleichen!

1.4 Technische Grundlagen

Wie in der Künstlichen Intelligenz insgesamt lassen sich die gängigen Methoden und Verfahren, die in Chatbots zum Einsatz kommen, im Wesentlichen in zwei Gruppen unterteilen, die symbolische beziehungsweise klassische KI und das Machine Learning.

Die Grundlagen der symbolischen KI, bisweilen auch GOFAI („good old-fashioned artificial intelligence") genannt, stammen bereits aus der Anfangszeit der KI in den 1950er Jahren. Dazu gehören Heuristiken, Planung, Entscheidung und Wissensrepräsentation. Diese Grundlagen wurden kontinuierlich weiterentwickelt. Symbolische Informationsverarbeitung arbeitet mit expliziten Programmierabläufen, die auf Logiken, Schlussregeln und Inferenzverfahren beruhen. Man spricht deshalb auch von regelbasierten Verfahren.

Hinzu kommen seit den 1970er Jahren als zweite Gruppe subsymbolische Verfahren, die meist auf künstlichen neuronalen Netzen basieren. Diese Methoden der KI werden unter dem Begriff Machine Learning beziehungsweise Maschinelles Lernen (kurz: ML) zusammengefasst.

Symbolische KI ist besonders gut darin, logische Schlüsse zu ziehen, strategische Entscheidungen zu treffen und sinnvolle Planungen zu erstellen. Expertensysteme und viele Optimierungsverfahren beruhen auf diesen klassischen KI-Methoden. ML-Verfahren basieren auf statistischen Methoden, die auf sehr große Datenmengen angewendet werden. Die Stärken von ML liegen in der Mustererkennung, Musterverarbeitung und im Musterlernen. Anwendungsbeispiele sind die Sprach-, Bild- und Schrifterkennung und die Sensorik in der Robotik.

Viele Verfahren und Anwendungen setzen inzwischen auf hybride Ansätze und kombinieren klassische, symbolische KI-Methoden mit Machine Learning. Dies ist auch in der maschinellen Sprachverarbeitung (Natural Language Processing, NLP) der Fall, die den technischen Kern von Conversational Services und Chatbots bildet. Die maschinelle Eingabeverarbeitung (NLU) und die maschinelle Generierung der Sprachausgabe (NLG) sind seit Jahren Gegenstand zahlreicher Forschungsarbeiten. Insbesondere NLU-Verfahren sind inzwischen auch in der praktischen Anwendung sehr erfolgreich.

▶ **Definition** Die maschinelle Verarbeitung natürlicher Sprache wird als *Natural Language Processing (NLP)* bezeichnet. Sie ist ein Teilgebiet der Informatik beziehungsweise Künstlichen Intelligenz.

Natural Language Understanding (NLU) ist der Teilbereich des NLP, in dem es um die maschinelle Verarbeitung natürlichsprachlicher Eingaben (textuell, auditiv) geht.

Natural Language Generation (NLG) ist der Teilbereich des NLP, der sich auf die maschinelle Erzeugung einer natürlichsprachlichen Ausgabe (textuell, auditiv) bezieht.

Bei der maschinellen Sprachverarbeitung kommen sowohl symbolische als auch subsymbolische Methoden der KI zum Einsatz.

Symbolische Methoden sind besonders gut darin, komplexe, kontextabhängige Dialogverläufe zu organisieren. Subsymbolische, ML-gestützte Methoden und Tools für Natural Language Understanding (NLU) sind nützlich für die Verarbeitung von User-Eingaben, insbesondere wenn diese sehr vielfältig oder schwer vorhersehbar sind. Auch Funktionen wie Sentiment-Erkennung, mit der ein Chatbot merken sollen, wenn das menschliche Gegenüber verärgert ist, damit er seine Interaktionen entsprechend anpasst, sind nicht ohne NLU möglich, stecken allerdings noch in den Anfängen der Entwicklung.

1.4.2 Wie funktioniert ein Chatbot-Dialog?

Unabhängig davon, welche Methoden an welcher Stelle zum Einsatz kommen, ist die grundsätzliche Funktionsweise eines Chatbot-Dialogs immer gleich und basiert auf folgenden Komponenten:

- Pfade, Stories, Sequenzen und Turns
- Kontext und Memory
- Trigger, Utterances und Prompts
- Intents, Entities und Slots

In einem automatisierten Dialog wie dem eines Chatbots werden Dialoge sequenziell von einem Gesprächsbeitrag zum nächsten aufgebaut. Ein Dialog bzw. eine Konversation („dialog", „conversation") ist demnach eine Folge beziehungsweise Sequenz („sequence") von Gesprächsbeiträgen („turns"), bei denen sich der Chatbot und sein Gesprächspartner abwechseln. Sequenzen, die abgeschlossene thematische oder funktionale Einheiten bilden, heißen auch Stories. Ein von einem Chatbot assistierter Kaufprozess kann zum Beispiel die Stories Beratung – Bestellung – Bezahlung enthalten.

Eine längere Sequenz, die einen bestimmten Auslöser und ein bestimmtes Ziel haben und in denen typischerweise ein Stück weit der Chatbot aktiv die Gesprächsführung übernimmt, um dieses Ziel erreichen zu können, heißt (Dialog-)Pfad („path"). Pfade beschreiben die verschiedenen Verläufe, die der Dialog in der Interaktion zwischen Chatbot und Nutzer:in nimmt. Sie bilden in ihrer Gesamtheit den Ablauf („flow", „map") der Konversation, der in einem Ablaufdiagramm visualisiert wird. Komplexere Konversationen werden oft in Abläufe mit untergeordneten Abläufen oder Teilabläufen und entsprechend mehrere Ablaufdiagramme strukturiert, um im Conversation Design den Überblick zu behalten.

Damit der Chatbot erkennt, dass sein Gesprächsbeitrag gefragt ist, benötigt er einen Trigger – entweder eine Texteingabe oder eine andere Art der Eingabe wie den Aufruf des Chatbots, das Klicken eines Links oder Buttons. Textuelle Eingaben werden als Äußerungen („utterances") bezeichnet. Die Eingabeverarbeitung des Chatbot-Tools sorgt dafür, dass auf jeden Trigger ein Gesprächsbeitrag des Chatbots („prompt") folgt.

1.4 Technische Grundlagen

Eine Utterance drückt meist eine konkrete Absicht („intent") aus. Da Menschen ihre Wünsche und Absichten ganz unterschiedlich formulieren, gibt es in der Regel auch verschiedene Utterances zu demselben Intent. Zum Beispiel fragen Sätze wie „Wie wird das Wetter morgen?", „Wird es morgen regnen?", „Wie warm wird es morgen?" alle nach dem Wetter am nächsten Tag. Selbst eine Utterance wie „He du!" drückt eine Absicht aus, nämlich: „Lass uns miteinander reden". Die Zuordnung von Utterances zu einem Intent wird Intent-Klassifizierung („intent classification") genannt; sie ist das Herzstück der Eingabeverarbeitung des Chatbots.

Wenn der Chatbot den Intent erkannt hat, muss er die für die Zielerfüllung benötigten Parameter dem Dialog entnehmen. Einen solchen Parameter nennt man Entity, der Prozess des „Entnehmens" wird als Entity-Extraktion („entity extraction") bezeichnet. Ein gern bemühtes Beispiel ist ein Chatbot, der eine Essenbestellung aufnimmt. Er muss wissen, was bestellt wird (zum Beispiel Pizza), mit welchen Merkmalen (mit Paprika, Spinat und zweimal Käse), in welcher Größe (mittelgroß), wohin geliefert werden soll und wie bezahlt wird. Produkt, Merkmale, Größe, Adresse, Zahlungsart sind Entities, die im Dialog mit konkreten Angaben versehen werden. Technisch gesehen stehen dahinter Variablen, die mit einem Wert belegt werden. Diesen Vorgang nennt man auch Slot-Filling.

Für eine funktionierende Unterhaltung benötigt der Chatbot ein gewisses Kontextverständnis bzw. Merkfähigkeit („memory"). Wenn der Chatbot zum Beispiel eine Ja-/Nein-Frage stellt, muss er nach der Antwort „Ja" oder „Nein" noch wissen, worauf sich die Antwort bezieht. Kontextverständnis wird erzielt, indem in der Intent-Klassifizierung der jeweilige Gesprächspfad oder die Sequenz als Kontext berücksichtigt wird, der Chatbot einen bestimmten Status („state") zugewiesen bekommt, oder im Verlauf des Gesprächs Variablen gesetzt und bei der Eingabeverarbeitung geprüft werden. Auf diese Weise lässt sich auch erreichen, dass sich der Chatbot inhaltlich nicht wiederholt oder bereits eingeholte Informationen ein zweites Mal abfragt.

Abb. 1.6 gibt einen Überblick über die Funktionsweise eines Chatbots und die Komponenten, die für die Verarbeitung des Dialogs benötigt werden.

1.4.3 Die Verarbeitung von Eingaben

Chatbot-Tools unterscheiden sich darin, wie sie Eingaben verarbeiten und Intents erkennen. Ob ein Chatbot-Tool ML-basiert (subsymbolisch), regelbasiert (symbolisch) oder hybrid (symbolisch und subsymbolisch kombiniert) vorgeht, entscheidet sich im Wesentlichen an der Verarbeitung der textuellen Benutzereingaben. Sind Freitexteingaben überhaupt möglich oder interagieren die Nutzer:innen ausschließlich über Buttons mit dem Chatbot? Wie ordnet das Tool einer Freitexteingabe den passenden Dialogbeitrag des Chatbots zu: Per (regelbasiertem) Pattern-Matching oder mit (ML-basierten) NLU-Verfahren?

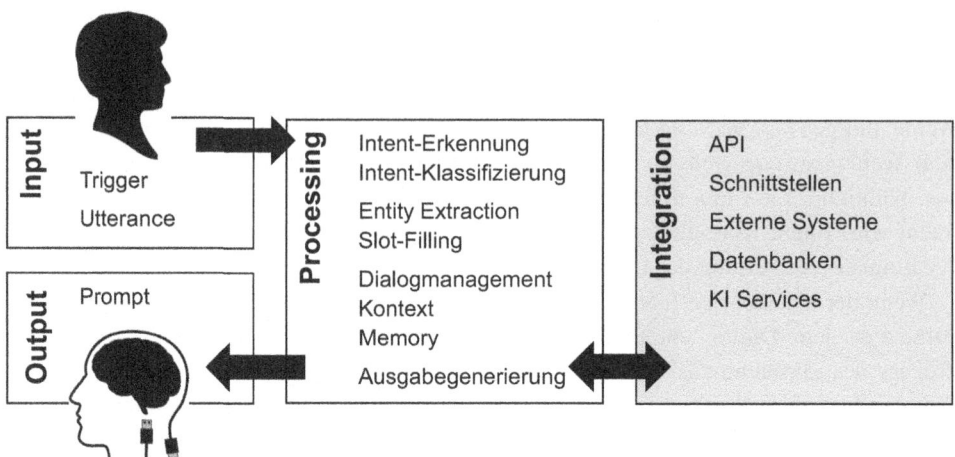

Abb. 1.6 Komponenten eines CUI für die Dialogverarbeitung

Bei NLU-Verfahren werden für jede Dialogsituation, auf die der Chatbot auf bestimmte Weise reagieren soll, Beispielsätze, Stichwörter und Ähnliches eingeben. Diese werden als Trainings-Daten für ein mehrstufiges neuronales Netz („deep neural network") verwendet. Das neuronale Netz sorgt dann dafür, dass nicht nur genau diese, sondern auch ähnliche Eingaben zu der gewünschten Reaktion führen, indem für jede Eingabe eine Übereinstimmungs-Zuversicht (zwischen 0 und 100 Prozent) mit den NLU-Regeln ermittelt wird.

Beim Pattern-Matching hingegen werden statt Beispielsätzen Muster für die möglichen Nutzereingaben erfasst, auf die der Chatbot in bestimmter Weise reagieren soll. Muster enthalten typischerweise Textsequenzen und Stichwörter, die sie zu bestimmten Satzstrukturen kombinieren. Eingaben müssen ein Muster erfüllen, damit eine Regel ausgewählt werden kann. Manche regelbasierten Verfahren errechnen, zum Beispiel mit Hilfe von Fuzzy Logic, ebenfalls eine Übereinstimmungs-Zuversicht, um eine flexiblere Zuordnung von Eingaben und Mustern zu ermöglichen. Insbesondere werden damit auch Eingaben mit Tippfehlern besser verarbeitet.

Tab. 1.1 zeigt die Unterschiede in der Eingabeverarbeitung von NLU und Pattern Matching im direkten Vergleich.

Rein Button-basierte Chatbots beziehungsweise Tools benötigen weder NLU noch Pattern-Matching, da ja keine Freitexteingaben verarbeitet werden müssen. Stattdessen wird in diesen Tools eine Art Hypertext erzeugt, durch den die Nutzer:innen navigieren.

1.4 Technische Grundlagen

Tab. 1.1 NLU und Pattern Matching im Vergleich

Aspekt	NLU	Pattern Matching
Funktionsweise	Neuronale Netze	Regelbasiertes Pattern Matching
Kriterium	Zuversicht gemäß trainiertem Netz	Übereinstimmung mit Muster
Intent-Klassifizierung	Satzbeispiele	Satzmuster
Genauigkeit der Regelauswahl	Mittel	Hoch
Toleranz bei Abweichungen im Satzaufbau	Ja, gemäß Modell	Unterschiedlich je nach Tool, meist nein
Berücksichtigung ähnlicher Wortbedeutungen	Automatisch	Wenn manuell angegeben
Toleranz bei Tippfehlern	Abhängig vom neuronalen Netz, meist nein	Unterschiedlich je nach Tool, meist ja

1.4.4 Chatbot-Tools und die passenden Technologien

Für die Umsetzung von Chatbots gibt es inzwischen eine Vielzahl von Tools mit verschiedenen technischen und konzeptionellen Ansätzen und Schwerpunkten. Welches Tool für Ihr Chatbot-Projekt am besten geeignet ist, hängt unter anderem von Ihrem Use Case ab (zur Tool-Auswahl vgl. auch Abschn. 3.4). Auch die technische Umgebung auf Betreiber- und Anwenderseite spielt eine Rolle bei der Tool-Auswahl sowie die geplanten Ausgabekanäle und benötigten Integrationen. Ist eine natürlichsprachliche Ein-/Ausgabe wie zum Beispiel in der Interaktion mit Smart-Home-Geräten gewünscht, kommen in der Regel ergänzend Text-to-Speech- und Speech-to-Text-Methoden zum Einsatz.

Auf den ersten Blick wirken NLU-Verfahren komfortabler und leistungsfähiger als regelbasierte Verfahren, die Pattern Matching nutzen. Doch dieser Eindruck täuscht. Zum einen ist der Aufwand für die Bereitstellung geeigneter Trainingsdaten nicht wesentlich geringer als der für die Definition von Mustern – und wenn die Zuordnung fehlerhaft ist, lässt sich im Pattern Matching viel einfacher gegensteuern. Zum anderen sind NLU-Methoden vor allem im alltagssprachlichen Bereich gut, stoßen aber bei Fachsprache an ihre Grenzen. Grund ist, dass sie – vereinfacht gesagt – Synonyme nicht unterscheiden; in der Fachsprache jedoch können Wörter, die in der Alltagssprache gleichbedeutend sind, unterschiedliche Bedeutungen tragen. Je mehr sprachliche Differenzierungsfähigkeit gefragt ist und je spezifischer die verwendete (Fach-)Sprache, desto eher stößt ein NLU-Tool an seine Grenzen.

▶ **Tipp** Der Ausdruck Machine Learning suggeriert, dass die Maschine, also der Computer, eine Software, ein Roboter, lernt wie ein Mensch. Das ist jedoch nicht der Fall, genauso wenig wie eine ML-basierte Maschine selbsttätig lernt. Das insbesondere bei Chatbots, aber auch bei anderen KI-Anwendungen genutzte „supervised machine learning" setzt voraus, dass von Menschen zusammengestellte Daten, die sogenannten Trainingsdaten, die Mustererkennung in die richtigen Bahnen lenkt. Dieses „Training" der Maschine muss kontinuierlich erfolgen, damit die ML-Anwendungen eine entsprechend hohe Qualität erreichen.

Je spezifischer und fachbezogener die Fragen und Eingaben der Benutzer:innen sein können und je wichtiger die Korrektheit der Antwort ist, desto schwieriger ist es, passende Trainingsdaten in ausreichender Menge und Qualität zu haben – immerhin benötigt ML für ein sinnvolles Training sehr viele Datensätze, und zwar für jede Situation, die „erkannt" werden soll. Nicht nur bei fachlich sehr spezialisierten Inhalten müssen diese oft aufwendig von Hand erstellt und zusammengetragen werden. Dabei besteht stets die Gefahr, ungewollt Verzerrungen zu erzeugen.

Zudem ist es schwierig gegenzusteuern, wenn der Chatbot nach dem Training nicht das gewünschte Verhalten zeigt, denn wie ein ML-System Entscheidungen trifft, passiert im Wesentlichen in einer Black Box. Wegen dieser fehlenden Nachvollziehbarkeit kommen subsymbolische Systeme beispielsweise nicht infrage,

- wenn aufgrund von Regularien die Transparenz der Entscheidungen und der Entscheidungsfindung gefordert ist,
- wenn die Antworten des Systems einen sehr hohen Grad vorhersagbarer und revisionssicherer Korrektheit aufweisen müssen, wie zum Beispiel bei der Steuerung von Maschinen oder bei Prüfungen.

Mit regelbasierten Methoden lassen sich vergleichsweise komfortabel und schnell gute Ergebnisse erzielen. Zwar sind Tools, die nur auf Pattern-Matching setzen, vordergründig unflexibler als NLU-basierte Tools. Theoretisch lässt sich mit ihnen jedoch jede einzelne Nutzereingabe verarbeiten, indem einfach die jeweiligen Patterns ergänzt werden. Das ist natürlich im Zweifelsfall sehr viel Fleißarbeit; dafür spart man sich den Umweg über die Trainingsdaten.

Der wichtigste Vorteil von Pattern-Matching-Verfahren jedoch liegt in ihrer größeren Differenzierungsfähigkeit – sie erlauben eine höhere Granularität von Themen und Intents. Grundsätzlich lässt sich nämlich nicht nur jede Nutzereingabe verarbeiten, wenn sie entsprechend erfasst worden ist, sondern auch unterschiedlich verarbeiten. So ist es zum Beispiel möglich, auf ein „Hallo, Kim" einer Nutzerin anders zu reagieren als auf ein „Hallo, Bot" – im ersten Fall kennt sie offensichtlich den Namen des Chatbots, im zweiten nicht; und das würde ja auch bei einem Menschen unterschiedliche Reaktionen hervorrufen. In NLU-Tools werden solche Feinheiten typischerweise nivelliert. Auch bei

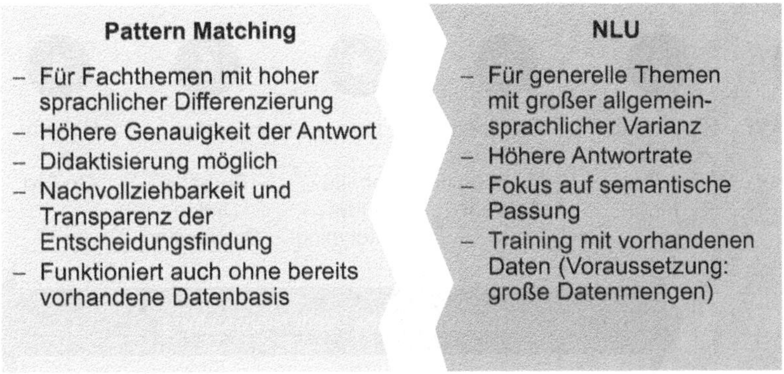

Pattern Matching

- Für Fachthemen mit hoher sprachlicher Differenzierung
- Höhere Genauigkeit der Antwort
- Didaktisierung möglich
- Nachvollziehbarkeit und Transparenz der Entscheidungsfindung
- Funktioniert auch ohne bereits vorhandene Datenbasis

NLU

- Für generelle Themen mit großer allgemeinsprachlicher Varianz
- Höhere Antwortrate
- Fokus auf semantische Passung
- Training mit vorhandenen Daten (Voraussetzung: große Datenmengen)

Abb. 1.7 Stärken von Pattern Matching und NLU-basierten Verfahren

zu großen thematischen Überschneidungen der Intents kommt es regelmäßig zu Fehlzuordnungen.

Folglich ermöglichen regelbasierte Ansätze eine wesentlich höhere Kontrolle, sowohl hinsichtlich der Trennschärfe bei der Verarbeitung von Eingaben als auch bei der Aufbereitung der Ausgaben. Das wiederum erlaubt eine größere fachliche Differenzierung und gezielte methodische Aufbereitung von Inhalten. Komplexere Sätze und kognitiv anspruchsvollere Themen sind besser abbildbar, sowohl beim Verstehen als auch bei der Ausgabe. Außerdem ist, wenn der Chatbot nicht das gewünschte Verhalten zeigt, der Fehler leichter nachzuvollziehen und zu beheben. Ein angenehmer Nebeneffekt: Das Chatbot-Verhalten ist transparent und somit auch revisionssicher.

Abb. 1.7 stellt die wichtigsten Stärken und Grenzen der beiden Ansätze einander gegenüber. Mit zunehmender Verfügbarkeit von Daten für NLU ist die Kombination regelbasierter und sogenannter „supervised" Machine-Learning-Verfahren in einer hybriden Lösung bei der Chatbot-Entwicklung eine gute Option, um die jeweiligen Stärken zu nutzen, und durchaus sinnvoll – sofern das verwendete Tool dieses Vorgehen unterstützt.

1.5 In sechs Schritten zum Chatbot

1.5.1 Chatbot-Entwicklung im Überblick

Um interessante und wirksame Anwendungen mit Chatbots zu realisieren, sind ein profundes Konzept und eine gute Dialogführung mindestens ebenso wichtig wie die Technik, wenn nicht sogar letztlich entscheidend für den Gesprächs- und damit den Anwendungserfolg. Klarheit über den Anwendungsfall, die Zielsetzung und die Zielgruppe ist eine wesentliche Voraussetzung. Auch die Persönlichkeit des Chatbots ist

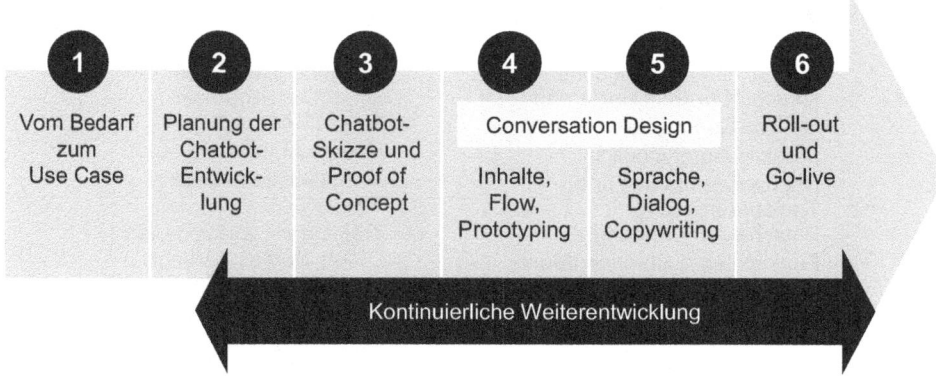

Abb. 1.8 Die sechs Schritte der Chatbot-Entwicklung im Überblick

ein wichtiger Erfolgsfaktor. Viele Bots werden von ihren Entwicklern und Autorinnen so gestaltet, dass sie im Dialog mit den Nutzenden möglichst menschlich und nahbar wirken und zugleich unverwechselbar sind. Inhalte, Funktionalität, Ästhetik und Dialog müssen ein stimmiges Ganzes ergeben, damit der Chatbot erfolgreich wird.

Ziel des Conversation Design und des Entwicklungsprozesses insgesamt ist es, den Chatbot effizient zu erstellen und mit angemessenem Aufwand die hohe Qualität zu erreichen. Das Vorgehen in sechs Schritten, das Abb. 1.8 zeigt, hat sich dabei bewährt.

Diese sechs Schritte repräsentieren in generalisierter Form den zeitlichen Ablauf der Chatbot-Entwicklung mit mehreren Konzeptions- und Implementierungsstufen: Proof of Concept, Prototyp, Release Candidate, Final Release. Zwischen Prototyp und Release Candidate werden üblicherweise viele weitere Zwischenstände des Conversational Agent umgesetzt. Die Anzahl der Iterationen innerhalb der Umsetzungsschritte ist bei einem agileren Vorgehen größer, bei einem klassischeren Vorgehen kleiner.

In diesem Prozess sind sehr unterschiedliche Fähigkeiten gefordert, sodass Personen mit durchaus heterogenen Expertisen, Kompetenzen und Sichtweisen eng zusammenarbeiten:

- Produktmanagement
- Koordination und Management
- Fach- und Prozesswissen
- IT und Software
- Data Science
- Dialogdesign
- Sprechen, Schreiben, Texten
- Mediengestaltung
- User-Experience-Design

Die Fähigkeit zur Teamarbeit ist also eine Schlüsselkompetenz für die Entwicklung von Chatbots.

1.5.2 Analyse, Planung, Proof of Concept

Abb. 1.9 zeigt die ersten drei Schritte der Chatbot-Entwicklung. In ihnen werden die inhaltlichen und organisatorischen Grundlagen für das Chatbot-Projekt gelegt.

Ausgangspunkt jeder Chatbot-Entwicklung ist ein Problem, das mit Hilfe eines CUI lösbar ist. Im ersten Schritt klären Sie also Bedarf, Anforderungen und erwarteten Nutzen, vereinbaren die Ziele, identifizieren die Zielgruppe und definieren den Use Case, Ihren Anwendungsfall, möglichst genau. Es ist außerdem sinnvoll, sich möglichst früh einen Überblick über die technischen und organisatorischen Rahmenbedingungen zu verschaffen. Sie prüfen in aller Regel auch bereits zu Beginn, welche Daten beziehungsweise Informationen Sie für die Umsetzung benötigen und welche davon bereits verfügbar sind. Kap. 2 beschreibt die Aufgaben in diesem Schritt genauer.

Eine konkrete Planung setzt wie bei jedem Software-Vorhaben voraus, dass Sie wissen, wie Sie vorgehen wollen oder werden. Was ist der Input und was der Output? Wer ist beteiligt, welche Kompetenzen sind intern verfügbar? Wieviel Zeit haben Sie, welches Budget steht Ihnen zur Verfügung? Wie Sie eine Chatbot-Entwicklung am besten angehen und was dabei zu beachten ist, beschreibt Kap. 3.

Im dritten Schritt skizzieren Sie die geplante Lösung. Sie legen den Geltungs- beziehungsweise Anwendungsbereich genauer fest und runden Ihren Use Case ab. Sie machen sich erste konkrete Gedanken über die Conversational User Experience, den Dialogtyp und die Dialogstruktur und halten diese Gedanken und Konzeptideen in einer Skizze fest, die Sie von Ihrem externen oder internen Auftraggeber freigeben lassen. Bei

Abb. 1.9 Die ersten drei Schritte der Chatbot-Entwicklung

Bedarf erstellen Sie einen Proof of Concept oder einfach nur ein Mockup, um die Grundideen zu veranschaulichen und auf diese Weise zu prüfen, ob Sie konzeptionell auf dem richtigen Weg sind. Dieser Schritt ist in Kap. 4 ausführlich dargestellt.

1.5.3 Conversation Design vom Prototyp zum Copywriting

In den folgenden beiden Schritten, die Abb. 1.10 zeigt, konzentrieren Sie sich ganz auf den Dialog: Sie entwickeln die Dialogverläufe und verfeinern die Inhalte, sammeln Daten für das Training der NLU oder das Pattern-Matching und schreiben die Chatbot-Ausgaben. Kap. 5 und 6 beschreiben, wie Sie vorgehen können und was Sie dabei beachten sollten.

Mit der Implementierung eines Chatbots starten Sie nicht erst dann, wenn alle Dialoge ausformuliert sind, sondern sobald die wichtigsten Dialogpfade in ihren Grundzügen stehen. Denn die Chatbot-Ausgabe in einem Textdokument zu schreiben, ist das eine; diesen Text in einem Chatverlauf zu lesen, etwas anderes. Ein agiles Vorgehen in Sprints passt deshalb sehr gut zum Prozess der Chatbot-Entwicklung. Sie erstellen zuerst den Prototyp und im Anschluss daran die verschiedenen, aufeinander aufbauenden Stadien beziehungsweise Chatbot-Versionsstände bis hin zum sogenannten Release Candidate und der finalen Version, mit der Sie in den Echtbetrieb gehen.

Die Schritte 4 und 5 und zum Teil auch Schritt 6 durchlaufen Sie demgemäß in Schleifen immer wieder, wobei sich allmählich das Gewicht verlagert. Produzieren Sie anfangs nur prototypisch Dialoge, um zu sehen, wo das Copywriting und der geplante Dialogablauf noch Lücken oder Schwächen aufweisen, nehmen später die Umsetzung

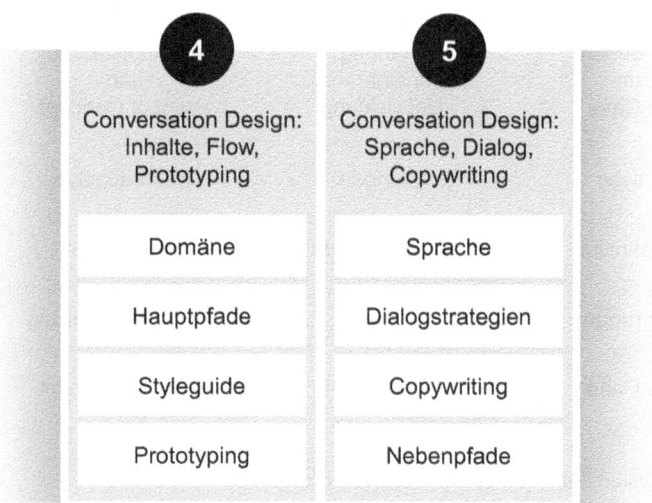

Abb. 1.10 Schritte 4 und 5 der Chatbot-Entwicklung

im Chatbot-Tool den größeren Raum ein, und Sie kommen nur noch vereinzelt auf Ihre Konzeptdokumente zurück.

▶ **Tipp** Copywriting-Dokumente (Dialogtexte, Drehbuch etc.), Ablaufdiagramm und Skript sind für die Abnahme des Ergebnisses, die Dokumentation und die Qualitätssicherung nützliche Instrumente. Umso wichtiger ist es dafür zu sorgen, dass sie immer aktuell und gut verständlich sind.

1.5.4 Finale Implementierung des Chatbots und Roll-out

Im letzten Schritt (Abb. 1.11) entsteht die Final Version des Chatbots beziehungsweise Conversational User Interface. Was in dieser Phase bis zum Go-live und darüber hinaus noch zu tun ist, behandelt Kap. 7 ausführlicher. Dabei erhält Ihr Chatbot letzte technische Anpassungen zum Beispiel in der Konfiguration oder im Skript und wird in die spätere Betriebsinfrastruktur integriert.

Die Qualitätssicherung erfolgt in den vorigen Schritten überwiegend innerhalb des Conversation-Design-Teams und selektiv durch Test-User. Vor dem eigentlichen Roll-out ist eine systematische Test- und Evaluationsphase durch die Zielgruppe empfehlenswert, an die sich idealerweise noch ein Pilotbetrieb anschließt, der weitere Erkenntnisse über die tatsächliche Nutzung und die Anforderungen liefert. Der Release Candidate wird zum Schluss in allen relevanten Aspekten gemäß den Ergebnissen der Evaluation beziehungsweise des Pilotbetriebs abgerundet.

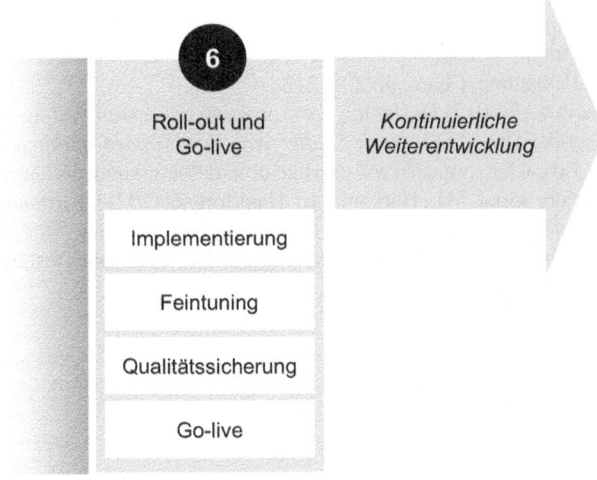

Abb. 1.11 Der letzte Schritt der Chatbot-Entwicklung

Dann ist es Zeit für Roll-out und Go-live – auch wenn der Chatbot zu diesem Zeitpunkt mit ziemlicher Sicherheit noch nicht perfekt ist. Die kontinuierliche Beobachtung und Verbesserung des Chatbots begleitet die gesamte Nutzungszeit, bis der Chatbot von einer neuen Version oder einem ganz neuen Conversational Service abgelöst wird.

Literatur

Bruns, B. (2018) *Wie konzipiere ich einen Lernbot? Conversational Learning und die Suche nach der Antwort auf „alles".* In: Handbuch E-Learning. Wolters Kluwer Deutschland.

Bruns, B./Kowald, C. (2019) *New Learning Scenarios with Chatbots: Conversational Learning with Jix: from Digital Tutors to Serious Interactive Fiction Games.* In: International Journal of Advanced Corporate Learning, 12(2).

Deibel, D./Evanhoe, R. (2021) *Conversations with Things: UX Design for Chat and Voice.* Rosenfeld Media, New York.

Elovic A (2017) *Chatbots — The Beginners Guide.* In: Chatbots Magazine. https://chatbotsmagazine.com/chatbots-the-beginners-guide-618e72599b55. Accessed 22 Jun 2018.

EOS Holding GmbH (2021) *Chatbot-Studie 2021: Digitale Helfer setzen sich durch.* https://de.eos-solutions.com/chatbot-survey-2021.html. Accessed 29 Jul 2022.

Frankish, K., & Ramsey, W. M. (Eds.). (2014). *The Cambridge handbook of artificial intelligence.* Cambridge University Press.

Höhn S, Bongard-Blanchy K (2021) *Heuristic Evaluation of COVID-19 Chatbots.* In: Følstad A, Araujo T, Papadopoulos S, et al. (eds) Chatbot Research and Design. Springer International Publishing, Cham, pp 131–144.

Hundertmark, S. (2020). *Digitale Freunde: wie Unternehmen Chatbots erfolgreich einsetzen können.* John Wiley & Sons.

Kar S (2017) *AI Mind Map.* In: Machine Learning And Artificial Intelligence Study Group. https://medium.com/ml-ai-study-group/ai-mind-map-a70dafcf5a48. Abgerufen am 7. März 2022.

Kowald, C. (2019) *Lernen im Dialog mit KI.* In: weiter bilden, 2019(04), 32–34.

Kvale K, Freddi E, Hodnebrog S, et al (2021) *Understanding the User Experience of Customer Service Chatbots: What Can We Learn from Customer Satisfaction Surveys?* In: Følstad A, Araujo T, Papadopoulos S, et al. (eds) Chatbot Research and Design. Springer International Publishing, Cham, pp 205–218.

Shevat, A. (2017) *Designing bots: creating conversational experiences.* O'Reilly, Beijing, Boston.

Userlike UG (2020) *Neue Studie: Was Ihre Kunden wirklich über Chatbots denken.* In: Userlike Live Chat. https://www.userlike.com/de/blog/kunden-chatbots-studie. Accessed 29 Jul 2022.

van der Goot MJ, Hafkamp L, Dankfort Z (2021) *Customer Service Chatbots: A Qualitative Interview Study into the Communication Journey of Customers.* In: Følstad A, Araujo T, Papadopoulos S, et al. (eds) Chatbot Research and Design. Springer International Publishing, Cham, pp 190–204.

Der Start: Vom Bedarf zum Chatbot-Use-Case

2.1 Was am Anfang wichtig ist

In der Startphase Ihres Chatbot-Vorhabens (Abb. 2.1) legen Sie die Basis für Konzeption und Implementierung, die Beziehungen zwischen den Beteiligten und die zu erwartenden Ergebnisse.

Die Entscheidungen, die Sie am Anfang treffen, dienen Ihnen während der gesamten weiteren Entwicklung als Referenzpunkt und Kompass. Dazu gehört, dass Sie alle Beteiligten einbeziehen, sie umfassend über Ihr Vorhaben informieren, damit von Anfang an effizient und effektiv gearbeitet wird, und dass Sie die Ziele und Interessen der Beteiligten abgleichen, um eine gemeinsame Zielvorstellung herzustellen und Transparenz zu schaffen. Es ist auch durchaus sinnvoll, bereits vor der eigentlichen Planung den ungefähren Verlauf abzustecken, wichtige Termine zu identifizieren und grob die verfügbaren Mittel bezüglich Personen, Finanzen, Tools, Infrastruktur, Materialien und Informationen festzulegen. Damit schaffen Sie gute Voraussetzungen für die detailliertere Planung.

> ▶ **Tipp** Versäumnisse zu Beginn lassen sich in der Regel auch später noch korrigieren – doch fordert ihre Korrektur oft unverhältnismäßig viel Energie. Umso wichtiger ist es, den Motivationsschub aller Beteiligten, der zu Beginn eines gemeinsamen Vorhabens meist besonders stark ist, zu nutzen, sorgfältig zu arbeiten und alle Beteiligten gleichermaßen einzubinden.

Product Owner beziehungsweise Projekt- oder Prozess-Verantwortliche arbeiten in der Startphase besonders aktiv mit den Stakeholdern und idealerweise auch bereits

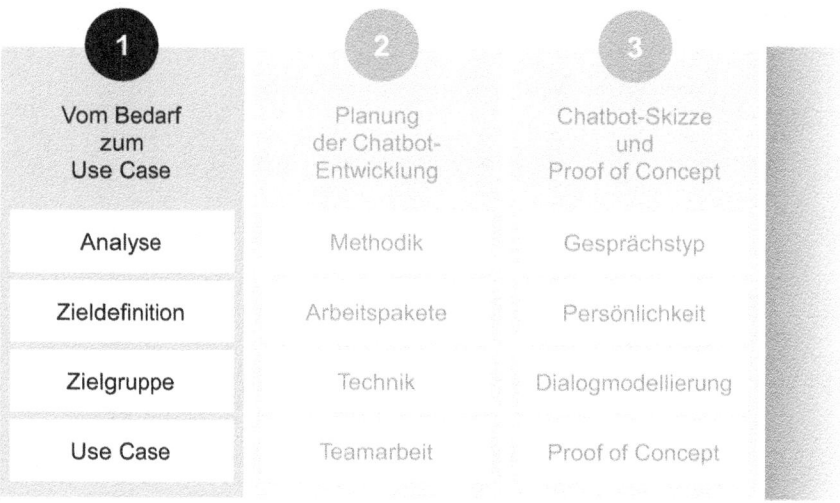

Abb. 2.1 Aufgaben im ersten Schritt der Chatbot-Entwicklung

dem Conversation-Design-Team zusammen und sind dafür verantwortlich, die oben genannten Aufgaben umzusetzen. Erfahrungen aus der Projektarbeit zeigen, dass es erfolgsentscheidend ist, alle Stakeholder, Projektförderer, Skeptiker, Kritiker und Mentoren mit im Boot zu haben, damit diese das Vorhaben in jeder Phase inklusive möglicher Krisen und bis zum erfolgreichen Abschluss unterstützen. Wenn das Umsetzungsteam noch nicht oder nur selten zusammengearbeitet hat, lohnt es sich auch, sich zu Beginn über die Arbeitsweise auszutauschen und Regeln für Kommunikation, Kooperation und Methoden zu vereinbaren.

Die Chatbot-Entwicklung beginnt mit drei Arbeitspaketen, in denen sich alle Beteiligten klar darüber werden, was der Chatbot eigentlich tun soll, für wen und warum:

- Bedarfsanalyse und Zieldefinition
- Analyse der Zielgruppe
- Entwicklung des Use Case

Sie analysieren also zunächst den konkreten Bedarf und leiten daraus die Ziele für das Chatbot-Vorhaben und den erwartbaren Nutzen ab. Im nächsten Schritt beschreiben Sie die Zielgruppe möglichst genau bis hin zur Definition einer Zielgruppenpersona. Mit diesen Voraussetzungen gelingt es in der Regel leicht, den Anwendungsfall (Use Case) zu formulieren.

2.2 Bedürfnisse, Interessen und Nutzen

2.2.1 Bedarfsanalyse

Warum wollen Sie einen Chatbot einführen? Häufige Motivationen sind der Wunsch nach Entlastung des Personals von Routineaufgaben oder mehr Effizienz in bestimmten Prozessen. Chatbots können auch Lücken in Prozessen schließen, für die es eine gewisse Flexibilität braucht, und Zielgruppen erreichen, die mit anderen Formen und Kommunikationskanälen nicht zurechtkommen oder sich dort nicht genügend angesprochen fühlen.

▶ **Tipp** Ein guter Prüfstein, ob ein Chatbot geeignet ist, das Anliegen der Nutzer:innen zu lösen, ist folgendes Gedankenexperiment: Stellen Sie sich vor, Sie selbst hätten dieses Anliegen und würden sich in einem Chat an eine real existierende Person wenden, um Ihr Problem zu lösen. Wäre das hilfreich? Wäre der Chat eine effiziente und hilfreiche Interaktionsform? Wenn die Antwort nein ist, ist ein Chatbot vermutlich nicht sinnvoll. Dann erreichen Sie Ihre Ziele auf anderem Wege besser.

Einsatzmöglichkeiten für Chatbots bieten sich überall, wo ein hohes Volumen an kommunikativen Aufgaben anfällt, die einen großen Routineanteil haben. Besonders geeignet sind Chatbots, wenn die potenzielle Zielgruppe immer wieder die gleichen Anliegen oder Wünsche hat, für deren Lösung sie nur wenig Unterstützung benötigt, aber ganz ohne diese Unterstützung nicht auskommt.

Beispiel: Ein Chatbot im IT-Support

Typischerweise ist ein großer Teil der Anfragen im IT-Support auf wenige, ähnliche Probleme und Ursachen zurückzuführen. Hier kann ein Chatbot helfen. Ein Chatbot kann darüber hinaus dabei unterstützen, dass vorhandene Anleitungen auch genutzt werden. Hilfetexte für IT-Systeme setzen meist voraus, dass zumindest eine grundlegende Orientierung im System schon vorhanden ist. Viele Anwender:innen scheitern jedoch an vermeintlich einfachen Anweisungen wie „Öffnen Sie die Einstellungen", wenn sie nicht wissen, wo sie die Einstellungen finden, und benötigen schon an dieser Stelle Support. Wenn sie jedoch den Chatbot fragen können, wo und wie die Einstellungen geöffnet werden, bewältigen sie auch die übrigen Schritte.

Ein Chatbot kann also den IT-Support entlasten. Als Arbeitsauftrag ist jedoch „Entlastung des IT-Supports" zu vage. Die Vielfalt dessen, was Anwender:innen wünschen und in den Chat schreiben, ist sehr groß – und entsprechend groß der Aufwand, einen solchen Chatbot zu implementieren.

> Überlegen Sie, welche einfachen Arbeiten in der Masse viel Zeit im Support beanspruchen, für die sich ein Chatbot eignet. Wenn Sie nun sagen: „Mehr als die Hälfte der Anfragen im Support sind auf falsche Benutzereinstellungen zurückzuführen; mit ein bisschen Unterstützung können die Leute das alleine lösen", sind Sie einen großen Schritt weiter. ◄

Mit der Analyse der konkreten Probleme und daraus resultierenden Bedarfe finden Sie heraus, wo genau Ihr Chatbot einen echten Nutzen bringt und Ihren Zielgruppen das Leben und Arbeiten leichter macht. Fangen Sie ruhig mit Ihrer eigenen Motivation an, um den Bedarf zu formulieren, und dokumentieren Sie Ihre Beweggründe. Sammeln und prüfen Sie mögliche Bedarfe gemeinsam mit den Stakeholdern, insbesondere den Personen, die bei den jeweiligen Aufgaben und Prozessen involviert sind, sowie den zukünftigen Nutzer:innen des Chatbots. Fragen Sie:

- Welche einzelnen, wiederkehrenden Aufgaben machen besonders viel Arbeit?
- Gibt es Lücken oder Brüche in einem Workflow, die durch einen Chatbot effizient abgedeckt werden können?
- Wo im Workflow fehlen immer wieder Informationen?
- Welche Informationen werden besonders häufig gesucht?

An dieser Stelle ist es sinnvoll, erneut zu prüfen, ob ein Chatbot beziehungsweise Conversational User Interface bei diesen Problemen die beste Lösung bietet. Dabei unterstützen Kontrollfragen wie beispielsweise:

- Wo verspricht ein Dialog gegenüber statischen Inhalten oder klassischen Self-Service-Prozessen wie Formularen einen besonderen Mehrwert, zum Beispiel durch die bessere Anpassung an die Bedürfnisse der Zielgruppe oder durch Storytelling?
- Lässt sich die Aufgabe relativ unabhängig von anderen Workflows erledigen? Ist sie zumindest in wesentlichen Teilen in sich abgeschlossen?
- Welche Auswirkungen hat es auf andere Prozesse, wenn der Chatbot diese Aufgaben übernimmt?

Sofern Sie Ihren Chatbot als Tool im Markt etablieren wollen, ist ein Benchmarking mit Mitbewerbern sinnvoll, die bereits einen entsprechenden Chatbot anbieten:

- Was leisten die Chatbots der anderen Anbieter? Was sind ihre Stärken?
- Wo sind ihre Grenzen? Welche Schwächen haben sie?
- Wie kann sich ein neuer Chatbot von den anderen positiv unterscheiden? Welche Alleinstellungsmerkmale sind möglich?
- Welche Chancen eröffnet ein Chatbot?

2.2 Bedürfnisse, Interessen und Nutzen

Hilfreiche Methoden für die Bedarfs- und Marktanalyse sind Stakeholder-Analysen, Umfragen, Befragungen, Datenanalysen und Brainstorming-Methoden, außerdem SWOT-Analyse, Ist-/Soll-Analyse und der „Magic Assistant".

▶ **Tipp** Der Magic Assistant ist eine Brainstorming-Methode, die insbesondere für Workshops mit den Zielgruppen geeignet ist. Dabei sind die Nutzer:innen aufgefordert, für sie typische Probleme im Anwendungskontext zu formulieren und zu beschreiben, wie ihnen ein idealer Chatbot – der keinen technischen oder sonstigen Beschränkungen unterliegt – helfen könnte.

In einem Workshop zur Entwicklung eines Chatbots, der Erstsemestern bei der Orientierung im Studium helfen sollte, wurde zum Beispiel formuliert: Ein Chatbot weiß Rat, wo man sich gut mit anderen Studierenden zum Lernen treffen kann. Er hilft dabei, Lernpartner zu finden, weil er weiß, wer gerade die gleichen Veranstaltungen belegt hat. Bei Schwierigkeiten mit einer Hausaufgabe, weiß der Chatbot, wer sie schon gelöst hat, und kann Kontakt herstellen.

Um aus den Ergebnissen der Bedarfsanalyse im nächsten Schritt möglichst konkrete und realisierbare Ziele abzuleiten, ist es wichtig, die gesammelten Bedarfe zu ordnen und zu priorisieren. Wenn Sie sie zum Beispiel nach den Aspekten Dringend/Wichtig oder Machbarkeit/Effekt sortieren, erhalten Sie einen guten Überblick und können davon ausgehend die Ziele identifizieren, die Sie erreichen wollen. So sind im Beispiel in Abb. 2.2 die besten Kandidaten für die Umsetzung nach der Priorisierung Bedarf 1, 6 und 7.

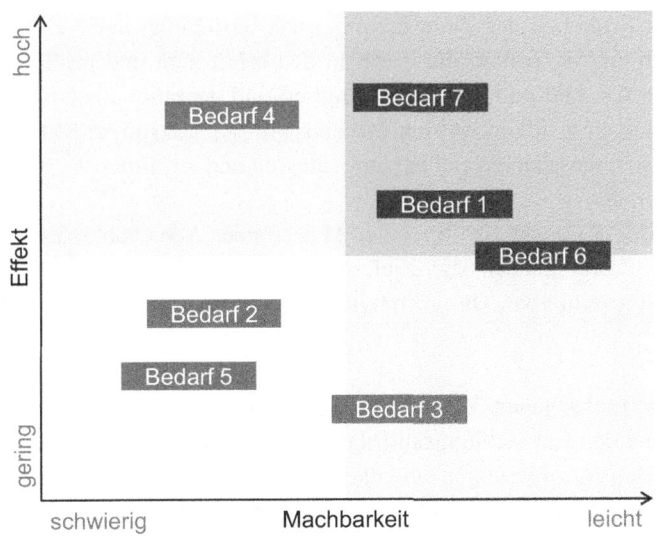

Abb. 2.2 Bedarfsanalyse mit Bewertung nach Effekt und Machbarkeit

Die Bedarfsanalyse macht deutlich, an welchen Punkten und inwiefern ein Chatbot der Zielgruppe am meisten nützen kann, und bestimmt somit den Korridor für die Ziele, an denen die Realisierung ausgerichtet wird.

2.2.2 Zieldefinition

Klarheit über die Ziele ist im Entwicklungsprozess und für die spätere Nutzung erfolgsentscheidend. Der Nutzen ist der durch die Zielerreichung gestillte Bedarf; die durch die neue Lösung verwirklichen Ziele bringen Vorteile gegenüber der bisherigen Lösung und machen die neue nützlicher als die alte. Der Einsatz von Chatbots kann in vielerlei Hinsicht nützlich sein:

- Verbesserung der internen Prozesse und Arbeitsabläufe
- Möglichst rasche und aufwandsarme (hinsichtlich Zeit, Personal, Infrastruktur) Information oder Schulung einer großen Anzahl von Personen
- Jederzeit und von jedem Ort aus erreichbar
- Entlastung des IT-Supports
- Erreichen neuer Zielgruppen
- Modernisierung
- Effizienzsteigerung
- Imagegewinn
- Automatisierung von Standardprozessen und Workflows

Damit mit dem Erreichen der Ziele der erwartete beziehungsweise erwünschte Nutzen auch tatsächlich eintritt, sollten die Ziele an den erhobenen und priorisierten Bedarfen ausgerichtet werden, klar und prägnant formuliert und operationalisierbar sein. Ziele, die diese Anforderungen erfüllen, werden oft auch mit dem Akronym SMART bezeichnet: Sie sind spezifisch, messbar, erreichbar, angemessen und terminiert.

▶ **Definition** SMART steht für: **S**pecific, **M**easurable, **A**chievable, **R**easonable, **T**imebound. Smarte Ziele machen die Zielerreichung möglich und gleichzeitig messbar beziehungsweise evaluierbar. Das Akronym stammt von dem Ökonomen Peter Drucker (1909-2005).

Ziele helfen, die funktionalen Anforderungen an den Chatbot genauer zu definieren und einzugrenzen und den Entwicklungsauftrag für das Chatbot-Team zu klären. Die aus den Zielen abgeleiteten Anforderungen sind darüber hinaus Voraussetzung dafür, den Chatbot später zu evaluieren und zu überprüfen, ob er erreicht, was er soll.

2.2 Bedürfnisse, Interessen und Nutzen

> **Beispiel**
>
> Aus dem Bedarf:
> „Mehr als die Hälfte aller Anfragen im IT-Support sind auf falsche Benutzereinstellungen zurückzuführen; mit ein bisschen Unterstützung können die Leute das alleine lösen, und im IT-Support haben wir mehr Zeit für die komplexeren Supportfälle."
> lässt sich als Ziel ableiten:
> „Der Chatbot soll im nächsten Geschäftsjahr die Anfragen an das IT-Supportteam um 30 Prozent gegenüber dem vorigen Geschäftsjahr reduzieren".
>
> „Die Anfragen an das IT-Supportteam um 30 Prozent reduzieren" ist spezifischer als „den IT-Support entlasten" und durch die Angabe des Zeitraums „im nächsten Geschäftsjahr ... um 30 Prozent gegenüber dem vorigen Geschäftsjahr" wird das Ziel messbar und terminiert. Zu klären bleibt noch, ob das Ziel angemessen und umsetzbar ist – am besten mit den am Projekt Beteiligten und den zukünftigen Anwendergruppen.
>
> Aus diesem Business-orientierten Ziel lässt sich für die Chatbot-Entwicklung die folgende zentrale Aufgabenstellung beziehungsweise sachorientierte Zielvorgabe ableiten:
> „Der Chatbot löst 90 Prozent der Support-Fälle, die sich auf die Konfiguration der Benutzereinstellungen beziehen, direkt in der Interaktion mit dem User. Ein Weiterleiten an das IT-Supportteam ist nicht nötig." ◄

Die Ziele werden im weiteren Verlauf näher spezifiziert. Das geschieht mithilfe von Use Cases, User Stories, einer weiteren Detaillierung der allgemeinen Aufgabenstellung in spezifischere Anforderungen und sonstigen vergleichbaren Methoden der Anforderungsanalyse oder des Design Thinking.

Zu den funktionalen Zielen kommen nicht-funktionale Ziele hinzu. Das sind bei Softwareprodukten wie einem Chatbot beispielsweise Ziele in Bezug auf:

- Wartbarkeit
- Antwortzeiten
- Stabilität
- Usability
- Datenschutz
- Skalierbarkeit
- Flexibilität
- Nachhaltigkeit, insbesondere Klimaneutralität

Nicht-funktionale Ziele werden beispielsweise herangezogen, um ein passendes Chatbot-Tool auszuwählen. Sie enthalten außerdem qualitative Anforderungen an den Entwicklungsprozess und das Ergebnis.

2.2.3 Mehr als nützlich

Für die Anwender ist ein Chatbot nur eine von vielen Möglichkeiten, ihr Ziel zu erreichen. Wovon hängt es also ab, ob sie lieber auf einer Webseite durch Stöbern, in den FAQ oder mithilfe der Suchfunktion eine bestimmte Information finden und in einem Reiseportal ganz klassisch formulargestützt einen Flug buchen, oder ob sie für ihre Absicht einen Chatbot benutzen? Viele Chatbots sind als einfache FAQ-Bots konzipiert: Auf eine Frage zeigen sie den passenden Artikel aus einer Wissensdatenbank an. Welchen zusätzlichen Wert, welche besondere User Experience bietet dieser Chatbot? Welche Vorteile besitzt er gegenüber der herkömmlichen Suchmaske der Wissensdatenbank?

> **Beispiel**
>
> Betrachten Sie noch einmal das Beispiel aus dem IT-Support. Es ist naheliegend, erst einmal an einen FAQ-Bot zu denken, also einen Chatbot, der möglichst viele Support-Fragen beantwortet. In vielen Organisationen gibt es entsprechende Hilfesysteme und Knowledge-Bases; warum also nicht einfach diese Inhalte als Wissensbasis des Chatbots nutzen? Die Nutzer:innen haben ja bereits Zugriff auf diese Hilfesysteme. Wenn sie dennoch den Support in Anspruch nehmen, bedeutet das, dass sie entweder die Hilfesysteme nicht nutzen oder ihnen das, was sie dort finden, nicht weiterhilft.
>
> Warum sollten sie mit diesen Inhalten mehr anfangen können, wenn ein Chatbot sie ihnen präsentiert? Und warum sollten sie den Chatbot benutzen wollen, wenn er letztlich nichts anderes ist als eine kleine Suchmaschine?
>
> Interessant wird der Chatbot zum Beispiel dann, wenn
>
> - er gleichzeitig auf mehrere verteilte Hilfesysteme zugreifen kann, also mehrere aufeinander folgende Suchen in verschiedenen Systemen erspart,
> - er deutlich leichter erreichbar und zu bedienen ist als die Suche im Hilfesystem, zum Beispiel in einer mobilen App,
> - er nicht nur Hilfetexte ausgibt, sondern wie ein Support-Mitarbeiter agiert: Zunächst Fragen stellt, um das Problem genauer einzugrenzen, und dann Schritt für Schritt die Lösung durchgeht.
>
> Die beiden ersten Merkmale bieten bereits einen gewissen zusätzlichen Nutzen; wirklich interessant wird es jedoch erst mit dem letzten. Dafür braucht Ihr Chatbot jedoch ein ganz anderes Konzept und Dialogdesign als ein reiner FAQ-Bot, denn er beantwortet nicht nur reaktiv Fragen, sondern übernimmt selbst eine aktive Rolle in der Konversation. ◄

Wenn ein Chatbot erstmals alternativ zu anderen Service-Quellen verfügbar ist, probieren experimentierfreudige Personen als „early adopters" oft schon aus Neugier aus, wie gut er arbeitet. Damit diese Personen auch in Zukunft den Chatbot wählen, muss er im Vergleich mit den herkömmlichen Methoden besser abschneiden hinsichtlich der Auskunftsqualität, seiner Effizienz, Bedienbarkeit und Service-Qualität oder zumindest das Potenzial dafür zeigen.

Selbst wenn es keine Alternative zum Conversational User Interface gibt, ist es ein großer Unterschied, auf welche Weise die Funktion erfüllt wird. Es genügt für die langfristige Zufriedenheit nicht, dass der Conversational Service am Ende des Dialogs „irgendwie" erbracht ist. Der Service muss nicht nur das geforderte Ergebnis liefern, sondern auch in Bezug auf das Erleben des Service-Prozesses eine möglichst hohe Qualität besitzen, damit er dauerhaft geschätzt und regelmäßig genutzt wird. Das ist bei allen Anwendungsfällen eine notwendige Eigenschaft, insbesondere jedoch im Conversational Commerce, des mit Abstand größten Einsatzgebiets für Chatbots.

▶ **Tipp** Hilfreiche Methoden, um besondere Bedürfnisse, Wünsche, Träume Ihrer Zielgruppe herauszufinden, um mit dem geeigneten Conversation Design „Wow-Effekte" in der Anwendung zu erzielen, sind beispielsweise:
- User Journey
- 5-Warum-Methode
- Magic Assistant
- Workshops mit Zielgruppen
- Beobachtung der Zielgruppe im Anwendungskontext

2.3 Die Zielgruppe

2.3.1 Analyse

Wohl die wichtigsten Stakeholder in der Chatbot-Entwicklung sind die zukünftigen Nutzerinnen und Nutzer. Nur wenn Sie eine genaue Vorstellung von ihnen und ihren Bedürfnissen haben und den Chatbot konsequent darauf ausrichten, kann er in der Anwendung einen echten Nutzen bieten. Wer also soll den Chatbot benutzen? Überlegen Sie, wen Sie auf jeden Fall erreichen möchten – weil diese Zielgruppe für Ihren Use Case besonders wichtig ist oder weil sie sich vermutlich besonders gut auf einen Chatbot einlassen wird.

Eine Zielgruppe zeichnet sich dadurch aus, dass sich ihre Mitglieder durch gemeinsame Merkmale beschreiben lassen. Das sind zum Beispiel:

- Demografische Merkmale wie Alter, Wohnort, Familienstand
- Sozioökonomische Merkmale wie Bildungsstand, Beruf, Einkommen
- Psychologische Merkmale wie Meinungen, Wünsche, Lebensstil

Gut möglich, dass Sie nicht nur eine Zielgruppe, sondern zwei oder mehr verschiedene Zielgruppen adressieren wollen. Dann sollten Sie überlegen, inwiefern sich das Kernanliegen dieser Zielgruppen und ihre Erwartungen und Wünsche an Chatbots unterscheiden. Für diese Unterschiede gilt es Wege zu finden, wie der Chatbot mit ihnen umgehen kann. Wo dies technisch zu aufwendig wird, ist es möglicherweise besser, wenn Sie sich im ersten Schritt auf eine Ihrer Zielgruppen konzentrieren. Auf jeden Fall sollten Sie sich für den Start nicht zu viele Zielgruppen vornehmen, denn sonst besteht die Gefahr, dass Sie sich verzetteln und der Chatbot kein klares Profil bekommt.

▶ **Tipp** Hilfreiche Tools und Methoden für die Analyse der Zielgruppe:
- Marktsegmentierungen
- Sinus-Profile
- Persona-Profile und -Canvases
- „A day in the life of ..."
- Interviews und Befragungen
- Kontaktanalyse und Beobachtungen

Zielgruppen werden häufig über Listen von Merkmalen oder Tabellen mit Eigenschaften und kurzen Erläuterungen beschrieben. Als Faktensammlung ist diese Form sehr hilfreich. Darüber hinaus sind Personas eine weit verbreitete Methode, die Zielgruppe besser und konkreter in den Blick zu bekommen.

2.3.2 Die Persona der Zielgruppe

Mit einer Zielgruppenpersona entwerfen Sie eine fiktive und gleichzeitig repräsentative Figur, die die Merkmale der Zielgruppe besitzt und zugleich individuelle Eigenschaften aufweist.

▶ **Tipp** Eine *Persona* repräsentiert eine Zielgruppe anhand der demografischen und sonstigen statistischen Daten, die in Bezug auf diese Zielgruppe verfügbar sind.

Wenn Sie nur sehr wenige Daten über die Zielgruppe haben und mit Personas arbeiten wollen, müssen Sie diese Daten erst einmal erheben. Alternativ vertrauen Sie darauf, dass die qualitativen Kenntnisse über die Zielgruppe im Chatbot-Entwicklungsteam zusammen mit stichprobenartigen Befragungen von Stakeholdern und Zielgruppenvertretern ausreichen, um die Persona zu erstellen.

Personas werden mit Steckbriefen, kurzen Lebensläufen oder Fragebögen beschrieben; gängig ist auch die visuelle Darstellung mithilfe eines Persona-Canvas, auf dem die Merkmale der Persona in einem grafischen Raster oder einer Skizze eingetragen

2.3 Die Zielgruppe

werden. Zu einer Persona gehört auf jeden Fall auch eine Visualisierung der Figur als Zeichnung oder mithilfe eines Stockfotos.

▶ **Tipp** Im Internet sind mittlerweile zahlreiche Beispiele und Vorlagen für Persona-Beschreibungen veröffentlicht. Daran können Sie sich orientieren, wenn Sie Ihre Zielgruppen-Persona entwickeln.

Der Vorteil dieser Beschreibung ist, dass nicht nur das analytische, sondern auch das kreative Denken angesprochen wird. Mit einer Persona werden die zuvor gesammelten statistischen Merkmale konkreter. In der Chatbot-Konzeption hilft das sehr, denn es geht ja darum, ein Gespräch zwischen zwei Gesprächspartnern zu modellieren – und je konkreter und anschaulicher Sie im Conversation Design die Zielgruppe vor Augen haben, desto leichter fällt es in der Regel, die Gespräche lebendig und realitätsnah zu konzipieren.

Mit der Persona entwerfen Sie eine Figur, die repräsentativ für Ihre Zielgruppe ist, keinen Wunsch-User. Deshalb ist es so wichtig, dass Sie die Persona nicht auf der Grundlage von vermuteten Eigenschaften Ihrer Zielgruppe beschreiben, sondern basierend auf belastbaren Informationen über Ihre Zielgruppe, die Sie zum Beispiel aus Umfragen, Nutzungsstatistiken oder Abgleich mit Sinus-Milieus gewonnen haben. Je weniger die Eigenschaften der Persona auf tatsächlichen Merkmalen der Zielgruppe beruhen, desto leichter passiert es, dass Sie an den Bedürfnissen der tatsächlichen Zielgruppe vorbei entwickeln, ohne es zu bemerken. Außerdem besteht die Gefahr, ungewollt auf Klischees und Stereotype zurückzugreifen und diese zum Ausgangspunkt des Conversation Design zu machen, das dann wiederum die Klischees und Stereotype reproduziert.

2.3.3 Chatbot-spezifische Aspekte

Bei der Analyse der Zielgruppe gibt es einige Aspekte, die für die Chatbot-Entwicklung spezifisch sind, und deshalb ergänzend zu den demografischen, sozioökonomischen und psychologischen Merkmalen abgefragt werden. Die Übersicht in Tab. 2.1 zeigt Ihnen, wie Sie sich diesen Merkmalen annähern können und welche Fragen Sie dazu stellen sollten.

Die wichtigsten Merkmale sind Medienaffinität und -verhalten, die User Journey, die Erwartungen der Zielgruppe an den Chatbot, ihre Sprache und Kultur und der Aspekt der Barrierefreiheit.

2.3.4 Anwendungskontext und technische Ausstattung

Als nächstes untersuchen Sie, in welcher Anwendungsumgebung und Situation Ihre Zielgruppen den Chatbot benutzen werden. Damit ist sowohl die reale Welt als auch die technische Umgebung des Chatbots in der Nutzungssituation gemeint:

Tab. 2.1 Checkliste: Chatbot-spezifische Analyseaspekte

Bereich	Aspekt
Medienaffinität und -verhalten	Mit diesen Fragen klären Sie, welche Interaktionsformen des Chatbots akzeptiert werden, was wiederum Ihre technischen Entscheidungen beeinflusst: • Wie medien- und technikaffin ist Ihre Zielgruppe? • Hat sie Erfahrung mit Chatbots oder eher nicht? • Welche Kommunikationskanäle nutzt die Zielgruppe aktiv? Webseiten, Messenger-Apps wie Facebook Messenger oder WhatsApp, Gruppenchats wie Slack, Foren, …? • Wie selbstverständlich ist für sie die Kommunikationsform Chat? • Nutzt Ihre Zielgruppe lieber Webseiten oder lieber Apps oder beides gleichermaßen?
User Journey	Klären Sie die Rolle des Chatbots im Gesamtkontext beziehungsweise -prozess, um die Erwartungen genauer in den Blick zu bekommen. Dazu gehören vor allem die User Journey Ihrer Zielgruppe bis zu dem Moment, in dem sie auf den Chatbot aufmerksam wird, und das Follow-Up nach der Konversation
Erwartungen an den Chatbot	Mit der Beschreibung der User Journey wissen Sie, wie die Nutzenden auf den Chatbot aufmerksam werden: • Was erwarten sie in diesem Moment von einem Chatbot? • Was motiviert sie, ihn zu benutzen, was hindert sie? • Wie viel Geduld bringen sie mit, wie viel Ärger, wie viel Neugier, wie viel Kommunikationsbereitschaft? Das prägt das Dialogverhalten der Nutzenden und auch, welches Dialogverhalten sie von dem Chatbot erwarten und akzeptieren
Sprache	Klären Sie in Bezug auf die Sprache: • Welche Sprache spricht die Zielgruppe? • Sprechen die Nutzenden unterschiedliche Sprachen? • Nutzen sie den Chatbot in ihrer Muttersprache oder in einer Zweitsprache? Die Antworten auf diese Fragen beeinflussen das kommunikative Verhalten zum Beispiel dahingehend, welche „Codes" im Gespräch erkannt und akzeptiert werden. Möglicherweise benötigen Sie einen mehrsprachigen Chatbot, was wiederum die Tool-Auswahl und das Vorgehen beim Conversation Design und bei der Implementierung beeinflusst
Kultur	Regionale und kulturelle Merkmale Ihrer Zielgruppe spielen ebenfalls eine Rolle in der Kommunikation. Es ist nicht nur eine Frage der Formulierung, was als höflich empfunden wird, sondern auch, wann ein Gesprächspartner welche Gesprächsangebote macht oder wann er über Dinge stillschweigend hinweggeht. Chatbot-Prompts einfach zu übersetzen, reicht oft nicht aus
Barrierefreiheit	Ein weiterer Aspekt ist die Barrierefreiheit. Chatbots sind durch die dialogbasierte Interaktion grundsätzlich eher barrierearm. Prüfen Sie jedoch lieber einmal zu viel, ob das ausreicht, oder ob Ihre Zielgruppe beispielsweise stärkere Kontraste in der Farbgebung oder leichte Sprache benötigt

2.3 Die Zielgruppe

- In welcher Situation wird der Chatbot typischerweise benutzt? Unterwegs oder am Arbeitsplatz oder abends auf dem Sofa?
- Was ist der Nutzungszweck? Wird der Chatbot für berufliche oder private Zwecke genutzt, zur Unterhaltung oder zur Weiterbildung?
- Wie lange und wie oft wird der Chatbot typischerweise genutzt? Mehrmals täglich kurze Interaktionen bei Bedarf oder einmal wöchentlich zum Coaching?
- Wo finden die Nutzenden den Chatbot? Unten rechts auf der Homepage, als Link im Menü einer Software-Anwendung, immer rechts oben neben dem Hilfesymbol, in einer App?

Alle diese Faktoren prägen den Anwendungskontext, der wiederum Auswirkungen auf die Gestaltung der Konversation hat. Wenn der Chatbot konkret auftretende Probleme bei bestimmten Arbeitsschritten lösen soll, sind die Nutzer in der Regel etwas angespannt, vielleicht auch unter Zeitdruck; dann muss es vor allem schnell gehen und der Chatbot gleichzeitig Gelassenheit ausstrahlen. Wenn hingegen ein Chatbot in einer ruhigen Umgebung genutzt wird, sind auch längere Dialoge möglich und der Chatbot kann lebendiger konzipiert sein.

Die Anwendungsumgebung wirkt sich auch auf technische Aspekte aus. Denken Sie an einen Voicebot, also einen virtuellen Assistenten wie Alexa, mit dem man über Lautsprecher kommuniziert. Es ist ja sehr bequem, wenn man nur noch sprechen und nicht mehr schreiben muss. In vielen beruflichen Kontexten ist die Nutzung eines Voicebots allerdings schwierig, zum Beispiel wenn die Zielgruppe mehrheitlich im Großraumbüro sitzt. Nur wenige Personen werden hier gerne mit einem Voicebot sprechen. Und selbst in einem Zweierbüro ist die Hemmschwelle noch groß. Auf Messen oder in einer Produktionsumgebung wiederum ist der Lärmpegel der Umgebung sehr hoch, sodass es selbst für einen guten Smartspeaker und eine sehr gute NLU schwierig bis unmöglich ist, die Eingaben korrekt zu erkennen. Mit Kopfhörer und Mikrofon ist die Kommunikation mit einem Voicebot in einer solchen Situation möglich; die entscheidende Analysefrage ist dann, ob die Zielgruppe in der Anwendungssituation mit diesen Hilfsmitteln ausgestattet ist.

Mit der jeweiligen Anwendungssituation hängt auch die Frage zusammen, über welches Endgerät die Zielgruppe bevorzugt mit dem Chatbot kommuniziert: Desktop-Computer, Screenreader, Tablet oder Smartphone? Eine mobile Nutzung am Smartphone bedeutet zum Beispiel:

- Es ist wenig Platz, der Bildschirm ist klein, die Chatbot-Prompts müssen also besonders kurz sein.
- Die Freitexteingabe ist mühsam, Buttons und ähnliche Bedienelemente werden bevorzugt.
- Der Chatbot wird eher zwischendurch genutzt, die Sessions sind kurz.

Randbedingungen dieser Art beeinflussen, für welchen Anwendungsfall ein Chatbot überhaupt geeignet ist und wie Sie das Conversation Design gestalten. Auch die sonstige technische Ausstattung Ihrer Zielgruppe sollten Sie in den Blick nehmen. Die Ausgabe von Videos oder Audiodateien setzen beispielsweise voraus, dass Lautsprecher und Mikrofon zur Verfügung stehen.

2.4 Den Use Case definieren

2.4.1 Was genau ist ein Use Case?

Im Rahmen der Analyse haben Sie die Probleme und Bedarfe herausgearbeitet und davon die Ziele abgeleitet, die Sie und Ihre Zielgruppe mit Hilfe des CUI erreichen wollen. Um von diesen „High Level"-Ergebnissen zu umsetzbaren Arbeitspaketen zu kommen, sind verschiedene Methoden gebräuchlich.

> **Tipp** Hilfreiche Methoden:
> - User Stories
> - Use-Case-Diagramme
> - Use-Case-Spezifikationen
> - Anwendungsfalldiagramm
> - Aktivitätsdiagramm
> - „Jobs to be done"

Bei der Software-Entwicklung und somit auch bei der Chatbot-Entwicklung sind Use Cases und User Stories weit verbreitete Instrumente, um die Lücke zwischen der übergeordneten Zieldefinition und den konkreten Arbeitsaufträgen für das Conversation-Design- und Entwicklungs-Team zu schließen. Beide Methoden eignen sich sehr gut, um zwischen Umsetzungsteam, Stakeholdern und Product Owner ein gemeinsames Verständnis darüber herzustellen, was das zu entwickelnde Produkt leisten soll.

> **Definition** Der *Use Case* oder *Anwendungsfall* beschreibt die Funktionsweise beziehungsweise das Verhalten der zu entwickelnden Software aus Anwendersicht in einer Sprache, die alle Stakeholder verstehen.

Die Use-Case-Beschreibung enthält typischerweise folgende Informationen:

- Name des Use Case und Use-Case-Nummer zur eindeutigen Identifizierung
- Akteure: Wer nutzt das System?
- Auslöser: Was löst die Systemnutzung aus?
- Kurzbeschreibung der Funktionsweise des Systems
- Auflisten der wesentlichen Schritte (Standardablauf)

2.4 Den Use Case definieren

- Beschreibung von alternativen Abläufen
- Vorbedingungen und Nachbedingungen
- Beschreibung der Systemgrenzen („scope")

Das Scoping kann in der Breite erfolgen, indem der Zuständigkeitsbereich relativ eng oder weiter gefasst wird, und in der Tiefe, indem der Chatbot nur oberflächliche Informationen und einfache Aufgabenschritte bietet oder aber über viele Details Bescheid weiß und komplexere Aufgaben erledigt. FAQ-Bots haben typischerweise einen relativ weiten Zuständigkeitsbereich und eine geringe Informationstiefe.

▶ **Tipp** Die Definition der Systemgrenzen, also dessen, was in scope und was out of scope des späteren Produkts ist, ist eine wesentliche Voraussetzung, um die Entwicklungsarbeiten nicht ausufern zu lassen. Ein einfacher aufgabenorientierter Chatbot ist beispielsweise nur für die Bestellung eines Produkts zuständig, nicht aber für Reklamationen.

2.4.2 Use Case für einen Support-Chatbot

Die Bedarfsanalyse und die Zieldefinition sind eine gute Ausgangsbasis für die Use-Case-Beschreibung, in der Sie festlegen, was genau der Chatbot auf jeden Fall erledigen muss, um für die Zielgruppe nützlich zu sein. Dabei nehmen Sie die Perspektive der Nutzenden ein oder, noch besser, beziehen diese in den Prozess mit ein, wenn Sie die folgenden Fragen klären:

- Was ist das Problem, das die Nutzenden lösen möchten?
- Was benötigen sie, damit ihr Problem am Ende gelöst ist?
- Woran erkennen sie, dass das Problem gelöst ist?
- Was ist der „Job", den der Chatbot erledigen soll?
- Welche Schritte sind dafür nötig?
- Was passiert, wenn der Job erledigt ist?

Der Use Case für einen Chatbot, der einem menschlichen IT-Support-Team eine bestimmte Art von Supportfällen abnimmt, könnte im ersten Schritt wie in Tab. 2.2 beschrieben werden.

Wie Sie an diesem Beispiel sehen, brauchen Sie ein relativ gutes Wissen darüber, wie der zukünftige Chatbot funktionieren soll, um die einzelnen Anwendungsschritte im Standardablauf zu benennen, alternative Abläufe zu beschreiben und Vorbedingungen beziehungsweise Voraussetzungen sowie Nachbedingungen zu kennen. Dazu ist es empfehlenswert, die Zielgruppe und ausgewählte Stakeholder einzubeziehen, beispielsweise im Rahmen von Interviews und Workshops. Ein Vorgehen in Iterationen ist durchaus üblich und auch angemessen, um insgesamt eine möglichst große Klarheit und Einigkeit aller Beteiligten über die zukünftige Lösung herzustellen.

Tab. 2.2 Beispiel für einen Chatbot-Use-Case

Use Case-Element	Inhalt
Name des Use Case	IT-Support Sync-Mobile-Server
Untertitel	Chatbot als IT-Support für Probleme bei der Synchronisation mobiler Endgeräte mit dem Unternehmensserver
ID des Use Case	UC-Chatbot-Support-101
Version des Use Case	Version 0.2
Autorenteam	Anna Müller, Max Fischer
Akteure	Führungskräfte auf Geschäftsreise
Auslöser	Die Synchronisation eines mobilen Endgeräts mit dem Unternehmensserver funktioniert nicht
Kurzbeschreibung	Der Chatbot unterstützt Führungskräfte auf Geschäftsreise, wenn sie es nicht schaffen, ein mobiles Endgerät mit dem Unternehmensserver zu synchronisieren. Ziel ist es, den Führungskräften schnell zu helfen und das IT-Supportteam von dieser Art dringender Anfragen zu entlasten. Außerdem soll der Chatbot den Führungskräften zeigen, wie sie in Zukunft ihr mobiles Endgerät korrekt konfigurieren
Standardablauf	*To be defined (weiterer Workshop mit der Anwendergruppe nötig)*
Alternativer Ablauf 1	*To be defined (s. o.)*
Vorbedingungen	Mobiles Endgerät ist betriebsbereit und hat eine Verbindung mit dem Unternehmensserver
Nachbedingungen	*To be defined (s. o.)*
Scope	Synchronisation der mobilen Endgeräte mit dem Unternehmensserver

Wenn Sie über die Informationen, die Sie für das Formulieren des Use Case benötigen, noch nicht verfügen, zum Beispiel weil bisher in Bezug auf den anvisierten Anwendungskontext mit Chatbots keine Erfahrungen vorliegen oder der Anwendungskontext selbst neu ist, sind User Stories eine alternative Methode.

2.4.3 User Stories

Auch in einer User Story wird das Verhalten eines Systems aus Anwendersicht beschrieben, allerdings nicht als Ganzes wie im Use Case, sondern in Bezug auf einzelne Facetten beziehungsweise Teilaspekte der Anwendung. Das Erstellen einer User Story ist in einer frühen Phase oft einfacher, weil Sie dafür nicht schon das vollständige Bild vor Augen haben müssen, sondern sich über Ausschnitte und unterschiedliche Perspektiven dem Anwendungsfall insgesamt annähern. Mit User Stories verfolgen Sie also eher einen Bottom-Up-Ansatz im Unterschied zum Top-Down-Ansatz des Use Case.

2.4 Den Use Case definieren

▶ **Definition** Mit einer *User Story* beschreibt ein Anwender in eigenen Worten, das heißt natürlichsprachlich, einzelne Aspekte der Anwendung mithilfe eines einfachen Musters: „Als (Akteur/Rolle) möchte ich (Funktion/Verhalten), damit (Nutzen)."

Einige Beispiele für User Stories für Chatbots zeigt Tab. 2.3.

User Stories bilden einzelne Prozessschritte beziehungsweise Aktionen ab, die in der Interaktion mit dem System benötigt werden, um die Ziele zu erreichen. Es ist gut, User Stories ganz bewusst in den Worten der Anwendergruppe zu formulieren, nicht schon in Richtung „low-code" oder wie ein für die Umsetzung spezifiziertes To-do, weil so die mit der Anwendung verknüpften Intentionen und der Nutzen unmittelbarer verständlich und nachvollziehbar sind. Falls es für die Arbeitsplanung sonst zu unübersichtlich wird, werden User Stories auch in Gruppen, den sogenannten Epics, zusammengefasst.

Aus User Stories lassen sich im Rahmen einer rollierenden Planung die konkreten Aufgaben beziehungsweise Tasks für einzelne Etappen ableiten. Die Umsetzung eines Tasks benötigt eher nur einige Stunden, während eine User Story, die aus mehreren Tasks besteht, innerhalb weniger Tage realisierbar sein sollte. Die Umsetzung eines Use Case wiederum kann durchaus mehrere Wochen bis Monate in Anspruch nehmen. Abb. 2.3 zeigt den Zusammenhang zwischen Use Case, User Stories und den Prozessschritten bzw. Tasks.

Über den Zusammenhang zwischen der inhaltlichen Beschreibung des Use Case und den typischen Zeiträumen für die Umsetzung erhalten Sie mit der Beschreibung des Use Case und den User Stories bereits erste Anhaltspunkte für die zeitliche und finanzielle Planung der Chatbot-Entwicklung. Dafür spielt es eine untergeordnete Rolle, ob Sie eher klassisch phasenorientiert vorgehen oder stark agil in Sprints denken und arbeiten.

Tab. 2.3 Beispiele für User Stories

Akteur/Rolle	Funktion/Verhalten	Nutzen
Als Kunde der XY-Bank möchte ich	im Dialog mit einem Chatbot meinen Kontostand abfragen	und so im Vergleich zum Online-Banking Zeit sparen
Ich arbeite im Vertrieb einer Maschinenbaufirma und möchte	von unterwegs die neuesten Informationen zu unserem Produkten erhalten	so, wie ich sie gerade brauche, ohne mich umständlich durch die Datenbank klicken zu müssen
Als Führungskraft im Unternehmen möchte ich	mit meinem Mobilgerät auf den Firmenkalender zugreifen können	und immer auf dem aktuellen Stand in Bezug auf meine Termine sein
Als mobil arbeitende Mitarbeiterin möchte ich	schnell Hilfe bekommen, wenn ich Verbindungsprobleme mit dem Firmennetzwerk habe,	sodass ich zügig weiterarbeiten kann und nicht darauf warten muss, dass mein Ticket bearbeitet wird

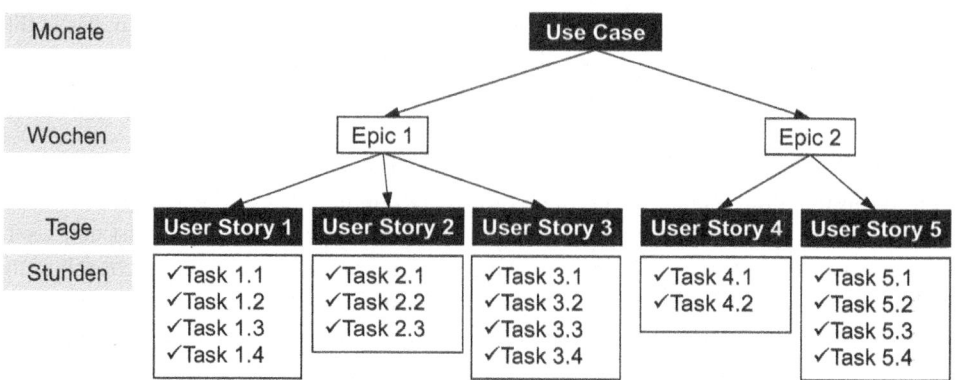

Abb. 2.3 Zusammenhang von Use Case und User Stories

2.4.4 Die Domäne des Chatbots

Damit ein Chatbot seine Funktion erfüllt, braucht er eine angemessene Fach- und funktionale Kompetenz in Bezug auf die Domäne, in der sich der Use Case abspielt und aus der der Chatbot seine Gesprächsbeiträge im Dialog ableitet. Es ist sinnvoll, sich möglichst früh in der Chatbot-Entwicklung über die vorhandenen und benötigten Daten und Informationen klar zu werden, auf die der Chatbot für den jeweiligen Anwendungsfall zugreifen können muss. Diese Daten und Informationen liegen oft nicht vollständig vor, sie müssen aufbereitet werden, zum Teil auch erst verfügbar gemacht oder erstellt werden.

▶ **Definition** Im Conversation Design bezeichnet man das Fachgebiet, das der Chatbot für den jeweiligen Anwendungsfall beherrscht, als *Informationsraum* oder *Domäne*.

Ein Chatbot, dessen Domäne sich potenziell über das gesamte menschliche Tatsachenwissen erstreckt, wird als *open domain* bezeichnet. Im Gegensatz dazu werden Chatbots mit einem Wissensbereich, der auf bestimmte Themen begrenzt ist, *closed domain* genannt.

Ein Open-Domain-Chatbot wäre einer, der mühelos jeden Turing-Test besteht, und ist eine Vision, die vermutlich noch lange Zeit Fiktion bleiben wird. Demgegenüber bildet das produktspezifische Fachwissen eines Sales-Chatbots eine typische *closed domain*.

Am besten überlegen Sie bereits in diesem ersten Schritt Ihrer Chatbot-Entwicklung, welche Informationsbreite und -tiefe, welche Domänenkompetenz der Chatbot braucht, um den Erwartungen der Nutzenden gerecht zu werden. Wichtig ist es, die Domäne zu begrenzen, damit der Chatbot sie wirklich beherrschen kann. Fangen Sie im Zweifel lieber mit einem kleineren Bereich an und ergänzen Sie weitere Gebiete nach und nach. Dabei sollten Sie mit den für Ihr Ziel relevantesten Bereichen beginnen.

2.4 Den Use Case definieren

Im zweiten Schritt prüfen Sie, welche Quellen für die Chatbot-Domäne bereits in Ihrem Unternehmen oder Ihrer Organisation zur Verfügung stehen. Dazu gehören zum Beispiel:

- FAQ
- Supportanfragen und -antworten aus dem Ticketsystem
- Gesprächsprotokolle
- Social-Media-Daten
- Handbücher
- Dokumentationen
- Folien
- Wissensdatenbank
- Dokumente aller Art

Für die Planung des Finanz-, Ressourcen- und Zeitbedarfs Ihrer Chatbot-Entwicklung sind die Ergebnisse Ihrer Analyse des benötigten und vorhandenen Informationsraums sehr wichtig. Insbesondere die spätere Beschaffung und Aufbereitung der Domäne benötigen relativ viel Zeit und sind zugleich eine ganz wesentliche Voraussetzung dafür, dass der Chatbot erfolgreich ist.

Es ist ein großer Unterschied, ob die verfügbaren Inhalte für einen Dialog mit einem Chatbot geeignet sind und ob Sie den Zugriff des Chatbots auf die Daten und deren Verarbeitung beispielsweise über Schnittstellen zu den jeweiligen internen und externen Systemen (teil-)automatisieren können. Klären Sie am besten frühzeitig, welche Daten beziehungsweise Informationen Sie neu beschaffen oder erstellen und welche vorhandenen Informationen Sie anpassen. Zum Schluss dokumentieren Sie die Ergebnisse Ihrer domänenbezogenen Analyse und nehmen sie direkt oder als Anhang in die Use-Case-Beschreibung auf.

2.4.5 Integration und Schnittstellen

In den seltensten Fällen ist ein Chatbot eine Anwendung, die unabhängig von anderen Systemen und Arbeitsabläufen betrieben wird. Typischerweise leitet Ihr Chatbot Daten aus Datenbanken an die Nutzenden weiter, sammelt Informationen der Nutzenden ein und übergibt sie an andere Tools zur Verarbeitung und ist in einen Service- oder Sales-Prozess eingebunden.

In engem Zusammenhang mit dem jeweiligen Anwendungsfall und vor allem mit seiner Domäne stehen deshalb Schnittstellen zu anderen internen und externen Systemen wie ein ERP-, CRM-, Ticket- oder Shop-System sowie Workflow-bezogene Übergabepunkte und -methoden an interne oder externe menschliche Service-Einrichtungen (vgl. Abb. 2.4).

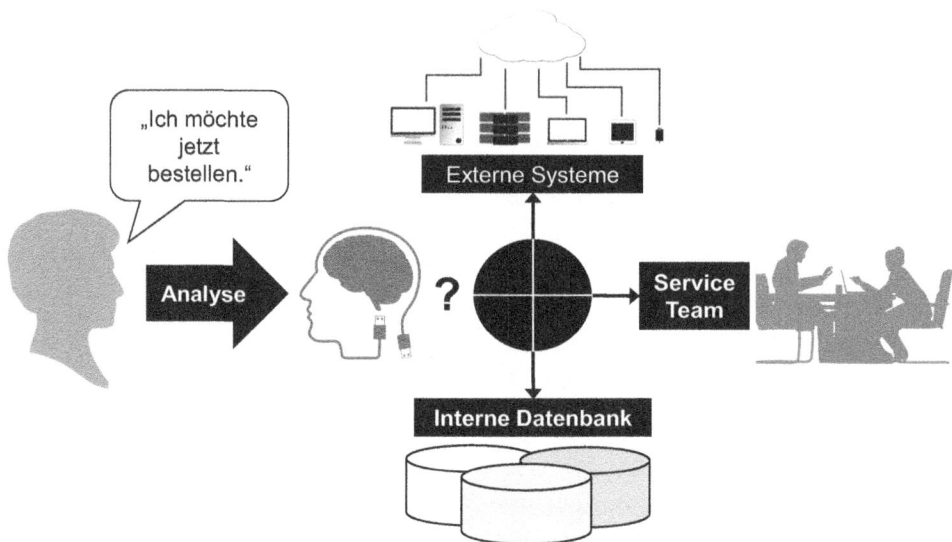

Abb. 2.4 Optionen zur Weiterleitung einer Bestellanfrage über Schnittstellen.

Wenn Ihr Chatbot Session-übergreifende Persistenz benötigt, also eine Merkfähigkeit, die über das einzelne Gespräch hinausgehen soll – zum Beispiel um ein abgebrochenes Gespräch wieder aufzugreifen oder aufeinander aufbauende Dialoge zu führen –, sind in der Regel ebenfalls Schnittstellen nötig. Denn eine solche Merkfähigkeit ist zuverlässig nur möglich, wenn die Nutzenden sich zuvor in ein System, auf das der Chatbot zugreifen kann, eingeloggt haben und damit eindeutig identifizierbar sind.

▶ **Tipp** In manchen Tools (insbesondere großer Anbieter, wie Dialogflow von Google) sind Schnittstellen für die Integration zumindest der eigenen Accounts bereits integriert. In Bezug auf den Durchgriff auf andere in der Cloud betriebene Systeme und die mögliche Transparenz persönlicher Daten der Nutzerinnen und Nutzer ist der durchgängige Datenschutz zu berücksichtigen. Hier spielen außerdem länderspezifische und -übergreifende Regelungen sowie Serverstandorte eine Rolle.

Um interne und externe Systeme zu integrieren, müssen die dafür notwendigen Schnittstellen konfiguriert beziehungsweise implementiert werden. Im Conversation Design ist sicherzustellen, dass der Chatbot im Dialog alle benötigten Daten einholt und ausgibt (Stichworte: Intent-Klassifizierung, Entity-Extraktion, Slot-Filling). Damit die Übergabe der Daten einwandfrei funktioniert, muss klar sein, welche Informationen in welchem Format benötigt werden und in welcher Form sie weiterverarbeitet werden. Selbst wenn

2.4 Den Use Case definieren

Tab. 2.4 Checkliste: Kriterien für die Auswahl des Chatbot-Tools in Bezug auf die Eingabeverarbeitung

Bereich	Aspekt
Beteiligte Systeme	• Aus welchen Systemen soll der Chatbot Daten abrufen, um sie im Dialog auszugeben? • In welche Systeme soll der Chatbot Daten einspeisen? • Welche Daten sind das genau? • Welche Schnittstellen stehen dafür zur Verfügung? • Welches Format müssen die Daten haben?
Daten	• In welcher Form liegen die Daten vor? • Müssen sie sprachlich oder technisch aufbereitet werden? • Können sie direkt über Variablen in den Dialog eingebaut werden?
Verarbeitung der Daten	• Wie werden die Daten weiterverarbeitet? • Wie gibt der Chatbot Feedback zur erfolgreichen Verarbeitung der Daten? • Welche Informationen benötigt er dafür aus dem System?

nur eine Liste ausgedruckt oder eine E-Mail verschickt werden soll, geht das nicht ohne Weiterverarbeitung.

Mithilfe der Fragen aus der Checkliste in Tab. 2.4 identifizieren Sie die für Ihren Anwendungsfall und seine Domäne relevanten Schnittstellen und Integrationen.

Über die Schnittstellen zu Systemen hinaus ist es sinnvoll, in Ihrem Use Case oder mithilfe einer User Story zu berücksichtigen, was passiert, wenn der Chatbot nicht helfen kann. Beispielsweise kann Ihr Chatbot das Service-Team direkt per E-Mail oder über einen Eintrag im Ticketsystem benachrichtigen und den Chatbot-User über die zu erwartende Antwortzeit informieren. Er erfasst vielleicht außerdem die benötigten Kontaktinformationen wie eine E-Mailadresse oder Telefonnummer, damit das Service-Team den Kontakt aufnehmen kann. Alternativ übergibt der Chatbot nahtlos an einen Live-Chat mit einem Mitglied des Service-Teams. Wenn Sie keine dieser Optionen nutzen können oder wollen, ist die Rückmeldung, wie die Nutzenden selbst aktiv werden können, um ihre Frage zu beantworten, eine Option. Zum Beispiel durch Angabe von Kontaktinformationen zum Service-Team, Links zu einer FAQ-Seite und Ähnlichem.

Schnittstellen und Übergabepunkte sind einfach oder komplexer, verlaufen uni- oder bidirektional. Wie aufwendig die Konfiguration beziehungsweise Programmierung der jeweiligen Schnittstelle ist, hängt sehr davon ab, um welche Systeme es geht und mit welchem Chatbot-Tool Sie arbeiten. Wenn Sie bereits Erfahrung mit Chatbot-Schnittstellen haben, können Sie die entsprechende Integration delegieren und auch relativ spät im Prozess der Chatbot-Entwicklung umsetzen. Andernfalls ist es besser, sich möglichst frühzeitig einen Überblick zu verschaffen und die Realisierung ebenfalls parallel mit den ersten konzeptionellen Arbeitspaketen anzugehen. In jedem Fall sind hier im Rahmen der Definition des Anwendungsfalls eine ganze Reihe von Fragen zu klären und Weichenstellungen vorzunehmen.

2.5 Fallbeispiel: Chatbot Maxi vermittelt Baustoff-Wissen

2.5.1 Hintergrund

Chatbot Maxi wurde im Jahr 2021 mit Unterstützung der time4you GmbH im Rahmen eines Forschungsprojekts unter Leitung von Prof. Dr. Christian Langenbach an der Technischen Hochschule Georg Simon Ohm Nürnberg für die Franken maxit Mauermörtel GmbH entwickelt. Maxi ist ein schönes Beispiel für einen Chatbot, der einen komplexen Service leistet: Er übernimmt als eine Art digitaler Tutor den theoretischen Teil eines Zertifizierungslehrgangs. Dass ihm das gelingt, liegt zum einen an der gründlichen Bedarfsanalyse und klaren Formulierung des Use Case, zum anderen an der geschickten und zielgruppenorientierten Gesprächsführung.

Die Franken maxit Mauermörtel GmbH & Co (kurz: maxit) ist ein international agierender Baustoffhersteller mit neun Standorten und einem geschätzten jährlichen Umsatzvolumen von ca. 190 Millionen Euro. 2019 brachte maxit mit dem ecosphere Dämmsystem eine innovative mineralische Spritzdämmung auf den Markt, die Mörteltechnologie mit Vakuum-Hohlglaskugeln verbindet und eine ressourcenschonende und recycelbare Alternative zu herkömmlichen Wärmedämmstoffen darstellt.

Da sich die Verarbeitung der ecosphere-Produkte von der herkömmlicher Wärmedämmsysteme unterscheidet, verpflichtet maxit Betriebe, die ecosphere-Produkte nutzen wollen, zu einem Zertifikatslehrgang, in dem sie den richtigen Umgang mit dem Baustoff lernen. Dieser Lehrgang besteht aus einem theoretischen und einem praktischen Teil. Im theoretischen Teil erhalten die Teilnehmenden in einem Fachvortrag Informationen zu Eigenschaften, Einsatzgebieten und Verarbeitung der ecosphere-Produkte sowie zulassungsrechtlichen Fragen. Aufbauend darauf wird dann im praktischen Teil die Verarbeitung demonstriert und geübt.

2.5.2 Bedarf und Ziele

Der Nachteil dieses Konzepts ist der hohe Zeitaufwand. Für jeden Lehrgangstag sind für die Schulung inklusive Organisation sowie Vor- und Nachbereitung sechs Mitarbeiter:innen von maxit einen kompletten Tag gebunden. Nachdem ecosphere für den Deutschen Zukunftspreis 2020 nominiert worden war, gelang es kaum noch, genügend Lehrgänge für alle Interessierten anzubieten. Dazu kam die Corona-Pandemie, welche die Durchführung des Lehrgangs zusätzlich erschwerte.

Deshalb beschloss maxit, den bisher vollständig vor Ort stattfindenden Lehrgang durch ein Blended-Learning-Konzept zu ersetzen, sodass nur noch der praktische Teil vor Ort, der theoretische Teil jedoch flexibel online erfolgt.

Um das innovative Image von maxit zu stärken, sollte ein Chatbot in das Blended-Learning-Konzept integriert werden. Aufgabe des Chatbots sollte sein, die Wissensvermittlung für die Zertifizierung zu unterstützen oder sogar teilweise zu ersetzen und damit den Aufwand für die Durchführung der Zertifizierungslehrgänge zu reduzieren. Mithilfe des Chatbots will maxit folgende Ziele erreichen:

- Mehr Zertifizierungen durchführen bei gleichzeitiger Schonung der eigenen Personalressourcen
- Entlastung des Support-Personals von Routineanfragen
- Stärkung des eigenen Image als innovativ und unkonventionell, indem statt herkömmlicher Online-Schulungen ein Chatbot zum Einsatz kommt
- Mehr Flexibilität und Abwechslungsreichtum bei der Vermittlung der theoretischen Inhalte
- Bessere Einblicke in tatsächliche Bedürfnisse der Teilnehmenden durch Auswertung und Monitoring der Chatverläufe

2.5.3 Die Zielgruppen

Die Analyse der bisherigen Lehrgänge ergab zwei verschiedene Teilnehmergruppen als Hauptzielgruppen für den Chatbot:

- Beschäftigte in der Beratung und Planung: Architekturbüros, Energieberatungen, Bauplanungsfirmen, Bauträger
- Beschäftigte in Verarbeitungsbetrieben: Maurer-, Maler-, Stuckateurbetriebe

In der überwiegenden Mehrheit bestehen diese Zielgruppen aus Männern. Mehr als die Hälfte – ca. 60 Prozent – sind zwischen 40 und 55 Jahre alt; 30 Prozent sind zwischen 25 und 40 Jahre alt und lediglich 10 Prozent jünger als 25.

Die Beschäftigten in der Beratung und Planung haben in der Regel ein Studium absolviert und gute bis sehr gute IT-Kenntnisse. Demgegenüber haben die Beschäftigten in den Verarbeitungsbetrieben typischerweise eine fundierte praktische bzw. technische Ausbildung zum Gesellen oder Meister, aber weniger gute IT-Kenntnisse. Alle zeigen sich motiviert, lernbereit und offen für Neues – andernfalls bestünde wohl auch kaum Interesse an den ecosphere-Produkten und ihrem Einsatz.

Den größten Nutzen für die Zielgruppen bietet die Digitalisierung des Theorieteils aufgrund der auch für die Teilnehmenden beträchtlichen Zeit- und Aufwandsersparnis. Nur noch der praktische Teil des Zertifizierungslehrgangs erfordert eine Präsenz bei maxit vor Ort; der theoretische Teil wird selbstbestimmt und zu einem nahezu beliebigen, in den eigenen Arbeitsalltag am besten passenden Zeitpunkt abgeleistet.

Der Einsatz eines Chatbots ist dabei attraktiver als der einer herkömmlichen Online-Schulung, weil er zum einen individuell angepasste Gesprächsverläufe bietet, zum anderen auch neu, innovativ und weniger mit negativen Vorerwartungen belastet ist. Der „Spaßfaktor" in der Interaktion mit dem Chatbot fördert außerdem die Aufnahme und Verarbeitung des vom Chatbot vermittelten Wissens.

2.5.4 Der Use Case

Nach einer genaueren Bedarfsanalyse sowie der Abwägung von Vor- und Nachteilen, Aufwand für die Umsetzung und zu erwartendem Nutzen wurde als Hauptaufgabe des Chatbots die Vermittlung des Theorieteils für die Zertifizierung definiert.

Chatbot Maxi soll die Grundlagen systematisch und strukturiert, dabei flexibel und auf die jeweiligen Teilnehmenden abgestimmt, vermitteln und diese bestmöglich dabei unterstützen, ein solides Produkt- und Handlungswissen aufzubauen. Eine individuelle Beratung soll jedoch nicht erfolgen. Mit den Schulungsunterlagen für den bisherigen Theorieteil des Zertifizierungslehrgangs lagen die benötigten Inhalte vollständig und in gut strukturierter Form vor.

Um den Zielgruppen einen weiteren Nutzen zu bieten, wurde der Chatbot außerdem in den Zertifizierungsprozess integriert. Dazu gehört

- die abschließende Überprüfung des Gelernten in einem kurzen Test,
- darauf folgend die automatisierte Ausstellung des Teilnahmezertifikats und
- die Anmeldung zum praktischen Teil des Lehrgangs an einem der maxit-Standorte.

Gleichzeitig ist zu erwarten, dass Chatbot Maxi mit nur wenig zusätzlichem Aufwand befähigt werden kann, auch Auskunft zu den Produkten und zur Zertifizierung zu geben, da die entsprechenden Inhalte im Lehrgang ohnehin zur Sprache kommen. Damit lässt sich in einem zweiten Schritt ein weiteres Einsatzszenario mit wenig Aufwand verwirklichen.

Literatur

Deibel D, Evanhoe R (2021) *Conversations with Things: UX Design for Chat and Voice*. Rosenfeld Media, New York.

Felix B, Ribeiro J (2021) *Understanding People's Expectations When Designing a Chatbot for Cancer Patients*. In: Conversations – International Workshop on Chatbot Research. p 17.

Hundertmark S (2020) *Digitale Freunde: Wie Unternehmen Chatbots erfolgreich einsetzen können*. Wiley-VCH, Weinheim.

Kohne A, Kleinmanns P, Rolf C, Beck M (2021) *Chatbots: Aufbau und Anwendungsmöglichkeiten von autonomen Sprachassistenten*. Springer Vieweg, Wiesbaden Heidelberg.

Kvale K, Freddi E, Hodnebrog S, et al (2021) *Understanding the User Experience of Customer Service Chatbots: What Can We Learn from Customer Satisfaction Surveys?* In: Følstad A, Araujo T, Papadopoulos S, et al (eds) Chatbot Research and Design. Springer International Publishing, Cham, pp 205–218.

Löw C, Moshuber L, Rafetseder A (2021) *Grätzelbot: Social Companion Technology for Community Building among University Freshmen*. In: Følstad A, Araujo T, Papadopoulos S, et al (eds) Chatbot Research and Design. Springer International Publishing, Cham, pp 114–128.

Literatur

Frédéric Monard, Hans-Peter Uebersax, Melanie Müller, et al (2021) *Chatbot-Studie '21*. https://page.aiaibot.com/de/chatbot-studie. Accessed 29 Jul 2022.

Opel, Natalie (2021) *Conversational Learning im Kontext der betrieblichen Aus- und Weiterbildung. Konzeption und prototypische Realisierung eines intelligenten Assistenten für Schulungs- und Zertifizierungsaufgaben am Beispiel der maxit Gruppe.* Masterarbeit im Fach Betriebswirtschaftslehre/Schwerpunkt Digital Business an der Technischen Hochschule Nürnberg Georg Simon Ohm.

Shevat A (2017) *Designing bots: creating conversational experiences*. O'Reilly, Beijing; Boston.

Planung der Chatbot-Entwicklung 3

3.1 Was bei der Planung zu beachten ist

Im Planungsschritt (Abb. 3.1) beschreiben Sie, wie Sie die Chatbot-Entwicklung organisieren und koordinieren, und berücksichtigen dabei die Rahmenbedingungen, die Sie in der Analyse identifiziert haben. Dazu gehören insbesondere:

- Das konkrete Vorgehensmodell
- Input und Output („deliverables")
- Arbeitspakete und To-dos im Einzelnen
- Zeitrahmen, Termine, Meilensteine
- Budget und dessen Verteilung
- Maßnahmen zur Qualitätssicherung
- Teamzusammensetzung und die Aufgaben beziehungsweise Rollen der Beteiligten

Die Planungsergebnisse werden kontinuierlich angepasst und optimiert und mit dem Auftraggeber abgestimmt. Letzteres erfolgt initial sowie kontinuierlich beziehungsweise gemäß den Meilensteinen und nach Bedarf.

Die Entwicklung eines Chatbots wird von Teams, die das erste Mal ein Chatbot-Vorhaben realisieren, meist unterschätzt. Da sehr unterschiedliche Aspekte und Kompetenzen – insbesondere technische und kommunikative beziehungsweise textliche – eng aufeinander abgestimmt werden und perfekt ineinandergreifen müssen, kann die Komplexität eines Chatbot-Projekts hoch sein und viele Abstimmungs- und Re-Design-Schleifen benötigen. Fangen Sie also lieber klein an und bauen Sie Ihren Chatbot nach und nach aus.

Wichtig ist es außerdem, sich zu Beginn der Planung noch einmal klar zu machen, dass eine Chatbot-Entwicklung die Entwicklung einer Software ist. Daraus ergeben sich

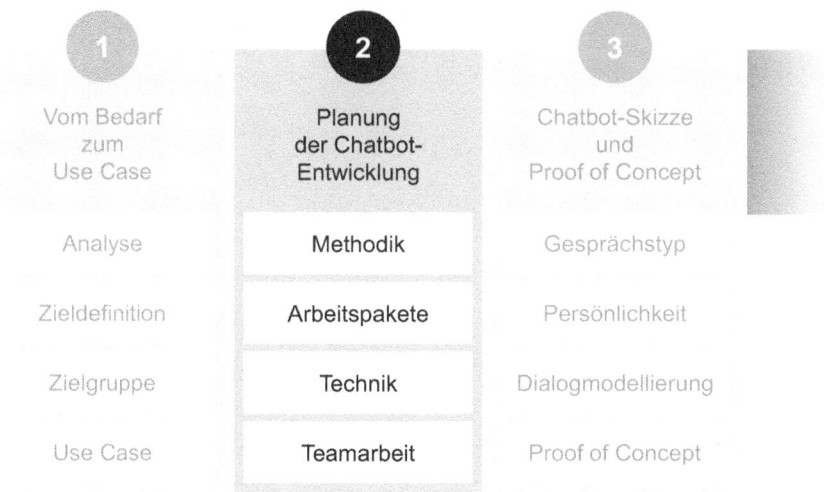

Abb. 3.1 Aufgaben im zweiten Schritt der Chatbot-Entwicklung

in Anlehnung an die Methoden und Prozesse der Software-Entwicklung charakteristische Merkmale der Entwicklung von Chatbots.

Abhängig vom Innovationsgrad und von den zu erwartenden Risiken entspricht das Vorgehen bei der Chatbot-Entwicklung eher einem Projekt oder eher einem etablierten Prozess. Je öfter Sie einen Chatbot entwickeln, desto stärker treten die prozessualen Aspekte in den Vordergrund. Insofern ist es gut, darauf von Anfang an ein Auge zu haben, um die Chancen zur Optimierung und Professionalisierung nicht zu verpassen.

Im Folgenden geht es vor allem um diejenigen Aspekte der Planung, die für Chatbot-Vorhaben spezifisch sind. Für grundlegende Informationen zum Projekt- beziehungsweise Prozess- und Produktmanagement sei an dieser Stelle auf die umfangreiche Fachliteratur verwiesen.

3.2 Vorgehensweise

3.2.1 Projekt oder Prozess?

Ein Vorhaben, das neu oder einmalig ist und somit die Grenzen des Machbaren auslotet oder erweitert, ist ein Projekt – und erfordert ein entsprechendes Projektmanagement. Wenn Sie beziehungsweise Ihre Organisation zum ersten Mal einen Chatbot entwickeln, werden Sie das Vorhaben mit großer Wahrscheinlichkeit als Projekt organisieren. Auch beim dritten und vierten Chatbot und bei jedem weiteren, mit dem Sie die Grenzen des bisher Bekannten und Erprobten überschreiten, ist vermutlich ein Projekt die bevorzugte Organisationsform.

▶ **Definition** Ein *Projekt* ist (nach DIN 69901) ein Vorhaben, das im Wesentlichen durch eine Einmaligkeit der Bedingungen in ihrer Gesamtheit gekennzeichnet ist.

Ein Projekt zeichnet sich typischerweise aus durch:

- Inhaltliche und funktionale Abgrenzbarkeit und konkrete Ziele mit definiertem zeitlichen Anfang und Ende
- Technische, wirtschaftliche und terminliche Unwägbarkeiten und Risiken
- Komplexität
- Große Bedeutung für die Organisation

Je mehr sich die Neuartigkeit eines Projekts verliert und die damit verbundenen Aufgaben alltägliche Routine werden, desto mehr wird die Projektarbeit in Prozessen organisiert.

▶ **Definition** Ein *Prozess* ist ein Satz zusammenhängender oder sich gegenseitig beeinflussender Tätigkeiten, die mit bestimmten Eingaben, dem Input, ein bestimmtes Ergebnis, den Output, meist ein Produkt oder eine Dienstleistung, erzielen sollen.

Prozesse zeichnen sich dadurch aus, dass sie in allen Schritten beschrieben und geplant werden können und stets einheitlich ablaufen. Auch bei einem projektorientierten Vorgehen lassen sich prozessartige Abläufe identifizieren. Dazu gehören insbesondere Qualitätssicherung, Release- und Roll-out-Planung, Continuous Improvement und Vermarktung. Und nicht zuletzt ist auch das Management beziehungsweise die Koordination der Chatbot-Entwicklung ein Prozess und kann entsprechend aufgesetzt und gehandhabt werden.

Für die prozess- wie auch für die projektartigen Arbeitspakete gibt es in den meisten Organisationen Vorgaben und verwandte Prozesse, die als Ausgangspunkt, Vorlage und Inspiration im Rahmen der Planung der Chatbot-Entwicklung hilfreich sind.

3.2.2 Agiles Arbeiten

Ein Chatbot ist ein Stück Software, Chatbot-Entwicklung ist Software-Entwicklung. Daraus ergeben sich charakteristische Merkmale, die bei der Planung zu berücksichtigen sind.

Klassische Software-Entwicklung geht Schritt für Schritt vor: Zunächst werden die Anforderungen ermittelt und in Form von Spezifikationen beschrieben und priorisiert.

Die Spezifikationen werden dann Punkt für Punkt implementiert und getestet. Wenn alle Spezifikationen vollständig umgesetzt sind, erfolgt die Auslieferung an den Auftraggeber oder Kunden.

Dieses Vorgehen hat sich bewährt, um bei der Vielzahl der Aufgaben, die mit einer Software-Entwicklung verbunden sind, den Überblick zu behalten und sie effizient zu erledigen. Dass sich organisatorische Bedürfnisse im Laufe der Entwicklung ändern können und eine Anpassung der Planung notwendig machen, kann auch im Rahmen dieses Vorgehens ein Stück weit aufgefangen werden. Es stößt jedoch an seine Grenzen, wenn die Bedürfnisse erst im Laufe des Projekts, nicht zuletzt durch das, was im Projekt geschieht, geklärt werden können und wenn in hohem Maße offen ist, wie die passende Lösung aussieht, weil dies erst nach und nach herausgefunden wird.

Es ist nicht möglich, basierend auf den Anforderungen einen Chatbot vollständig zu spezifizieren. Das liegt unter anderem daran, dass noch nicht vollständig bekannt ist, wie effiziente und gelingende menschliche Kommunikation funktioniert. Dies führt dazu, dass Sie – anstatt die Chatbot-Konversation vollständig zu beschreiben oder gar zu parametrisieren – auf mehr oder weniger umfassende Erfahrungswerte und eher bruchstückhafte Modelle einzelner Aspekte zurückgreifen müssen. Wesentlicher Teil eines Chatbot-Vorhabens ist es, Lösungsansätze zu entwerfen und diese rückzukoppeln mit der Zielgruppe, um zu evaluieren, welche Ansätze in Richtung der gewünschten Lösung zeigen und welche nicht. Weil außerdem sehr unterschiedliche Aspekte und Kompetenzen – insbesondere technische und kommunikative beziehungsweise textliche – eng aufeinander abgestimmt werden und perfekt ineinandergreifen müssen, sind typischerweise viele Abstimmungs- und Re-Design-Schleifen notwendig.

Bei der Chatbot-Entwicklung greifen agile Methoden daher am besten. Agile Software-Entwicklung setzt an Stelle der sequenziellen Abfolge der Projektphasen der klassischen Entwicklung auf ein iterativ-inkrementelles Vorgehen.

Iterativ bedeutet, dass die Entwicklung des Softwareprodukts in Zyklen geschieht, während *inkrementell* bedeutet, dass bei jedem Zyklus ein potenziell nutzbares Produktinkrement entsteht.

Agiles Arbeiten zeichnet sich dadurch aus, dass nicht alles bis ins Detail vorausgeplant und spezifiziert wird, sondern möglichst schnell ein Produkt mit den grundlegenden Funktionen und Eigenschaften entwickelt und dann in weiteren Entwicklungsschleifen verfeinert wird.

Agile Software-Entwicklung folgt laut dem „Manifesto for Agile Software Development" vier grundlegenden Leitsätzen:

- Individuen und Interaktionen sind wichtiger als Prozesse und Werkzeuge.
- Funktionierende Software ist wichtiger als umfassende Dokumentationen.
- Zusammenarbeit mit dem Kunden ist wichtiger als Vertragsverhandlungen.
- Reagieren auf Veränderung ist wichtiger als das Befolgen eines Plans.

3.2 Vorgehensweise

Zu den Prinzipien agilen Arbeitens gehören:

- Höchste Priorität hat es, den Kunden durch frühe und kontinuierliche Auslieferung wertvoller Software zufrieden zu stellen.
- Funktionierende Software wird regelmäßig und lieber in kürzeren als längeren Zeitspannen, innerhalb weniger Tage oder Wochen ausgeliefert.
- Fachleute und Entwickler:innen arbeiten während des Projekts täglich und eng zusammen.
- Gespräche von Angesicht zu Angesicht sind die beste Methode, Informationen an und innerhalb des Entwicklungsteams zu übermitteln. Vergleichbare Verfahren der Remote-Zusammenarbeit können Gespräche in physischer Präsenz ersetzen.
- Anforderungsänderungen, sogenannte Change Requests, sind selbst zu einem späten Zeitpunkt in der Entwicklung noch möglich und sogar willkommen.

Die im weiteren Verlauf dieses Buches beschriebenen Entwicklungsschritte sind also nicht als in sich abgeschlossene Phasen zu verstehen, die man einmal gründlich bearbeitet und dann ein für alle Mal hinter sich lässt. Vielmehr wird es bei der weiteren Verfeinerung des Chatbots immer wieder nötig sein, zu vorherigen Entwicklungsschritten zurückzukehren und diese zu modifizieren oder zu erweitern. Je mehr Erfahrung Sie im Conversation Design haben, desto gründlicher und umfassender werden Sie jeden Schritt beim ersten Durchgang bearbeiten können und desto weniger Iterationsschleifen werden Sie vermutlich benötigen. Ganz ohne geht es jedoch nicht.

3.2.3 Machen oder machen lassen?

Wenn Sie intern über ausreichend personelle und zeitliche Ressourcen verfügen, können Sie Ihr Vorhaben innerhalb Ihrer Organisation realisieren. Oft wird es jedoch so sein, dass Sie bei der Entwicklung eines Chatbots mit externen Spezialist:innen zusammenarbeiten. Ebenfalls üblich ist es, dass Sie Ihr Vorhaben von einer externen Agentur umsetzen lassen und deren Arbeiten begleiten und kontrollieren.

Für die Entscheidung, was und wie viel Sie selbst machen und was Sie andere machen lassen wollen, sollten Sie Ihre eigenen Rahmenbedingungen unter die Lupe nehmen:

- Welche personellen, finanziellen, zeitlichen Ressourcen stehen Ihnen für die Entwicklung des Chatbots zur Verfügung?
- Welche Erfahrungen gibt es bereits im Haus?
- Auf welche konzeptionelle und technische Expertise können Sie intern zugreifen?

Bei der Chatbot-Entwicklung spielen viele Faktoren zusammen, die man gleichzeitig im Blick behalten muss, um eine gute Conversational User Experience zu gestalten. Falls Sie noch nie einen Chatbot entwickelt haben, ist es sehr hilfreich, externe Expertise zu nutzen. Das verbessert auch die Effizienz, denn es braucht einfach ein Stück weit Erfahrung und Übung, in jedem Entwicklungsschritt alles Notwendige zu berücksichtigen. Nach dem ersten Projekt werden Sie dann sehr viel besser abschätzen können, was Sie selbst stemmen wollen und wofür Sie besser weiterhin Expertise von außen hinzuholen.

3.2.4 Die Chatbot-Entwicklung managen

Das Management der Chatbot-Entwicklung ist ein wesentlicher Bestandteil des Projekts und sollte entsprechend geplant werden. Über Projektmanagement gibt es eine umfangreiche Fachliteratur, ebenso wie zum Prozess- und Produktmanagement. Hilfreiche Anregungen finden Sie auch in der Literatur zur agilen Software-Entwicklung sowie zum Design Thinking.

Spezifisch für Chatbot-Projekte ist, dass viele unterschiedliche Sichtweisen und Kompetenzen zusammengebracht werden müssen, damit eine gute Conversational User Experience entstehen kann:

- Die Perspektive derjenigen Personen, die den Chatbot nutzen werden
- Die technischen Möglichkeiten des verwendeten Tools
- Kommunikatives Geschick und sprachliches Feingefühl
- Benutzerführung und User Experience Design

Deshalb ist die enge Zusammenarbeit von Expertinnen und Experten mit unterschiedlichem fachlichen Hintergrund unverzichtbar. Erfahrene Conversation Designer können mehrere dieser Sichtweisen zumindest ein Stück weit mitdenken und zum Teil in Personalunion umsetzen, was die eine oder andere Schleife erspart. Doch auch mit viel Erfahrung bleibt die Chatbot-Entwicklung immer eine Teamarbeit, bei der verschiedene Kompetenzen zusammenspielen. Für ein erfolgreiches Chatbot-Projekt ist also sehr wichtig, dass das Team gut zusammenarbeitet und Sie in der Zeit- und Budgetplanung ausreichend Puffer für zusätzliche Abstimmungs- und Umsetzungsschleifen berücksichtigen.

Grundsätze guter Planung bei der Software-Entwicklung:

- In Entwicklungsschritten beziehungsweise Sprints denken und planen
- Die Expertise des Projektteams für die Planung einholen
- Je größer der geplante Zeitraum, desto ungenauer planen; je kleiner, desto genauer
- Mit Puffer planen
- Zeiten für Tests, das Einarbeiten von Änderungen, für interne und externe Abstimmungen planen
- So viele Expertisen wie nötig, so wenig Mitwirkende wie möglich einsetzen
- Möglichst wenig verschiedene Aufgaben je mitwirkender Person parallel vorsehen

3.3 Erfolgsfaktor Teamarbeit

3.3.1 Zusammenarbeit in einem interdisziplinären Team

Die Zusammenarbeit in einem interdisziplinären Team, das vorhabenbezogen befristet zusammenarbeitet, besitzt einige besondere Merkmale:

- Die Teamleitung ist nicht zugleich die disziplinarische Führungskraft.
- Das Team selbst ist zeitlich begrenzt und aufgabenbezogen zusammengestellt.
- Die Teamzusammensetzung ändert sich im Verlauf.
- Neben dem Kernteam arbeiten weitere Personen mit, die es ebenfalls in die Teamarbeit zu integrieren gilt.

Entscheidend für den Erfolg des Vorhabens ist die gute Zusammenarbeit innerhalb des Teams und mit weiteren für das Vorhaben relevanten Personen beziehungsweise Stakeholdern. Die Fähigkeit zur Teamarbeit ist hier eine Schlüsselkompetenz. In der Regel sind sich die Mitwirkenden zunächst zumindest teilweise fremd und nicht vertraut mit den jeweiligen Arbeitsweisen, Interessen, Bedürfnissen. Hier ist Einfühlungsvermögen gefragt und gerade zu Beginn die erhöhte Bereitschaft und Fähigkeit, sich adäquat auf neue Anforderungen und Rahmenbedingungen einzustellen.

Voraussetzung für gute Teamarbeit ist es außerdem, die eigenen Schwächen und Stärken zu erkennen und die Stärken gezielt einzusetzen. Abhängig von ihren Stärken und Schwächen nehmen Menschen in Projektteams unterschiedliche informelle Rollen bevorzugt ein, so zum Beispiel als Beobachter, Organisator, Perfektionist, Denker, Spezialist, Umsetzer, Antreiber, Kommunikator, Koordinator. Die Projektleitung sollte die Teammitglieder in Bezug auf ihre informellen Rollen einschätzen können und das Team entsprechend zusammenstellen. Denn einem Projektteam, das aus lauter Denkern oder Beobachtern besteht, fehlen ganz klar die Umsetzer. Und wenn nur Spezialisten und Perfektionisten oder Umsetzer und Antreiber im Team sind, läuft das Projekt Gefahr, nicht rechtzeitig oder nicht mit ausreichendem Weitblick und Mitdenken realisiert zu werden. Auf die richtige Mischung kommt es also an!

3.3.2 Funktionale Rollen bei der Chatbot-Entwicklung

Entsprechend der Vielzahl von Kompetenzen und Perspektiven, die in einem Chatbot-Vorhaben benötigt werden, gibt es eine Vielzahl von Rollen, die auszufüllen sind. Tab. 3.1 zeigt die wichtigsten Rollen und ihre Aufgaben. Dabei können durchaus verschiedene Rollen von ein und derselben Person übernommen werden; allerdings ist dann darauf zu achten, dass sie für jede dieser Rollen genügend Zeit hat. Umgekehrt können auch mehrere Personen dieselbe Rolle einnehmen – zum Beispiel gibt es häufig

Tab. 3.1 Rollen und Aufgaben im Chatbot-Projekt

Rolle	Aufgaben	Output
Auftraggeber und Stakeholder	Definieren die Ziele und den Use Case, begleiten die Chatbot-Entwicklung, beraten die Projektleitung, erteilen Freigaben und Abnahmen	Freigaben
Projektleitung beziehungsweise Product Owner	Verantwortet das Projekt beziehungsweise den Prozess und das Produkt und das Ergebnis Hat dafür die Budgetverantwortung, plant und steuert das Projekt und die Produktentwicklung Kümmert sich um die Termine, leitet das Projektteam und steuert die Kommunikation, sorgt für eine adäquate Qualitätssicherung und organisiert die Abnahme	Briefingdokument, Use Case, Projektplan, Statusberichte, Product Backlog, …
Product Owner	Verantwortet ab dem Abschluss der Entwicklung beziehungsweise dem Go-live das Continuous Improvement des Chatbots	Analyseberichte aus der Evaluation, Business-Case-Entwicklung, Produktmanagement
Conversation Designer	Konzipiert den Chatbot mit Use Case und User Stories und berät Product Owner und Management Entwickelt gemeinsam mit den Subject Matter Experts die Domäne und das Informationsdesign Konstruiert den Dialogablauf, entwickelt zusammen mit dem NLU Data Scientist die Trainingsdaten, schreibt die Chatbot-Prompts und abhängig vom verwendeten Tool das Skript Begleitet die User-Tests und berät die Entwicklung sowie das Deployment (Auslieferung)	Skizze, Proof of Concept, Dialogablauf, Ablaufdiagramm, Copywriting, Drehbuch, Skript, Prototyp, Release Candidate, finaler Chatbot
Media Designer	Entwickelt die benötigten audio-visuellen Medien sowie das Corporate Design des Chatbots und passt vorhandene Medien an	Audiodateien, Bilddateien, Videodateien, Styleguide
Subject Matter Expert	Berät Conversation Designer und Media Designer in fachlicher Hinsicht und unterstützt bei der Qualitätssicherung	Informationsarchitektur, Informationsbausteine, Datenbasis
Process Expert	Berät Conversation Designer und Media Designer in Bezug auf die Prozesse beziehungsweise Workflows, die der Chatbot abbilden soll, und unterstützt bei der Qualitätssicherung	Prozessarchitektur, Prozessbeschreibung, Workflowbeschreibung
Developer beziehungsweise Tool Expert	Unterstützt das Conversation Design in technischen Fragen, liefert Dialogmanagement-Elemente zu, konfiguriert das Chatbot-Tool und benötigte Schnittstellen zu anderen Systemen, liefert die Chatbot-Versionen aus (Deployment)	Funktionale Skript-Elemente, Schnittstellen, Konfigurationsdateien, Release Candidates, finaler Chatbot
User Experience (UX) / Usability Expert	Unterstützt Conversation Designer und Media Designer hinsichtlich Benutzerführung und Bedienbarkeit der Elemente im Chat	Evaluierungsberichte, Mockups

(Fortsetzung)

Tab. 3.1 (Fortsetzung)

Rolle	Aufgaben	Output
NLU Data Scientist	Stellt mit dem Conversation Designer Trainingsdaten für Intents zusammen	Analyseberichte, Datenmodelle und -konzepte, Trainingsdaten, Konfigurationsdateien
Tester und Key User	Testen die Chatbot-Versionen gemäß Testplan/Testfällen	Testprotokoll

mehrere Fachleute, die Subject Matter Experts. In diesem Fall ist bei der Planung zu überlegen, ob alle Fachleute unmittelbar in die Prozesse eingebunden werden, ob sie eine eigene Arbeitsgruppe bilden oder ob die einzelnen Subject Matter Experts von Fall zu Fall hinzugezogen werden. Hier ist abzuwägen zwischen der Notwendigkeit, diese Perspektiven unmittelbar in der Entwicklung zu berücksichtigen, und dem Aufwand für die Abstimmungen.

3.3.3 Kommunikation

Nicht zu unterschätzen ist die Relevanz der Kommunikation bei der Zusammenarbeit: Sie ist ein wesentlicher Erfolgsfaktor für das gesamte Vorhaben.

Grundlage für eine gute Kommunikation sind:

- Klare Zuständigkeiten und Verantwortung
- Gemeinsame Regeln für das Berichtswesen, die formale, geplante und informelle, ungeplante Kommunikation
- Vereinbarungen über die genutzten Kommunikationsmedien: Sitzungen vor Ort, Videokonferenzen, Kommunikation per Telefon, E-Mail
- Vereinbarungen über die Dokumentation relevanter Kommunikationsergebnisse
- Gemeinsames Verständnis über die Kommunikation innerhalb eines teilweise oder vollständig remote zusammenarbeitenden Teams
- Transparenz über die Ergebnisse und den Arbeitsfortschritt für alle Beteiligten

Gute Kommunikation entsteht jedoch nicht nur durch verbindliche Regeln und deren Befolgung, sondern wesentlich durch das Verhalten aller Teammitglieder. Umso wichtiger ist es, dass sich alle Beteiligten die Grundsätze guter Kommunikation im Team immer wieder vor Augen führen und selbst als Vorbild vorangehen:

- Verbindlich in Aussagen und Taten
- Zuverlässig in Bezug auf die Termine, die Qualität und zugesicherte Rückmeldung
- Wertschätzend gegenüber den anderen Beteiligten
- Klar und wo nötig hart in der Sache, sanft im Ton (wenn nötig: deutlich genug).

▶ **Tipp** Unverzichtbar ist es, dass alle Beteiligten zu Beginn der Chatbot-Entwicklung die Kommunikation, ihre Regeln und Wege, verbindlich vereinbaren und sich im Verlauf der Arbeiten konsequent an die gegebenenfalls spezifischen Vereinbarungen halten.

3.4 Planung von Technik und Tools

3.4.1 Vorüberlegungen für die Tool-Auswahl

Viele Chatbot-Tools kombinieren klassische, regelbasierte KI-Methoden mit Methoden des Supervised Machine Learning beziehungsweise NLU. Wie und wo dies genau geschieht, ist in vielen Fällen nicht ersichtlich, aber oft auch zweitrangig, wenn die Funktionalität stimmt. Pattern-Matching- und NLU-basierte Methoden haben jeweils spezifische Stärken und Grenzen, sodass es letztlich vom Anwendungsfall abhängt, welches Tool für Ihren Chatbot geeignet ist.

Wesentliche Unterschiede gibt es vor allem hinsichtlich

- der Verarbeitung von Eingaben,
- dem Ausgabekanal,
- der Skalierbarkeit hinsichtlich Nutzeranzahl, Anzahl paralleler Sessions, Anzahl Interaktionen, Anzahl Server und
- der Integration mit anderen Systemen in Bezug auf Daten und Tools.

Eine wichtige Rolle bei der Entscheidung für ein Tool spielt außerdem die Verfügbarkeit eigener Ressourcen und Expertise.

Im Folgenden betrachten wir diese fünf Faktoren mit Blick auf die Tool- und Technik-Entscheidung im Kontext der Planungsaufgabe genauer.

3.4.2 Verarbeitung der Eingaben

Wie bereits ausführlich dargestellt, unterscheiden sich die Chatbot-Technologien und damit die Tools darin, wie sie die Nutzereingaben verarbeiten. Die beiden wichtigsten Methoden sind die Verarbeitung via NLU beziehungsweise Supervised Machine Learning und das Pattern-Matching. Wenn Sie einen rein Button-basierten Chatbot entwickeln wollen, spielt die Art der Eingabeverarbeitung keine beziehungsweise eine untergeordnete Rolle, weil Sie durch die Buttons die Benutzereingabe vordefinieren. Tab. 3.2 ordnet die jeweilige Verarbeitungsmethode typischen Anwendungsfällen und Dialogstrategien zu.

3.4 Planung von Technik und Tools

Tab. 3.2 Typische Anwendungsfälle für verschiedene Arten der Eingabeverarbeitung

Verarbeitung der Eingabe	Anwendungsfall und Dialogstrategie
Nur Buttons	• Stark geführte Dialoge wie beispielsweise für Diagnosen und Anleitungen • Dialog ist unabhängig von Variablen, die abgefragt werden müssen • Mobile Anwendungen
Pattern-Matching	• Hohe sachliche Differenzierungsfähigkeit beziehungsweise Granularität • Didaktische Anwendungen, Compliance-Anwendungen • Geringe Bestände von Trainingsdaten
NLU	• In den Trainingsdaten zuverlässig repräsentierte Themen • Große Varianz im Sprachgebrauch der Nutzer:innen • Gut erschlossene Sprachen

Tab. 3.3 Checkliste: Kriterien für die Auswahl des Chatbot-Tools in Bezug auf die Eingabeverarbeitung

Bereich	Kriterium
Sprache	• Wie wichtig sind Freitexteingaben? • Wie viel fachsprachliche Differenzierungsfähigkeit, Didaktik, Kontrolle benötigt der Chatbot? • Wie viel Toleranz braucht der Chatbot gegenüber Tippfehlern, grammatikalischen Ungenauigkeiten? • Mit wie viel Vielfalt bei der Wortwahl, bei Satzstrukturen und Ähnlichem müssen Sie rechnen? • Welche speziellen Kommunikationssituationen sollte der Chatbot erkennen? Kontext, Sentiment, Sprachregister …? • Sind Ein- und Ausgabe barrierefrei beziehungsweise barrierearm?
NLU	• Welche Sprache/n beherrscht die NLU? • Haben Sie genügend geeignete Trainingsdaten? • Bringt das Tool Datenbestände mit, die genutzt werden können? • Wie relevant sind diese für den Anwendungsfall? • Müssen Sie gegebenenfalls Daten zusammenstellen oder zukaufen?
Analyse & Reporting	• Welche Möglichkeiten zur Fehleranalyse bietet das Tool? • Welche Analytics-Methoden sind möglich? • Welche Berichte und Reports sind standardmäßig vorhanden?

Die Checkliste Tab. 3.3 hilft bei der Entscheidung, welches Tool für den jeweiligen Anwendungsfall in Bezug auf die Eingabeverarbeitung am besten geeignet ist.

Gegebenenfalls ist es nötig, dass Sie den Use Case in Bezug auf die Chatbot-Domäne und die User Stories noch einmal genauer beschreiben, um die obigen Fragen beantworten zu können. Im Zweifel wählen Sie das Tool aus, das alle drei Eingabeverarbeitungen flexibel unterstützt.

3.4.3 Ausgabekanal

Auswirkungen auf die Toolauswahl hat auch der benötigte Ausgabekanal. Hier spielt die Anwendungsumgebung eine Rolle: Welcher Ausgabekanal ist in der geplanten Anwendungsumgebung für Ihre Zielgruppe passend? Nach der Zielgruppenanalyse wissen Sie, auf welchen Kommunikationskanälen und Plattformen die zukünftigen Nutzerinnen und Nutzer in den für den Anwendungsfall relevanten Kontexten aktiv sind. Doch wo werden sie am ehesten mit einem Chatbot interagieren? In einer Messenger-App, im Webchat, in Gruppenchats? Im Webchat auf einer Webseite? Welche Endgeräte verwenden sie dabei am ehesten?

Sinnvollerweise wählen Sie die Kanäle aus, auf denen Sie Ihre Zielgruppe am besten erreichen. Es ist wichtig, dass Sie diese Entscheidung früh treffen. Sie hat Auswirkungen auf die Auswahl des Tools, mit dem Sie den Chatbot produzieren, denn es muss den gewählten Kanal unterstützen. Ihre Entscheidung beeinflusst das Conversation Design, denn bei Chatbots in Messenger-Apps sind die Gestaltungs- und Interaktionsmöglichkeiten eingeschränkter als bei webbasierten Chatbots, zum Beispiel hinsichtlich Bedienelementen wie Buttons, Karussell-Menüs, Menüs.

Etliche Chatbot-Tools bieten eine automatische Integration des Chatbots in verschiedene Ausgabekanäle an. Der Vorteil ist, dass der Chatbot damit ohne zusätzlichen Aufwand an mehreren Stellen präsent ist; der Nachteil, dass Sie in der Gestaltung eingeschränkt sind und nur die Ausgabeoptionen nutzen können, die auf allen Kanälen funktionieren. In diesem Fall definieren Sie am besten einen primären Ausgabekanal, auf den hin der Chatbot optimiert wird.

3.4.4 Skalierbarkeit

Für die technische Planung ist ein entscheidendes Kriterium, mit welchen Zugriffsvolumina auf Ihren Chatbot und damit auf den Chatbot-Server Sie rechnen. Wie viele Gespräche wird der Chatbot gleichzeitig führen? Welche Datenmengen fallen für eingebundene Medien an? Grundsätzlich sind die meisten Chatbots im Betrieb relativ datensparsam und damit gut auf hohe Zugriffszahlen skalierbar. Bei Chatbots, die im Webchat genutzt werden, sind Webseiten mit vergleichbarem Inhalt ein guter erster Anhaltspunkt für den Ressourcenbedarf.

Hauptkriterien für die Hardwarevoraussetzungen sind bei regelbasierten Chatbot-Tools die Anzahl der Benutzer, die gleichzeitig auf den Chatbot-Server zugreifen, und der Umfang des konfigurierten Regelsystems. Auf einem aktuellen Prozessor (Stand 2020, Intel i9) können bei einem mittelgroßen Regelsystem etwa 50-100 Anfragen pro Sekunde bearbeitet werden. Dies entspricht etwa 200-500 gleichzeitigen Sitzungen pro CPU. In der Regel genügt damit ein CPU-Kern, um typische Anzahlen gleichzeitiger Sitzungen zu bedienen. Eine weitere CPU kann zur Parallelisierung des Loggings vorteilhaft sein und kann zu kürzeren Antwortzeiten der einzelnen Anfragen führen.

3.4 Planung von Technik und Tools 67

Zu beachten ist für die Skalierbarkeit noch, dass bei vielen Tools nur eine bestimmte Anzahl von Chats pro Monat im Grundpreis enthalten ist und darüber hinaus anfallende Chats zusätzlich berechnet werden.

Ein weiterer Aspekt im Kontext der Skalierbarkeit ist die Versionsverwaltung, also das Management verschiedener Versionen und Releases Ihres Chatbots. Bei Chatbots mit langfristiger Nutzungsprognose und entsprechend vielen Änderungen und neuen Versionen brauchen Sie ein Versionsmanagement. Manche Tools unterstützen das direkt; wenn nicht, ist zu prüfen, ob eine externe Versionsverwaltung möglich ist und wie aufwendig es ist, diese anzubinden und zu nutzen.

3.4.5 Integration

Ein weiterer wichtiger Aspekt für die Auswahl der Plattform und des Produktionstools sind die gewünschte Integration mit anderen Systemen und die dafür benötigten Schnittstellen. Ähnlich wie beim Ausgabekanal ist für den Faktor Integration relevant, von welchem System und welcher Umgebung aus die Nutzer:innen auf den Chatbot zugreifen. Von einer öffentlichen Webseite, einem Intranet, einem Learning Management System, aus einer App heraus? Wie initiativ soll Ihr Chatbot agieren? Wird er nur aktiv, wenn er von den Nutzenden aufgerufen wird, oder soll er sich zum Beispiel in Foren eigenständig in Diskussionen einschalten („push"), wenn er meint, etwas dazu beitragen zu können?

Die Integrationsfähigkeit eines Chatbots hängt zudem stark davon ab, wie gut er mit Datenströmen zwischen User-Eingabe, Chatbot-Verarbeitung und -Ausgabe und externen Systemen umgehen kann. Im Use Case haben Sie die entsprechenden Bedürfnisse analysiert und die benötigten Merkmale und Funktionen beschrieben (vgl. Kap. 2). Darauf können Sie nun für die Auswahl des Tools zurückgreifen. Prüfen Sie also sorgfältig die Integrationsfähigkeit und Adaptivität des Chatbot-Tools.

Mit Blick auf externe Systeme und Schnittstellen sollten Sie fragen:

- Welche Funktionen und Standard-Schnittstellen haben die beteiligten Systeme, die der Chatbot nutzen kann?
- Wie aufwendig ist die Konfiguration und Implementierung der Schnittstellen?
- Werden zusätzliche Funktionen und Schnittstellen benötigt?

Hinsichtlich der Funktionalitäten des Chatbot-Tools ist zu berücksichtigen:

- Erlaubt das Tool das Erstellen zusätzlicher Funktionen?
- Ist das Chatbot-Tool individuell konfigurierbar, beispielsweise in Bezug auf das Corporate Design und dessen Abbildung im Chat-Layout?
- Ist es möglich, weitere Systeme über individuelle Schnittstellen anzubinden?

- Welche Beratungs- und Service-Leistungen bietet der Anbieter des Chatbot-Tools im Zusammenhang mit der Integration in andere Systeme und Infrastrukturen?
- Wie viel Erfahrung mit Chatbots und Schnittstellen zu externen Systemen bringt der Anbieter mit?

3.4.6 Ressourcen

Nicht zuletzt sind die eigenen Ressourcen, vor allem personelle und finanzielle Ressourcen, ein entscheidender Faktor bei der Auswahl des geeigneten Tools.

Ein Chatbot-Tool, das auf einem Coding-Framework beruht, wie beispielsweise Rasa, kommt nur infrage, wenn Ihnen Entwickler:innen zur Verfügung stehen, die das Tool bereits kennen oder sich in das Tool einarbeiten und längerfristig für das Continuous Improvement zur Verfügung stehen. IT- und Developer-Expertise benötigen Sie auch für das Einrichten der Systemumgebung für den Chatbot, für die Entwicklung spezifischer Schnittstellen zwischen dem Chatbot-Tool und den Chatbot-externen Systemen, für Funktionserweiterungen und ähnliche Aufgaben. Mittelfristig ist es hilfreich, wenn Sie im Conversation-Design-Team zumindest kleinere Änderungen und Ergänzungen am Chatbot eigenständig vornehmen können, ohne dafür erst Entwicklerressourcen anfordern zu müssen.

Hinsichtlich der personellen Ressourcen ist bei der Toolauswahl zu bedenken:

- Welche Entwicklerressourcen stehen zur Verfügung – kurzfristig, mittelfristig, langfristig?
- Gibt es bereits jemanden, der Erfahrung mit der Umsetzung von Chatbots hat? Mit welchen Tools hat er oder sie schon gearbeitet?
- Wenn noch keine eigenen Erfahrungen vorhanden sind: Wer hat Zeit, sich einzuarbeiten? Wie groß ist der Aufwand für die Einarbeitung? Wie wird sichergestellt, dass das Wissen im Haus bleibt?

Und schließlich ist da noch die Frage nach den Kosten für das Tool und begleitende Services:

- Auf welcher Basis wird abgerechnet? Abrechnung nach Gesprächen, nach Usern? Welches Volumen ist im Grundpreis enthalten?
- Gibt es das Tool als SaaS-Plattform? Als Cloud-Lösung?
- Wie oft erscheinen neue Releases des Chatbot-Tools? Wie funktioniert der Releasewechsel?
- Ist ein Betrieb On-Premises, in der eigenen IT-Infrastruktur, möglich?
- Wie sieht der Support aus? Wie sind die Antwortzeiten? In welchen Sprachen erfolgt der Support?

3.4 Planung von Technik und Tools

- Was kostet der Support?
- Welche weiteren Dienstleistungen kann der Tool-Anbieter oder der Weiterverkäufer erbringen und zu welchen Konditionen?

3.4.7 Fallbeispiel: Auswahl des passenden Chatbot-Tools

Im Rahmen einer Masterarbeit zum Thema Chatbots unter Leitung von Prof. Dr. Christian Langenbach an der Technischen Hochschule Georg Simon Ohm Nürnberg in Kooperation mit dem Praxispartner Franken maxit Mauermörtel GmbH & Co wurden für die Auswahl des Tools, mit dem der Chatbot realisiert werden sollte, Jix (time4you GmbH) sowie das Open-Source-Tool Rasa (Rasa Technologies Inc.) evaluiert. Jix basiert auf Pattern-Matching kombiniert mit NLU-Steuerung, der Chatbot wird über Skript-Dateien gesteuert. Rasa arbeitet mit einer Kommandozeile, über die Befehle für das Setup und Training des Chatbots eingegeben werden. Für beide Tools sind keine Programmierkenntnisse nötig.

Evaluiert wurde zunächst, wie gut sich die zuvor identifizierten Anforderungen bezüglich Sicherheit, Funktionalität, Zuverlässigkeit, Kompetenz, Benutzerfreundlichkeit, Portierbarkeit, Effizienz und Design des Chatbots mit den beiden Tools umsetzen lassen würden. Dabei schnitten beide Tools ähnlich ab, mit einem leichten Vorsprung von Jix, der vor allem auf die bessere Benutzerfreundlichkeit bei der Skript-Erstellung zurückzuführen war. Deutlich flexibler und funktionsstärker als Rasa erwies sich Jix im Conversation Design, wie zum Beispiel

- verschiedene Ausgabearten, die sich in Form, Farbe und Ausgabezeitpunkt unterscheiden,
- die Möglichkeit, alternative Textpassagen beziehungsweise Textvarianten durch Zufallsauswahl auszugeben,
- Kontext und Memory, zum Beispiel von bereits besprochenen Themenbereichen,
- hybride Eingaben mit Buttons und Freitext,
- adaptive Button-Anzeige, mithilfe derer sich Buttons von bereits besprochenen Themen ausgeblendet lassen.

Diese Anforderungen lassen sich mit Jix einfach auf Skript-Ebene umsetzen, wohingegen bei Rasa zum Teil Eingriffe in den Programmcode nötig sind.

Die Wahl fiel also auf Jix. Eine Wahl, mit der die Masterandin bis zum Schluss sehr glücklich war, denn tatsächlich bewahrheitete sich das Versprechen von Jix, dass sich auch ohne Programmierkenntnisse in relativ kurzer Zeit leistungsfähige und vielfältige Chatbots umsetzen lassen. Nach eigenem Bekunden ließ ihr das nicht nur viel mehr Zeit für konzeptionelle Fragen, sondern die Funktionsvielfalt, die mit Jix möglich ist, eröffnete ihr noch während der Entwicklung des Chatbots weitere Möglichkeiten für das Conversation Design.

3.4.8 Checkliste: Auswahl des Chatbot-Tools

Bei der Auswahl eines passenden Chatbot-Tools sind viele verschiedene Aspekte zu berücksichtigen (vgl. auch Abschn. 1.4.4). Die wichtigsten Aspekte sind in der Checkliste in Tab. 3.4 zusammengefasst.

Tab. 3.4 Checkliste: Kriterien für die Auswahl des Chatbot-Tools

Bereich	Kriterium
Sprache	• Wie wichtig sind Freitexteingaben? • Wie viel fachsprachliche Differenzierungsfähigkeit, Didaktik, Kontrolle benötigt der Chatbot? • Wie viel Toleranz braucht der Chatbot gegenüber Tippfehlern, grammatikalischen Ungenauigkeiten? • Mit wie viel Vielfalt bei der Wortwahl, bei Satzstrukturen und Ähnlichem müssen Sie rechnen? • Welche speziellen Kommunikationssituationen sollte der Chatbot erkennen? Kontext, Sentiment, Sprachregister …? • Sind Ein- und Ausgabe barrierefrei beziehungsweise barrierearm?
NLU	• Welche Sprache/n beherrscht die NLU? • Haben Sie genügend geeignete Trainingsdaten? • Bringt das Tool Datenbestände mit, die genutzt werden können? • Wie relevant sind diese für den Anwendungsfall? • Müssen Sie gegebenenfalls Daten zusammenstellen oder zukaufen?
Scripting	• Wie komfortabel ist das Editing? • Sind hybride Skripte unter Einbindung von NLU möglich? • Wie variantenreich ist das Dialogmanagement? • Wie variantenreich sind die Ausgabeformate?
Analyse und Reporting	• Welche Möglichkeiten zur Fehleranalyse bietet das Tool? • Welche Analytics-Methoden sind möglich? • Welche Berichte und Reports sind standardmäßig vorhanden?
Datenschutz	• Bei einer Cloud-Lösung: Wo stehen die Server? • Ist die Lösung DSGVO-konform? • Ist das Rechenzentrum nach ISO 27001 und Ähnliche zertifiziert?
Klimaneutralität	• Woher bezieht das Rechenzentrum seinen Strom? CO_2-neutral, aus erneuerbaren Energiequellen? • Ist das NLU-Trainingsmodell optimiert in Punkto Stromverbrauch?
Integration	• Welche Schnittstellen werden unterstützt? • Ist die Integration in andere Systeme vorgesehen? Zum Beispiel: ERP, CRM, Finance, Ticketsystem, Shop-Systeme, LMS, CMS • Welche Ausgabekanäle werden unterstützt? Zum Beispiel: Browser, mobile Endgeräte, Messenger
Lizenzmodell & Support	• Softwaremiete, Pay per Use, Pay per Session, Kauflizenz • On-Premises, Cloud, SaaS • Verfügbarkeit und Sprache des Supports • Service Level Agreement

Literatur

Chaves AP, Gerosa MA (2021) *The impact of chatbot linguistic register on user perceptions*: a replication study. In: Conversations – International Workshop on Chatbot Research.

Felix B, Ribeiro J (2021) *Understanding People's Expectations When Designing a Chatbot for Cancer Patients*. In: Conversations – International Workshop on Chatbot Research.

Følstad A, Araujo T, Papadopoulos S, et al. (eds) (2021) *Chatbot Research and Design*. Springer International Publishing, Cham.

Hobert S, Berens F (2020) *Small Talk Conversations and the Long-Term Use of Chatbots in Educational Settings – Experiences from a Field Study*. In: Følstad A, Araujo T, Papadopoulos S, et al. (eds) Chatbot Research and Design. Springer International Publishing, Cham, pp 260–272.

Kohne, A., Kleinmanns, P., Rolf, C., & Beck, M. (2020) *Chatbots*. Springer Vieweg, Wiesbaden.

Lommatzsch A, Ploch D, Kille B, Albayrak S (2020) *Are You Human – Adapting and Evaluating the Bot Interaction Patterns Towards the User Expectation*. Conversations – International Workshop on Chatbot Research, Amsterdam.

Opel, Natalie (2021) *Conversational Learning im Kontext der betrieblichen Aus- und Weiterbildung. Konzeption und prototypische Realisierung eines intelligenten Assistenten für Schulungs- und Zertifizierungsaufgaben am Beispiel der maxit Gruppe*. Masterarbeit im Fach Betriebswirtschaftslehre/Schwerpunkt Digital Business an der Technischen Hochschule Nürnberg Georg Simon Ohm.

Ordemann S, Skjuve M, Følstad A, Bjørkli CA (2021) *„Have a nice day :)": Social Interactions with Customer Service Chatbots*. In: Proceedings of the 19th International Conference on e-Society 2021. IADIS Press.

Silkej E (2020) *Linguistic Differences in Real Conversations: Human to Human vs Human to Chatbot*. http://hdl.handle.net/2077/63625, abgerufen am 10.2.2022.

Chatbot-Skizze und Proof of Concept

4

4.1 Die Conversational User Experience entwickeln

Die Nützlichkeit eines Chatbots für die Zielgruppe ist die wichtigste Voraussetzung dafür, dass er akzeptiert wird und damit nachhaltig erfolgreich ist (vgl. Abschn. 1.3). Ob jedoch eine befriedigende Conversational User Experience entsteht, hängt von vielen weiteren Faktoren ab: Von der Persönlichkeit des Chatbots, von Tonalität und Stimmung des Gesprächs, von der Gestaltung der Interaktion, von der Qualität der Sprache und vielem mehr.

Um all diese Aspekte im Conversation Design zu verankern, skizzieren Sie im dritten Schritt der Chatbot-Entwicklung (Abb. 4.1) den geplanten Conversational Service und überlegen:

- Welcher Gesprächstyp ist für den Use Case am besten geeignet?
- Welche Chatbot-Persönlichkeit kann den Use Case glaubwürdig erfüllen und spricht dabei die Zielgruppe am meisten an?
- Wie soll der Dialog in seinen Grundzügen ablaufen, damit er den Anwendungsfall und die Ziele möglichst adäquat abbildet?

Sie definieren also grundlegende Merkmale Ihres zukünftigen Chatbots, um am Ende dieses Schritts den sogenannten Proof of Concept zu erbringen. Wenn dieser Proof of Concept scheitert, können Sie Ihre ursprüngliche Entscheidung für einen Chatbot revidieren, ohne allzu viel investiert zu haben.

Die Persönlichkeit, die ein Chatbot verkörpert, hat großen Einfluss darauf, wie er wahrgenommen wird, wie die Interaktion im Chat verläuft und ob sie letztlich aus Sicht der Nutzenden erfolgreich ist. Das Erarbeiten der Chatbot-Skizze ist der ideale Zeitpunkt, um die Persönlichkeit Ihres Chatbots herauszuarbeiten. Die Entscheidungen, die Sie diesbezüglich treffen, helfen nicht nur Ihrer Zielgruppe in der Anwendung, sondern

Abb. 4.1 Aufgaben im dritten Schritt der Chatbot-Entwicklung

auch Ihnen in den späteren Phasen des Conversation Design und tragen Sie gleichsam durch den Entwicklungsprozess.

Sie modellieren außerdem auf der Basis der Use-Case-Beschreibung die Konversation mit den wichtigsten Gesprächssträngen, den Hauptpfaden. Eine Umsetzung als Proof of Concept direkt im Chatbot-Tool oder eine Visualisierung als Mockup erweckt Ihr erstes Dialogmodell zum Leben und erlaubt es Ihnen und Ihren Stakeholdern zu beurteilen, ob Sie auf dem richtigen Weg sind. In vielen Fällen erfolgt zu diesem Zeitpunkt auch noch einmal eine formale Freigabe durch die Auftraggeber.

4.2 Der Gesprächstyp

4.2.1 Aufgabenorientierung und Themenorientierung

Am weitesten verbreitet, vor allem im beruflichen Kontext, sind aufgabenorientierte Chatbots, „task-led conversational agents". Ein aufgabenorientierter Chatbot erfüllt möglichst effizient eine bestimmte Funktion für die Nutzenden, das Gespräch ist ausschließlich Mittel zum Zweck. Es ist entscheidend, dass er schnell und sicher zum Ziel kommt. Deshalb lässt sich ein aufgabenorientierter Chatbot auf Abschweifungen nicht ein, sondern führt unbeirrt immer wieder zum Ausgangsthema beziehungsweise auf den Pfad der Zielerreichung zurück.

In der großen Gruppe der aufgabenorientierten Chatbots wiederum werden auftragsorientierte von auskunftsorientierten Chatbots unterschieden. Erstere erledigen einen Auftrag, letztere erteilen eine Auskunft.

4.2 Der Gesprächstyp

Die zweite Chatbot-Gruppe sind die themenorientierten oder „topic-led" Chatbots. Mit ihnen unterhalten sich die Nutzerinnen und Nutzer über ein oder mehrere Themen im Rahmen eines Fachgesprächs, eines Tutorials oder einer Diskussion. Auch ein reiner Smalltalk-Chatbot gehört zur Gruppe der themenorientierten Conversational Agents, mit dem Unterschied, dass er mehr thematische Breite als Tiefe beherrscht.

▶ **Definition** Chatbots, die Aufgaben erledigen, wie zum Beispiel einen Termin vereinbaren, eine Pizza bestellen, eine Auskunft geben, einen Flug buchen, werden als „task-led" bezeichnet. Sie erbringen einen aufgabenorientierten Conversational Service.

Im Unterschied dazu hat sich für Chatbots, mit denen sich die Nutzenden über ein Thema unterhalten, der Ausdruck „topic-led" beziehungsweise themenorientiert etabliert. Mögliche Ziele dieser Konversationen sind das Erlernen eines Fachgebiets, das Einholen einer Einschätzung oder Expertise, eine Beratung.

Aufgabenorientierte Chatbots benötigen meist nur einen zentralen Gesprächsstrang, den sogenannten Hauptpfad, der zum Ziel der Konversation führt, entsprechend dem Schema in Abb. 4.2. Wenn die Aufgabe komplexer ist, kann es auch Verzweigungen geben; diese Verzweigungen führen jedoch immer zum Hauptpfad zurück. Diese Dialogstruktur ist für alle aufgabenorientierten Chatbots charakteristisch, sowohl für auftrags- als auch für auskunftsorientierte Conversational Services. Die Struktur des Hauptpfades ist bei den auskunftsorientierten Conversational Services nur einfacher, und er ist meistens auch kürzer.

Bei themenorientierten Chatbots ist dagegen der Hauptpfad bei einer Baumstruktur des Gesprächs üblicherweise stark verzweigt, und die Verzweigungen führen auch nicht zwingend zum Hauptpfad zurück, sondern haben eigene End- oder Zielpunkte. Auch Netzstrukturen sind üblich sowie Strukturen mit mehreren gleichrangigen Hauptpfaden, die über Suchbegriffe und Freitexteingaben der Nutzenden „aufgerufen" oder über entsprechende Verteilpunkte erreicht werden. Insbesondere bei mehreren Hauptpfaden gibt es nicht einen einzigen Zielpunkt, sondern mehrere Ziel- beziehungsweise Ausstiegspunkte, die sinnvollerweise vorgesehen sind, so wie in dem Diagramm in Abb. 4.3.

In Tab. 4.1 sind die drei Gesprächstypen anhand der wichtigsten Merkmale vergleichend gegenübergestellt.

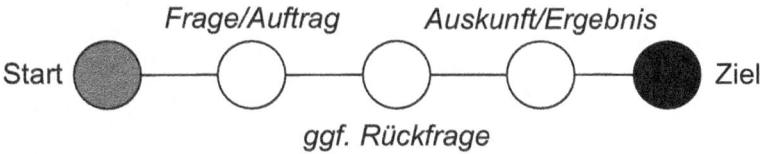

Abb. 4.2 Pfadstruktur eines einfachen aufgabenorientierten Chatbot-Dialogs

Abb. 4.3 Pfadstruktur eines themenorientierten Chatbot-Dialogs

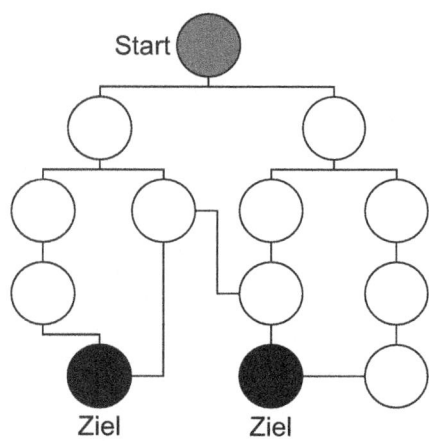

Tab. 4.1 Gesprächstypen von Chatbots und ihre Merkmale

Merkmal	Task-led Auftrag	Task-led Auskunft	Topic-led
Gesprächsstruktur	Ein Hauptpfad, eventuell mit Schleifen	Ein Hauptpfad	Mehrere gleich wichtige Pfade
Länge des Hauptpfades	Abhängig von der Komplexität des Auftrags, typisch sind mehrere Abschnitte	Kurz, typisch ist ein Abschnitt, also eine Eingabe (= Frage) und eine Ausgabe (= Auskunft des Chatbots)	Abhängig von der Komplexität des Themas und der das Thema erfassenden Dialogvarianten, typisch sind komplexere Strukturen
Typische Dauer einer Konversation	2–15 min	1–3 min	15–30 min und mehr; auch länger in verschiedenen Sessions
Anzahl der idealtypischen Ausstiegspunkte	1 (= Zielpunkt der Konversation)	1 (= Zielpunkt der Konversation)	Mehrere, zum Beispiel abhängig von der Anzahl der Themenstränge
Beenden des Gesprächs vor Erreichen des regulären Zielpunkts	Nicht üblich, denn der Auftrag soll ja erledigt werden	Nicht üblich, denn die Auskunft soll ja erteilt werden	Üblich, denn im Dialog mit dem Chatbot erschließt sich das Thema oder Fachgebiet
Reguläre Endebedingung	Der Chatbot hat den Auftrag erledigt	Der Chatbot hat die Auskunft erteilt	Der Chatbot weiß nichts mehr oder der Nutzer hat keinen weiteren Gesprächsbedarf

4.2.2 Task-led-Variante: Einen Auftrag erledigen

Aufgabenorientierte Chatbots, die sehr effizient Aufträge erledigen, beherrschen kommunikativ überwiegend rein funktionale pragmatische Dialoge. Ihnen liegt in der Regel ein einfaches Dialogmuster zugrunde: Eine Benutzerin gibt dem Chatbot einen Auftrag; der Chatbot stellt Rückfragen, um sicherzugehen, dass er alle Informationen hat, die er für die Erfüllung des Auftrags benötigt; dann erledigt er den Auftrag und teilt das Ergebnis mit. Ein typischer Auftrag sind Buchungen, wie sie beispielsweise der Chatbot von A&O Hostels anbietet (Abb. 4.4).

Mit der Zieldefinition und spätestens in der Use-Case-Beschreibung aus dem ersten Schritt der Chatbot-Entwicklung ist klar, ob es bei dem Conversational Service um einen Auftrag oder eine Auskunft geht oder eine Kombination davon.

Wenn Ihr Use Case beispielsweise darin besteht, dass Ihre Zielgruppe mithilfe des Chatbots ein Hotelzimmer bucht, ist der Auftrag, den der Chatbot erledigen soll, die Buchung des Zimmers im Buchungssystem des Hotels. Dafür benötigt er bestimmte Informationen wie zum Beispiel das Datum von An- und Abreise, die Anzahl der Gäste, den Preisrahmen, den gewünschten Zimmertyp, zusätzliche Leistungen wie Transferdienste vom Bahnhof zum Hotel. Im Dialog geht es dann vor allem darum, diese Parameter vollständig und effizient abzufragen und im Anschluss die gewünschte Buchung vorzunehmen.

Abb. 4.4 Auftragsorientierter Dialog: Zimmerbuchung (A&O Hostels)

Auch Reklamationen und Supportanfragen, bei denen der Chatbot den Reklamations- oder Supportfall erfassen und an ein Ticketsystem oder an ein menschliches Team weiterleiten soll, sind Beispiele für auftragsorientierte Chatbots. Bei diesen Use Cases holt der Chatbot die Nutzerin oder den Nutzer an einer bestimmten Stelle in einem Prozess oder Workflow ab und übergibt nach der Erledigung der Aufgabe an der passenden Anschlussstelle an das Ticketsystem oder das menschliche Service- beziehungsweise Support-Team.

Zusammenfassung der Merkmale des auftragsorientierten Chatbots:

- Die Konversation umfasst einen Hauptpfad, eventuell mit Schleifen.
- Die genaue Pfadstruktur und die Sequenzmuster sind abhängig von der Komplexität der Aufgabe. Typischerweise lässt sich jedoch der Hauptpfad in mehrere Abschnitte gliedern, die deren Verzweigungen nach wenigen Schritten zurückführen zum Hauptpfad.
- Eine einzelne Chatbot-Session dauert je nach Komplexität des Auftrags ein wenige Minuten, Sessions von über 15 min sind selten.
- Abbruch und Wiederaufnahme des Gesprächs sind nicht üblich; Ziel des Gesprächs ist die vollständige Auftragserledigung.
- Das Gespräch endet demzufolge, wenn der Chatbot den Auftrag erledigt hat und keinen weiteren Auftrag erhält.

4.2.3 Task-led-Variante: Eine Auskunft geben

Auskunftsorientierte Chatbots sind ebenfalls aufgabenorientiert; ihre Aufgabe ist es, eine Auskunft zu geben. Ein auskunftsorientierter FAQ-Chatbot zum Beispiel hat meist eine sehr einfache Dialogstruktur: Man stellt eine Frage, er antwortet, die Aufgabe ist erledigt. Dazu kommen in der Regel noch eine Begrüßung sowie manchmal eine Aufforderung an die Nutzer:innen, weitere Fragen zu stellen („Gibt es noch etwas, das du wissen möchtest?"), und eine Verabschiedung, wenn diese negativ beantwortet wird. Der eigentliche Dialog jedoch besteht aus kurzen Frage-Antwort-Sequenzen. Solche kurzen Dialogsequenzen, die aus nur je einem Beitrag der Gesprächspartner bestehen, die sich unmittelbar aufeinander beziehen, nennt man auch Paarsequenzen. Ein typischer auskunftsorientierter FAQ-Chatbot ist beispielsweise Julie, ein Chatbot der amerikanischen Eisenbahngesellschaft Amtrak (Abb. 4.5).

Dieser Chatbot-Typ funktioniert meist wie ein simples Q&A-System. Die Initiative im Gespräch liegt fast vollständig bei den Nutzer:innen. Zu Schwierigkeiten kommt es, wenn ihnen nicht wirklich klar ist, worüber genau der Chatbot Auskünfte erteilt. Gibt der Chatbot auf die ersten zwei, drei Fragen keine oder keine guten Antworten, ist es unwahrscheinlich, dass sein Service erneut genutzt wird.

4.2 Der Gesprächstyp

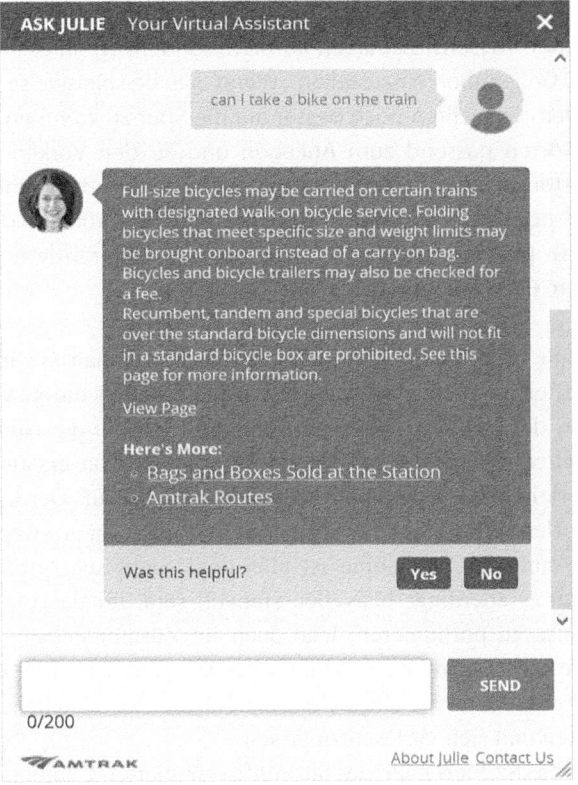

Abb. 4.5 Auskunftsorientierten Dialog: „Ask Julie" (Amtrak)

▷ **Tipp** FAQ-Bots stehen gewissermaßen an der Grenze zwischen auskunftsorientierten und themenorientierten Chatbots. Selbst wenn sie auf eine Anfrage lediglich eine Auswahl von Links auf bestehende Hilfeseiten oder sonstige Ressourcen präsentieren, bieten bereits gegenüber reinen FAQ-Listen eine deutlich verbesserte Nutzungserfahrung. Zum einen ist der Bot bequemer im Zugang: Anstatt dass sich die Benutzer durch eine Liste vorformulierter Fragen arbeiten müssen, um diejenige zu finden, die am ehesten zu ihrem Anliegen passt, stellen sie einfach ihre Frage in ihren eigenen Worten. Zum anderen ermöglicht die Interaktion des Chatbots, weiteren Nutzen zu bieten. Beispielsweise, wenn der Chatbot Feedback einholt, wie passend die Vorschläge waren, um damit im Laufe der Zeit die Qualität der Antworten verbessern. Oder wenn er mithilfe seiner Persönlichkeit und einem „menschelnden" Kommunikationsverhalten die Suche vergnüglicher gestaltet. Oder wenn er einen vereinheitlichten Zugriff auf unterschiedliche, in verschiedenen Systemen verteilte Wissensressourcen ermöglicht.

Ihr volles Potenzial erschließen FAQ-Bots jedoch erst, wenn sie nicht einfach bestehende Wissensressourcen abrufen, sondern wenn es ihnen gelingt, sich auf ihr Gegenüber einzustellen. Wenn sie beispielsweise Rückfragen stellen, um dem Gesuchten noch besser auf die Spur zu kommen. Oder wenn sie die Antworten passend zum Anliegen und zu den Vorkenntnissen des Nutzers neu formulieren (synthetisieren). Technisch ist das nicht unbedingt aufwendiger, aber es setzt voraus, dass die Inhalte textlich, didaktisch und kommunikativ passend aufbereitet werden und differenzierte Gesprächsstrategien zum Einsatz kommen.

Eine andere Variante sind Scroll-and-click-Chatbots, wie man sie im Kundensupport häufig findet. Nach einer Themenauswahl erteilt der Chatbot die gewünschte Auskunft in einem Monolog, der in kleine Häppchen unterteilt ist, die die Nutzenden mit Klick auf „ok" oder „weiter" nacheinander abrufen. In solchen Konversationen kommen per definitionem keinerlei Unklarheiten oder Missverständnisse auf. Der Chatbot übernimmt die Rolle eines Vorlesers oder einer Blättermaschine. Das kann zweckmäßig sein; der Vorteil gegenüber einer Suchmaschine ist allerdings nicht sehr groß. In didaktischen Anwendungen kann es allerdings bisweilen sinnvoll sein, Inhalte, die der Chatbot ausgibt, auf diese Weise zu portionieren. Und auch im Zusammenhang mit Voicebots ist dieses Vorgehen beachtenswert: Wenn Mitarbeitende unterwegs sind, ist der Scroll-and-click-Chatbot eine gute Methode, allein per gesprochener Sprache längere Informationen sukzessive abzurufen und sich vorlesen zu lassen.

Zusammenfassung der Merkmale des auskunftsorientierten Chatbots:

- Die Konversation umfasst einen Hauptpfad.
- Die Pfadstruktur besteht aus einem nicht weiter verzweigten Abschnitt, der typischerweise nicht mehr als eine einzige Paarsequenz (also Eingabe/Frage und Ausgabe/Auskunft des Chatbots) enthält.
- Eine einzelne Chatbot-Session ist mit 1–3 min sehr kurz.
- Abbruch und Wiederaufnahme des Gesprächs sind nicht üblich, da Gesprächsbeiträge nicht aufeinander aufbauen.
- Das Gespräch endet regulär, wenn der Chatbot die gewünschte Auskunft erteilt bzw. der Nutzer oder die Nutzerin keine weiteren Fragen mehr hat.

4.2.4 Topic-led: Themenorientierte Konversation

Im beruflichen Kontext sind Beratung, Coaching, Wissensvermittlung und Lernen typische Anwendungsfälle themenorientierter Chatbots. Mit ihrer Hilfe erschließen sich die Nutzenden im Dialog die jeweilige Domäne Schritt für Schritt. Zum Beispiel erläutert der Chatbot zunächst einen wichtigen Begriff, nennt im nächsten Schritt ein Anwendungsbeispiel und lädt dann die Nutzenden ein, selbst Beispiele zu finden.

4.2 Der Gesprächstyp

Der Extremfall themenorientierter Chatbots sind die sogenannten Chatterbots, zu denen der „Cleverbot" (Abb. 4.6) gehört. Diese entsprechen dem Urtyp der Chatbots, die dazu entwickelt wurden, den Turing-Test zu bestehen, was auch heute noch eine Herausforderung für Conversation Designer darstellt. Das Ziel von Chatterbots ist ein möglichst lang dauernder, überzeugender Smalltalk.

Bei aufgabenorientierten Chatbots ist die Effizienz der Konversation erfolgskritisch: Die Nutzenden wollen mithilfe des Chatbots eine Aktion durchführen oder eine Information erhalten, und das soll direkt, schnell und effizient geschehen. Hingegen geht es bei einem themenorientierten Chatbot nicht unbedingt darum, möglichst schnell und ohne Umwege das Ende eines Gesprächspfades zu erreichen. Viel wichtiger ist, das Gespräch so lange aufrecht zu erhalten, bis alles, was in diesem Zusammenhang inhaltlich wichtig ist, eine Chance hatte, zur Sprache zu kommen.

Das Verhalten eines themenorientierten Chatbots in der Unterhaltung ist demgemäß oft eher assoziativ, was nicht ausschließt, dass es einer oder mehreren spezifizierten Assoziationsketten folgt. Ein assoziativer Dialog wendet sich mal hierhin, mal dorthin, wobei nicht nur die Nutzer:innen abschweifen können, sondern auch der Chatbot. In manchen Kontexten ist die Fähigkeit des Chatbots, auf Abschweifungen versiert zu reagieren, sogar wesentlich für das Erreichen des eigentlichen Ziels, wie zum

Abb. 4.6 Themenorientierter Dialog: Smalltalk (Cleverbot)

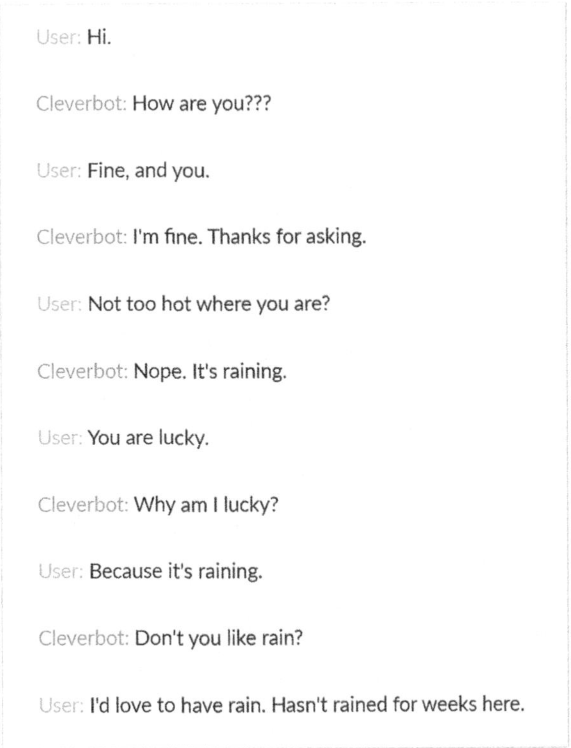

User: Hi.

Cleverbot: How are you???

User: Fine, and you.

Cleverbot: I'm fine. Thanks for asking.

User: Not too hot where you are?

Cleverbot: Nope. It's raining.

User: You are lucky.

Cleverbot: Why am I lucky?

User: Because it's raining.

Cleverbot: Don't you like rain?

User: I'd love to have rain. Hasn't rained for weeks here.

Beispiel bei Lernbots oder Coaching-Bots. Assoziative Gespräche sind allerdings im Conversation Design schwieriger zu handhaben, weil es in jedem Dialogschritt mehr Varianten gibt, auf die der Chatbot reagieren muss. Ein assoziativ vorgehender Chatbot braucht deshalb besonders gute Strategien, um divergente „Gesprächsfäden" wieder zusammenzuführen und auszurichten.

Effizienz in der Gesprächsführung und assoziative Gesprächsmuster schließen sich zwar nicht vollständig aus, erfordern jedoch recht verschiedene Gesprächsstrategien und -muster. Deshalb ist es wichtig, das primäre Gesprächsverhalten des Chatbots möglichst früh festzulegen, denn es hat großen Einfluss auf die spätere Modellierung des Ablaufs der Konversation. Dazu gehört auch die Frage, welche Sequenzstruktur die Konversation haben soll. Bei themenorientierten Chatbots hängt diese eng mit seiner Domänenkompetenz zusammen: Ein Chatbot mit tiefem Wissen kann dieses nur in längeren Sequenzen erschließen, während ein Chatbot mit breitem und flachem Wissen eher kurze Sequenzen benötigt. Erweiterte Sequenzen kommen zustande, indem der Chatbot gezielt nach jedem Dialogschritt weiterführende Gesprächsangebote macht. Auch die Übergänge zwischen verschiedenen Pfaden an Knotenpunkten und gezielte Pfadwechsel wollen gut überlegt sein.

Zusammenfassung der Merkmale des themenorientierten Chatbots:

- Die Konversation umfasst mehrere gleich wichtige Pfade.
- Die Pfadstruktur ist oft verzweigt und enthält unterschiedliche Sequenzmuster abhängig von der Komplexität des Themas und der das Thema erfassenden Dialogvarianten. Komplexere Strukturen sind typisch.
- Eine einzelne Chatbot-Session dauert 15–30 min und mehr. Ein Use Case kann mehrere Sessions mit einer Gesamtdauer der Konversation von ein bis drei Stunden erfordern.
- Abbruch und Wiederaufnahme des Gesprächs sind dementsprechend üblich, und es gibt auch mehrere reguläre Ausstiegspunkte, zum Beispiel abhängig von der Anzahl der Themenstränge.
- Das Gespräch endet regulär, wenn die Domäne des Chatbots erschöpft ist oder der Nutzer keinen weiteren Gesprächsbedarf hat.

4.2.5 Hybride Konversationen

Untersuchungen der letzten Jahre zur Nutzerzufriedenheit haben gezeigt, dass auch bei aufgabenorientierten Chatbots ein gewisser Anteil Themenorientierung die Zufriedenheit steigert. Dies erklärt den sich abzeichnenden Trend zu hybriden Modellierungen, also zu Chatbots, die aufgaben- und themenorientierte Gesprächsanteile kombinieren.

4.2 Der Gesprächstyp

> **Beispiel**
>
> Der Hotelbuchungs-Chatbot aus dem obigen Beispiel zum aufgabenorientierten Gesprächstyp sollte vermutlich nicht nur ein Zimmer buchen können, sondern auch in der Lage sein, nähere Informationen zu geben. Die Nutzenden wollen wissen, wie die Zimmer aussehen, welche Zimmer im Reisezeitraum überhaupt noch frei sind und welche Ausflugsziele sie zu Fuß erreichen können. Die Grenze zum themenorientierten Gesprächstyp ist hier fließend. Die Chatbot-Skizze zu diesem Use Case enthält also eine Kombination aus eher themen- und stärker aufgabenorientierten Gesprächsabschnitten. In Bezug auf die Konversation insgesamt überwiegt jedoch die Auftragsorientierung, denn das Ziel des Gesprächs ist das Erledigen der Buchung. ◄

Ein hybrid konzipierter Support-Bot beispielsweise löst nicht nur die aktuellen Probleme seiner Nutzer:innen, sondern bietet Informationen und Vertiefungen an, die das Verständnis für die zugrunde liegenden fachlichen Zusammenhänge verbessern helfen. Neben der höheren hedonischen Qualität des Dialogs führt ein solches Vorgehen auch dazu, dass mit der steigenden fachlichen Qualifikation der Nutzenden das Supportaufkommen sinkt. Ein Chatbot, mit dem die Nutzenden auf einem Buchungsportal Flüge buchen und der darüber hinaus auf Wunsch auch zielortspezifische Informationen zur Landeskunde oder über touristische Attraktionen liefert, verhält sich weniger wie eine nüchterne „Buchungssoftware" als wie ein freundlicher Mitarbeiter in einem Reisebüro. Die Service-Qualität ist höher und die Zufriedenheit der Nutzenden ebenfalls. In beiden Fällen arbeitet der Chatbot konsequent aufgabenorientiert und steuert die Problemlösung effizient an. Zusätzlich verfügt er jedoch über themenorientierte Gesprächspfade, die er auf Wunsch der Nutzenden in die Konversation einbettet.

Umgekehrt sind auch bei einem themenorientierten Chatbot Gesprächsabschnitte und -phasen vorstellbar, die aufgabenorientiert modelliert sind. Ein naheliegendes Beispiel: Am Ende der themenbezogenen Konversation mit einem Beratungs-Chatbot wird ein Gesprächstermin mit einem menschlichen Berater gebucht. Oder stellen Sie sich einen Lernbot vor, dessen Domäne die betriebswirtschaftlichen Zusammenhänge innerhalb einer Organisation abbildet. Die Fachinhalte werden praxisnäher und anschaulicher, wenn in bestimmten Gesprächsabschnitten die entsprechende ERP-Software auch genutzt wird, sei es im Echtbetrieb oder in einer Simulation. Im Conversation Design bauen Sie dafür auftragsorientierte Pfade in die Konversation ein, die Sie den jeweiligen Fachinhalten zuordnen. In beiden Beispielen erhöhen Sie die funktionale Qualität Ihres Chatbots.

Hybride Konversationen führen vor allem bei aufgabenorientierten Chatbots zu einem erweiterten Nutzen:

- Die Nutzenden erhalten wertvolle Informationen.
- Sie verstehen den Task besser.
- Chatbots, die zur Erkundung eines Themas einladen, wirken menschlicher und sympathischer als rein auskunfts- oder aufgabenorientierte.
- Die hedonische Qualität, der Unterhaltungswert, des Gesprächs steigt und damit der emotionale und ästhetische Nutzen durch mehr Freude am Gespräch.

Bei der Modellierung aufgabenorientierter Chatbots ist also mit Blick auf eine größere Nutzerzufriedenheit immer zu prüfen, ob und wie themenorientierte Gesprächsstränge in die Konversation eingebunden werden.

4.2.6 Gesprächssimulation und Storytelling

Künstliche Intelligenz simuliert intelligentes Verhalten in bestimmten Situationen. Je genauer die Situationen beschrieben und eingegrenzt sind, desto eher gelingt die Simulation. Das gilt auch für Chatbots, ganz gleich, welche Technologien zum Einsatz kommen. Die meisten Chatbots simulieren eine Kundenservice-Situation: Einen Anruf im Service-Center, einen kurzen Dialog am Infopoint, ein Beratungs- oder Verkaufsgespräch. Zu einem Gespräch gehört nicht nur das, was die Gesprächspartner einander mitteilen, sondern auch der Kontext, das Setting, in dem die Unterhaltung stattfindet. Das gilt für Gespräche zwischen Menschen in physischen und virtuellen Räumen genauso wie für die Konversation mit einem Chatbot. Gesprächskontexte sind sehr unterschiedlich und entsprechend vielfältig sind die zugehörigen Settings. Das reicht von einem kurzen Treffen am Kopierer über die Unterhaltung beim Essen in der Kantine und das Telefonat im Fernzug bis zur digitalen Konferenz im Home-Office und dem Workshop in einer attraktiven Location.

Mit der bewussten Gestaltung des Gesprächskontexts beeinflussen Sie die Atmosphäre, die Stimmung der beteiligten Personen und indirekt auch den Verlauf der Unterhaltung. Das ist bei einem Gespräch mit einem Chatbot nicht anders. Wenn Sie also darauf verzichten, das Setting des Chatbot-Dialogs aktiv zu gestalten, verzichten Sie gleichzeitig auf eine einfache Methode, die funktionale und vor allem die hedonische Qualität zu verbessern.

Vielleicht ist Ihr Conversational Service Agent selbst gerade unterwegs zu einem Kundengespräch und gibt kollegiale Tipps. Ein digitaler Coach macht als guter Kumpel seinen Job. Die Chatbot-Tutorin geht zusammen mit der Nutzerin auf Entdeckungsreise durch den zu erarbeitenden Stoff. Das kommt Ihnen zu künstlich vor? Wenn Sie eine Hotline anrufen, landen Sie zwar vermutlich in einem Callcenter, zumindest in der Warteschleife, doch wo dieses Callcenter und der konkrete Callcenter-Mitarbeiter situiert sind, wissen Sie nicht. Während Sie die Hintergrundmusik der Warteschleife hören, stellen Sie sich das Unternehmen vor, während des Gesprächs mit dem Callcenter-Mitarbeiter rufen dessen Stimme und die umgebenden Geräusche Assoziationen zum Aussehen der Person und des Raumes hervor. Mehr oder weniger bewusst imaginieren Sie einen Gesprächskontext – auch im realen Kundengespräch gibt es also fiktive Elemente und das können Sie sich bei der Gestaltung des Chatbot-Dialogs zu Nutze machen.

Die fiktionalen Elemente der Chatbot-Konversation bieten zahlreiche Optionen für Conversational User Experiences mit hoher hedonischer Qualität. Vor allem, wenn es darum geht, eine Beziehung zu den Nutzern und Nutzerinnen aufzubauen, öffnet eine spezifische Gesprächsfiktion Ihnen und damit dem Chatbot mehr gestalterischen und

4.2 Der Gesprächstyp

kommunikativen Spielraum. Ein kreatives Setting beeinflusst beispielsweise bei Lernanwendungen den Lernerfolg positiv, spielt bei der Markenpflege eine große Rolle und macht jeden Chatbot-Dialog interessanter.

Das fiktive Setting einer Konversation umfasst im Wesentlichen vier Parameter:

- Die imaginierte Zeit, in der das Gespräch stattfindet – das kann die Realzeit sein, muss es aber nicht
- Der imaginierte Ort, an dem sich Chatbot und Gegenüber treffen – im Unterschied zum realen Ort, an dem sich die Nutzenden gerade aufhalten
- Die Persönlichkeit des Chatbots
- Die Rolle, die der Chatbot seinem Gegenüber zuschreibt

Die Chatbot-Skizze ist ein guter Ort, um Ideen für das fiktive Setting zu sammeln und die zum Use Case passende Idee auszuwählen und weiter zu entwickeln. Insgesamt beeinflussen Sie mit dem fiktiven Setting den Grad der Einbindung, des Involviert-Seins bis hin zum vollständigen Eintauchen des Nutzers oder der Nutzerin in das Gespräch.

▶ **Tipp** Um das richtige Setting finden, überlegen Sie zunächst, in welcher Gesprächssituation sich das Ziel des Dialogs unter Menschen am ehesten erreichen lässt. Vielleicht ist es tatsächlich ein typischer Servicedialog am Counter oder in der Hotline; vielleicht ist es eher ein Gespräch unter Freunden im Biergarten.

Lassen Sie dann Ihrer Phantasie freien Lauf und überlegen Sie, ob ein Rundgang im Museum mit einem Mitglied des Ausstellungsteams, die Erkundung eines Gebäudes, ein Tauchgang in einem Korallenriff, eine Unterhaltung beim Mittagessen in der Kantine das passende Setting für Ihren Chatbot bildet. Vielleicht ist Ihr Chatbot ist aber auch der digitale Kollege, der (abhängig vom Setting ganz souverän oder schon leicht verzweifelt) im Service-Team die Stellung hält, während alle anderen Leitungen besetzt sind.

Die fiktive Gesprächssituation zu gestalten, bedeutet letztlich, den Dialog als Ganzes und die einzelnen Schritte mit Storytelling zu verbinden. Was heißt das konkret? Wenn Sie die wesentlichen Inhalte und Abläufe identifiziert haben, fragen Sie einfach: Welche Geschichte lässt sich mit ihnen erzählen? Das kann eine kurze Story mit wenigen Elementen sein oder eine ganze fiktive Welt, in die Ihre Zielgruppe eintaucht. Die Kunst besteht darin, die Geschichte so zu wählen und so zu erzählen, dass die Nutzerin das damit verbundene Gesprächsangebot als perfekte Möglichkeit, ihr Ziel zu erreichen, akzeptiert. Dieses Sich-Einlassen auf die jeweilige Fiktion ist Grundvoraussetzung dafür, dass der Dialog überhaupt zustande kommt. Im weiteren Gesprächsverlauf muss sich der Chatbot daran messen lassen, ob er eine stimmige Erfahrung bietet – auf Grundlage des eingangs eröffneten Angebots beziehungsweise Versprechens. Das lässt sich durchaus mit dem Lesen eines Romans oder einer Geschichte vergleichen: Was darin erzählt wird, akzeptiert man als Leser:in als „wirklich" und wahr, auch wenn man weiß, dass es in der realen Welt so nie stattgefunden hat, solange die Geschichte in sich stimmig ist und gut erzählt.

Unabhängig davon, bis zu welchem Grad Sie das fiktive Setting ausarbeiten: In jedem Fall lassen sich die Nutzer:innen auf eine Fiktion ein, die Fiktion eines Gesprächs in einer bestimmten Situation. Andererseits ist das ausschlaggebende Merkmal eines Chatbots seine Nützlichkeit. Und damit sind wiederum eng verbunden die Zuverlässigkeit und Effizienz der Kommunikation. Ist es da nicht ein Widerspruch, Storytelling wie zum Beispiel bei der Gestaltung des fiktiven Settings ins Spiel zu bringen?

Keineswegs. Es stimmt, Nützlichkeit misst sich zunächst einmal an dem Ziel, dass erreicht werden soll. Aber Nützlichkeit ist keine eindimensionale Sache. Vom Service-Chatbot erwarten die Nutzenden, dass er möglichst schnell ihr akutes Problem löst. Eine Figur, die Hilfsbereitschaft und freundliche Effizienz verkörpert in einer entspannenden fiktiven Umgebung, was zum Beispiel durch die Farbgebung im Chatfenster beeinflusst wird, ist hierfür perfekt. Ohne Storytelling und die gezielte Gestaltung des fiktiven Dialogkontexts ist das nicht zu erreichen. Bei komplexeren Inhalten und Tasks ist es entscheidend, den Dialog solange aufrecht zu erhalten, bis die Nutzenden alle wesentlichen Inhalte erkundet beziehungsweise die für die Erledigung der Aufgabe notwendigen Schritte durchlaufen haben. Auch dabei kann ein angemessenes fiktives Setting mit der passenden Chatbot-Persönlichkeit sehr unterstützen.

4.3 Die Persönlichkeit des Chatbots

4.3.1 Persönlichkeit schafft Vertrauen

Warum braucht der Chatbot eine Persönlichkeit? Weil die Nutzer:innen ihm auf jeden Fall eine zuschreiben!

Wir Menschen neigen dazu, Dinge in ihrer Umgebung mit menschlichen Zügen zu versehen. Dieses Phänomen des Anthropomorphismus macht vor modernen Technologien nicht halt. Wir legen im Umgang mit Maschinen ähnliche soziale Normen an den Tag wie im Umgang mit anderen Menschen und behandeln beispielsweise Computer wie soziale Akteure gemäß dem CASA-Paradigma: „computers are social actors".

Dies passiert besonders dann, wenn die Maschine beziehungsweise die Software menschenähnliche soziale Signale sendet. Dass Chatbots in „normaler" Sprache kommunizieren, ist ein solches Signal und noch dazu ein sehr starkes. In der Interaktion mit Chatbots wirkt also das CASA-Paradigma sehr stark, und es führt zu Enttäuschung, wenn der Chatbot den damit verbundenen Erwartungen nicht entspricht. Der Anthropomorphismus zeigt sich unter anderem darin, dass der Großteil der Chatbot-Nutzer:innen in der Interaktion mit dem Chatbot ganze Sätze benutzen, wie im Chat mit einem anderen Menschen.

4.3 Die Persönlichkeit des Chatbots

Der Anthropomorphismus sorgt auch dafür, dass die Nutzer:innen auf jeden Fall eine Persönlichkeit ihres Gegenübers, in diesem Fall also des Chatbots, konstruieren. Um diese Konstruktion nicht dem Zufall zu überlassen und vielleicht sogar unerwünschte Effekte hervorzurufen, steuern Sie lieber die Konstruktion, ihre Konsistenz und Angemessenheit in Bezug auf Anwendungsfall und Kontext, indem Sie die Persönlichkeit des Chatbots entsprechend gestalten. Es kommt ein weiterer Aspekt hinzu: Die Persönlichkeit Ihres Chatbots beeinflusst nicht nur die Nutzenden, sondern auch die Texter und Autorinnen, die die Chatbot-Äußerungen verfassen. Ohne definierte Persönlichkeit entsteht ein Chatbot, der mal mehr und mal weniger ernst ist, mal mehr und mal weniger kurz angebunden, mal mehr und mal weniger anschaulich erklärt – je nachdem, welche Person aus dem Conversation-Design-Team welchen Abschnitt geschrieben hat und wie die Tagesform des jeweiligen Texters beziehungsweise der Autorin gerade war. So ein Chatbot wirkt sprunghaft, irritierend, möglicherweise sogar wirr.

Erwiesenermaßen werden konsistent agierende, berechenbare Chatbots als vertrauenswürdiger wahrgenommen als unberechenbare, inkonsistente Chatbots. Zutrauen in eine Technologie ist aber notwendig, wenn sie regelmäßig genutzt werden soll, und wegen des CASA-Paradigmas schließen Nutzer:innen von der Vertrauenswürdigkeit der wahrgenommenen Persönlichkeit auf die der Technologie.

Wie sehr Menschen bereit sind, Vertrauen zu ihrem Gegenüber zu entwickeln, hängt auch von der sozialen Präsenz dieses Gegenübers ab. Soziale Präsenz beschreibt, wie stark Menschen die Anwesenheit der anderen Person beziehungsweise den Kontakt zu anderen in der Interaktion erleben. Am stärksten ist die soziale Präsenz, wenig überraschend, in der direkten, persönlichen Face-to-Face-Kommunikation. Sie ist stärker in Gesprächen, in denen die Beteiligten Empathie und Anteilnahme erleben, und schwächer, wenn sie das Gefühl haben, der andere höre ihnen gar nicht zu.

Menschenähnliche Kommunikations- und Beziehungssignale, die der Chatbot sendet, verstärken deshalb nicht nur den Anthropomorphismus, sondern auch die soziale Präsenz. Diese wiederum erhöht die Bereitschaft der Nutzer:innen, Vertrauen zum Chatbot zu entwickeln – zu ihm als Gesprächspartner und Gegenüber, aber auch zu der Technologie.

▶ **Tipp** Wegen der geringeren sozialen Präsenz technischer Systeme im Vergleich mit persönlichen Kontakten sind Menschen erst einmal weniger aufgeschlossen für die Interaktion mit einem Chatbot als mit einem menschlichen Ansprechpartner zum Beispiel in einem Live-Chat.

Manche Chatbots tarnen sich deshalb als Live-Chat und lassen die Nutzer:innen im Unklaren darüber, dass sie es mit einem Chatbot zu tun haben, in der Hoffnung, auf diese Weise mehr Nutzer:innen dazu zu bringen, in den Dialog einzusteigen. Dieses Vorgehen ist nicht zu empfehlen. Sie werden damit vielleicht höhere Nutzungszahlen erhalten, aber es ist unwahrscheinlich, dass Sie eine höhere Zahl erfolgreicher Interaktionen mit dem Chatbot erzielen, im Gegenteil!

Menschen haben höhere Erwartungen an das Gesprächsvermögen ihres Gegenübers im Chat, wenn sie davon ausgehen, dass es ein Mensch ist. Frust und Ärger, wenn das Gespräch in einer Sackgasse endet, sind dann vorprogrammiert. Außerdem fühlen sich Nutzer:innen hinters Licht geführt, wenn sie erst verspätet begreifen, dass sie mit einem Chatbot gesprochen haben. All dies wird sich auf das Vertrauen in die Technologie, aber auch in Sie als Anbieter auf Dauer negativ auswirken.

4.3.2 Frage an Chatbot: „Wer bist du und wenn ja, wie einzigartig?"

Wenn Sie die Persönlichkeit des Chatbots bewusst gestalten, gewinnen Sie mehr als nur seine Vertrauenswürdigkeit. Sie schaffen eine Figur, zu der sich eine Beziehung entwickelt, gewinnen Spielraum für Raum- und Rollenüberschreitungen und für ein Storytelling, das beide Dialogpartner in eine gemeinsame Geschichte hineinzieht.

Wenn den Nutzenden klar ist, dass sie es mit einem Chatbot zu tun haben und nicht mit einem Menschen, lassen sie sich mit der Konversation auf eine Fiktion ein, und zwar eine Fiktion, in der ihr Anliegen gelöst wird. Der Chatbot muss auf eine Art überzeugen wie andere fiktionale Figuren auch, so zum Beispiel Romanfiguren, Darsteller in einer Serie oder einem Comic.

Die Herausforderung besteht also darin, eine Figur zu modellieren, die den vielen verschiedenen Nutzenden gleichermaßen vertrauenswürdig und für die jeweilige Aufgabe geeignet erscheint. Ein systematisches Vorgehen hilft dabei, die Persönlichkeit des Chatbots angemessen in Bezug auf den Use Case zu gestalten und die relevanten Faktoren zu berücksichtigen.

Dafür vergegenwärtigen Sie sich am besten zunächst noch einmal die Ziele, wie sie sich aus dem Anwendungsfall ergeben, und leiten daraus die übergreifenden Ziele des Gesprächs mit dem Chatbot ab. Je nach Use Case sind das zum Beispiel:

- Effizienz
- Vertrauenswürdigkeit
- Präzision
- Entspannung
- Identifikation mit der Marke
- Flexibilität

Beispiel

Ergebnisse aus einem Forschungsprojekt sollten für Mitarbeitende aus sehr unterschiedlichen Organisationen nutzbar gemacht werden. Die größte Schwierigkeit ergab sich jedoch nicht aus der Heterogenität der Zielgruppe, sondern daraus, dass

4.3 Die Persönlichkeit des Chatbots

sie grundsätzlich sehr erfahren und kompetent in ihren Arbeitsbereichen war. Die Forschungsergebnisse hatten jedoch gezeigt, dass es dabei ausgeprägte blinde Flecken gab, und diese sollte der Chatbot adressieren.

Ein FAQ-Bot kam daher nicht in Frage – schließlich sollte der Chatbot Wissen zu genau den Punkten vermitteln, zu denen die Zielgruppen überhaupt nicht in den Sinn käme, Fragen zu stellen. Ein Chatbot, der mehr oder weniger ungefragt irgendwelche Tipps gibt, ist aber aus Sicht der Gruppe vor allem ein Rechthaber, der zwar meint, alles besser zu wissen, aber an der betreffenden Situation nicht beteiligt war, also nicht wirklich Ahnung hat, und schon gar nicht für irgendetwas jemals zur Verantwortung gezogen wird. Er muss jedoch ein Sympathieträger sein, damit die Zielgruppen ihn akzeptieren. Gleichzeitig muss er für alle Zielgruppen gleichermaßen als Ansprechpartner geeignet sein, kann also nicht zu einer der beteiligten Organisationen gehören.

Die Lösung: Der Chatbot ist eine Eule namens Wilma (Abb. 4.7). Als Eule symbolisiert sie Klugheit und Weisheit, steht zugleich außerhalb menschlicher Organisationen und Maßstäbe, kann überall hinfliegen und überall dabei sein und betrachtet die Dinge aus der Vogelperspektive. Außerdem sieht und hört Wilma sehr gut, hat ein gutes Gedächtnis und darf ab und zu ein bisschen kauzig sein. Ein comicartiger Avatar betont den spielerischen Aspekt der Chatbot-Persönlichkeit. ◄

Eine weitere grundsätzliche Frage in Bezug auf die Persönlichkeit ist die, wie unverwechselbar und einzigartig Ihr Chatbot sein soll. Ein Stück weit ergibt sich der Grad der Unverwechselbarkeit daraus, wie Sie Chatbot-Persona, Charakter, Repräsentation und Name ausgestalten. Werden in einer Organisation mehrere Chatbots für unterschiedliche Bereiche und Anwendungsfälle eingesetzt, weisen zwar alle Chatbots gemeinsame Züge der Unternehmens- und Markenpersönlichkeit auf, sind zugleich jedoch gut unterscheidbar, um Verwechslungen zu vermeiden. Wenn in einer Branche bereits viele Unternehmen Chatbots im Service oder beim Online-Shopping nutzen, ist es wichtig, dass diese Chatbots als individuelle Persönlichkeiten wahrgenommen werden und die jeweilige Marke möglichst gut repräsentieren.

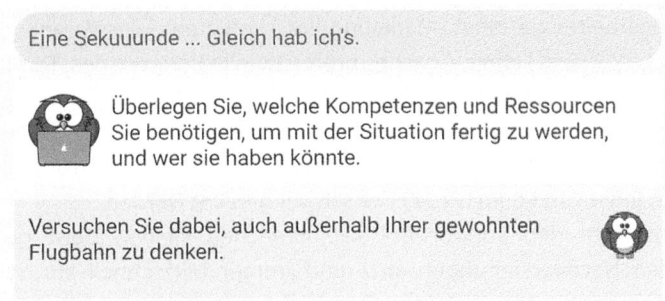

Abb. 4.7 Eine kauzige Persönlichkeit: Chatbot Wilma (time4you)

Die Persönlichkeit eines Chatbots bewegt sich immer auf einer Skala von mehr oder weniger Einzigartigkeit. Beim äußeren Erscheinungsbild ist das offensichtlich: Wenn Ihr Chatbot als Roboter auftritt, können Sie diesen Roboter in Ihren spezifischen Firmenfarben und mit einer individuellen Figur und individuellen Gesichtszügen gestalten. Alternativ laden Sie sich aus einer Bild-Datenbank eine Stock-Illustration eines Roboters herunter und verwenden dieses Bild. Der Gestaltungsaufwand ist wesentlich geringer, die Chance, dass Ihr Chatbot als einzigartig wahrgenommen und erinnert wird, ebenfalls. Der Grad der Unterscheidbarkeit eines Chatbots spiegelt sich auch in seiner Sprache, den in der Sprache ausgedrückten Charaktereigenschaften und in seiner Persona.

In diesem Spektrum gibt es keine per se richtige Entscheidung, also zum Beispiel für eine möglichst große Unverwechselbarkeit. Jede Option, jeder Grad von Unterscheidbarkeit ist richtig, sofern die gewählte Konstellation zum Use Case und zur Persönlichkeit des Chatbots passt.

4.3.3 Die Chatbot-Persona

Die Persona der Zielgruppe ist eine Sammlung von Attributen, die für die jeweilige soziale Rolle charakteristisch sind und auf statistischen Daten über die Zielgruppe beruhen. Um die Chatbot-Persona zu beschreiben, ist der Blick zurück auf die Persona-Definitionen der Zielgruppe nützlich, um für den Chatbot eine Persona zu entwickeln, die zu diesen User-Personas passt. Versetzen Sie sich dafür zunächst in Ihre Zielgruppe:

- Welcher Chatbot-Persona würde Ihre Zielgruppe ihr Anliegen am ehesten anvertrauen?
- Welcher begegnet sie mit Offenheit und Interesse?
- In welcher Beziehung steht Ihre Zielgruppe zu dieser Persona?
- Und überlegen Sie auch umgekehrt: Welche User-Persona wäre die „Idealbesetzung" für den Job, den der Chatbot erfüllen muss?
- Wer in Ihrer Organisation verkörpert womöglich diese Persona?

▶ **Tipp** Werden Sie kreativ! Support- und FAQ-Bots beispielsweise werden oft als Service-Mitarbeiter gestaltet, Marketing-Bots kopieren Sales-Verantwortliche, Lernbots verkörpern Lehrer, Coaches professionelle Beraterinnen. Das ist nicht nur wenig originell und innovativ, sondern nimmt Ihnen auch Gestaltungsspielraum bei der Dialogführung. Denn umso mehr werden die Nutzer:innen als Maßstab an den Chatbot ein Gespräch mit einem entsprechenden Menschen legen, und dem wird er nur schwer gerecht werden.

Warum nicht den Support-Bot als hilfreichen kleinen Geist gestalten, der in den Netzwerkleitungen sitzt und immer blitzschnell zur Stelle ist, wo er gebraucht wird? Oder den Coach als gute Bekannte, die immer ein offenes Ohr hat, und den Lernbot als ahnungslosen Praktikanten, der die

4.3 Die Persönlichkeit des Chatbots

Informationen auch erst einmal zusammensuchen muss? Solche Chatbots kommen ihrem eigentlichen Arbeitsauftrag genauso gut nach wie die naheliegendere Variante – ermöglichen Ihnen aber gleichzeitig, mit ihren Grenzen und den technischen Einschränkungen charmanter umzugehen.

Wie bei der Beschreibung der User-Persona arbeiten Conversation-Design-Teams oft mit Listen, Tabellen, Fragebögen und Canvases, um die Chatbot-Persona zu entwickeln. Im Abgleich mit der User-Persona der Zielgruppe sind bei der Chatbot-Persona folgende Fragen hilfreich:

- In welchen Punkten ähnelt der Chatbot den Zielgruppen? In welchen ergänzt er sie?
- Was sind relevante demografische Merkmale (Alter, Familienstand, Wohnort, …)?
- Welchen Bildungsstand und Beruf hat er? Was ist seine Funktion im Anwendungskontext? Welche Stellung hat er in Ihrer Organisation?
- Welche Haltung gegenüber seinem Job nimmt er ein? In welcher Rolle sieht und präsentiert er sich? Welche soziale Rolle nimmt er ein? Ist er zum Beispiel eher sachlicher Profi, kumpelhafter Helfer, familienfreundlicher Spaßmacher, zuvorkommender Dienstleister?
- Wie stark spiegelt der Chatbot die Markenpersönlichkeit, wie unabhängig von der Marke ist er?
- In welchem Verhältnis steht der Chatbot zu den Nutzenden? Verändert sich das Verhältnis über die Nutzungszeit und wenn ja: wie?

Aber verzetteln Sie sich nicht. Es ist nicht nötig, einen umfassenden Lebenslauf für den Chatbot zu schreiben, auch wenn das durchaus Spaß machen kann. Entscheidend ist das, was für seine Arbeit, also den Use Case, relevant ist. Stellen Sie sich den Chatbot als Bewerber vor: Was Sie von einem Bewerber erfahren möchten, um entscheiden zu können, ob er für einen Job geeignet ist und in Ihre Organisation passt, das ist in etwa auch das, was Sie über den Chatbot wissen sollten.

Relevante Persona-Merkmale eines Conversational-Support- und Learning-Chatbots zu IT-Themen zeigt auszugsweise Tab. 4.2.

Tab. 4.2 Persona-Steckbrief für einen Chatbot (Auszug)

Merkmal	Beschreibung
Alter	32
Ausbildung	Studium Wirtschaftsinformatik
Arbeitsbereich	Interne Beratung und Support in der IT/EDV-Abteilung
Rolle	Teammitglied/Consultant
Einstellung zum Thema	Fasziniert von neuen Technologien und ihren Anwendungsmöglichkeiten

4.3.4 Der Charakter des Chatbots

Während die Chatbot-Persona die soziale Rolle beschreibt, geht es beim Charakter des Chatbots um die Merkmale, die für Selbstäußerung und Interaktion relevant sind. Wenn Sie einen Chatbot als guten Kumpel oder Kollegen konzipieren, ist damit zwar sein Verhältnis zu den Nutzer:innen beschrieben, aber noch lange nicht, wie er dieses ausfüllt und gestaltet. Ist er ein gemütlicher Zeitgenosse, der immer einen passenden Spruch auf Lager hat? Oder eher der Typ „nachdenklicher Philosoph"? Gibt er Tipps oder stellt er lieber Fragen? Wie viel Humor zeigt er, wie viel Empathie?

Der Charakter trägt sehr dazu bei, dass Ihr Chatbot unverwechselbar ist. Digitale Sprachassistenten wie Siri von Apple oder Cortana von Microsoft sind bewusst so gebaut, dass Nutzer:innen im Dialog mit der Software individuelle menschliche Züge zu erkennen meinen. Bei Microsoft war die Ingenieurin Susan Hendrich dafür verantwortlich, Cortana eine Persönlichkeit zu geben. Sie interviewte Assistenten von Prominenten und definierte Cortana als „kompetente, fürsorgliche, selbstbewusste und loyale" Persönlichkeit, die aber nicht herrisch daherkommt. „Sie kann richtig witzig bei ihren Antworten sein.", beschreibt Hendrich Cortanas Persönlichkeit.

Der Charakter eröffnet außerdem weiteren Spielraum für Storytelling und Beziehungsgestaltung. Ein Studienberatungs-Chatbot beispielsweise, der als „Peer Coach" konzipiert ist, also als Mitstudierender die Nutzer:innen auf Augenhöhe und aus der eigenen Erfahrung heraus berät, kann dies auf eher flapsige oder auf eher nachdenkliche Weise tun; er kann als freundlicher Kommilitone auftreten oder als liebenswerter Nerd; als Macher oder als Grübler – und jede dieser Persönlichkeiten kann funktionieren, je nachdem, welche Gesprächsangebote sie macht und worauf die Zielgruppe anspricht.

Relevante Charakter-Merkmale eines Conversational-Support- und -Learning-Chatbots zu IT-Themen zeigt auszugsweise Tab. 4.3.

Ein Chatbot teilt sich vor allem durch sein Kommunikationsverhalten und seine Sprache mit. Dafür zu sorgen, dass der Charakter sich tatsächlich in der Sprache des

Tab. 4.3 Charakter-Steckbrief für einen Chatbot (Auszug)

Merkmal	Beschreibung
Disposition	Freundlich, friedlich, unaufgeregt, witzig, humorvoll
Verhältnis zu Anderen	Extrovertiert, nicht dominant
Einstellung zur Aufgabe, zum „job to be done"	Liebt es, Neues zu lernen, immer mit dem Ziel, davon etwas weiter zu geben, andere daran teilhaben zu lassen Das schönste Lob ist, wenn jemand sagt: „Das ist ja gar nicht so schwierig, wie ich dachte!" oder, noch besser: „Ich hätte nie gedacht, dass ich dieses Thema so spannend finden würde!" Ist entspannt, auch wenn es mal schwierig wird, und kann komplizierte Zusammenhänge gut erklären. Gibt eigene Wissenslücken offen zu, schließlich ist niemand allwissend

Chatbots spiegelt, ist somit eine wichtige Aufgabe bei der konkreten Dialoggestaltung und beim Copywriting, dem Texten der Chatbot-Prompts. Nur wenn das geschieht, entfaltet die Persönlichkeit des Chatbots die beabsichtigte Wirkung. Lassen Sie deshalb bei der Konzeption des Charakters Ihren Chatbot selbst sprechen – und das ist wörtlich gemeint! Wenn Sie beispielsweise mit Ihrer Chatbot-Figur ein Interview führen und die Antworten des Chatbots auf die Fragen notieren, erfassen Sie selbst ganz konkret seine „Stimme", seine individuelle Art sich auszudrücken, und erhalten zugleich bereits Text-Fragmente für die Konversation.

> **Tipp** Ein Interview mit dem Chatbot:
> - Was macht dir an deiner Aufgabe Spaß? Warum?
> - Was macht dir nicht so viel Spaß? Was nervt? Warum?
> - Was macht dich wütend? Was bringt dich zum Lachen?
> - Wofür fühlst du dich verantwortlich?
> - Was ist dir wichtig?
> - Wie würde dich ein Freund beschreiben?
> - Worauf legst du in einem Gespräch Wert?
> - Was macht ein gutes Gespräch für dich aus, ein gelungener Kontakt?
> - Wie ist deine Einstellung zu Lernen/zu Support/zu Kundenservice/zu Shopping …? (Setzen Sie hier ein, was für den „Job" Ihres Chatbots grundlegend ist.)
> - Was machst du, wenn du nicht mehr weiterweißt?

4.3.5 Domänenkompetenz und Soft Skills

Der Use Case und die Ziele geben vor, welche fachliche Domäne der Chatbot beherrscht. Wenn Sie einen Support-Bot möglichst viele einfache Standardfälle erledigen lassen, bedeutet das, dass er zwar über eine Vielzahl von Themen Bescheid weiß, aber nicht mehr kennen muss als die Standardantworten auf die Standardfragen. Ein Lernbot hingegen kennt sich möglicherweise nur mit einem Thema und dessen Unterthemen aus, muss diese aber richtig gut beherrschen und außerdem gut vermitteln können.

Die Domänenkompetenz des Chatbots wird also beschrieben durch die Breite und die Tiefe seines Wissens. Sie erinnern sich: Ein Chatbot wird nur erfolgreich sein, wenn er nützlich ist. Und das bedeutet in Bezug auf seine Domäne, dass er sie wirklich beherrscht. Da ein Chatbot jedoch nur so viel wissen kann, wie er im Entwicklungsprozess und in der Nutzungszeit „gelernt" hat und das Conversation-Design-Team an Inhalten eingebracht hat, müssen Sie in aller Regel entscheiden:

- Braucht Ihr Chatbot ein „breites" und „flaches" Wissen? Ist er in seinem Aufgabenbereich Generalist?
- Hat Ihr Chatbot ein „enges", dafür „tiefes" Wissen? Ist er Spezialist?

Hier gibt es kein Richtig und kein Falsch und nicht nur die Extrempole, sondern viele Möglichkeiten dazwischen. Aber Achtung: Beides gleichzeitig zu erreichen, ist schwierig bis unmöglich beziehungsweise sehr aufwendig. Und auch ein breites Wissen müssen Sie ein Stück weit eingrenzen auf das für den Use Case relevanteste Wissen. Kein Chatbot und kein Mensch der Welt kann schließlich souverän über alle Themen von der Atomphysik bis zur Zwölftonmusik plaudern.

Machen Sie sich also bewusst, welche Domänenkompetenz Ihr Chatbot benötigt, um überzeugend und nützlich zu sein, und sorgen Sie im Conversation Design dafür, dass Ihr Chatbot diese Domänenkompetenz auch wirklich besitzt. Wichtig ist darüber hinaus, dass der Chatbot die Ausprägung seiner Domänenkompetenz von Anfang an gut kommuniziert. Chatbots, die behaupten, zu allem Auskunft geben zu können, aber dann nur ein einziges Thema beherrschen, führen vor allem zu Frustration und Ärger. Chatbots mit einer stark begrenzten Domänenkompetenz wiederum, die bereits nach der zweiten Frage nicht mehr weiterwissen, erzeugen ebenfalls Frustration. Außerdem fördern derartige Chatbots eine grundsätzliche Skepsis gegenüber dieser Art digitalem Service, obwohl die Ursache dafür lediglich ein unzureichendes Conversation Design ist.

Neben der Tiefe und Breite der Domänenkompetenz brauchen Chatbots weitere Kompetenzen und Soft Skills, so zum Beispiel:

- Didaktische Kompetenz
- Erzählkompetenz
- Problemlösungskompetenz
- Verhandlungsgeschick
- Empathie

Welche Kompetenzen das im Einzelnen sind, hängt davon ab, welche Rolle Ihr Chatbot im Anwendungskontext einnimmt, welches Storytelling Sie mit ihm verbinden, welche Conversational Experience er vermitteln soll.

4.3.6 Die visuelle und akustische Repräsentation

Welche Figur repräsentiert Ihren Chatbot? Ist er sympathischer Humanoid, tierisch gut oder ein zuverlässiger Service? Ein freundliches menschenähnliches Wesen, ein fröhlicher Roboter oder ein kauziges Maskottchen? Das digitale Alter-Ego des Beraters oder der Trainerin?

Ein Chatbot muss im Dialog überzeugen; entscheidend ist am Ende, dass er eine gute Conversational Experience schafft. In welches Gewand Sie ihn dafür kleiden, ist dabei nachgeordnet, solange die Persönlichkeit insgesamt stimmig ist. Ein überzeugender Chatbot lässt sich durchaus auch abstrakt konzipieren, zum Beispiel als virtueller Informationsdienst einer Kommune oder eines Unternehmens, der bei der Suche nach dem passenden Service unterstützt.

4.3 Die Persönlichkeit des Chatbots

Die Frage, wie menschenähnlich der Chatbot sein soll, lässt sich nur im Kontext des Dialog- und Interaktionskonzepts und dem damit verbundenen Storytelling beantworten. Es gibt jedoch gute Gründe, den Chatbot nicht als menschliche Figur zu gestalten:

- Eine nicht-menschliche Figur beugt dem Missverständnis vor, es doch mit einem Menschen im Live-Chat zu tun zu haben.
- Mit einer nicht-menschlichen Figur umgehen Sie Rollenstereotype.
- Ein nicht-menschlicher Chatbot gerät nicht in das sogenannte „Uncanny Valley", den „Gruselgraben" der Nutzerakzeptanz.

▶ **Definition** Das *Uncanny Valley* wurde zuerst in der Robotik beobachtet und beschrieben; doch auch für Chatbots ist der Effekt nachgewiesen worden.

Das Uncanny Valley besagt, dass die Akzeptanz eines Roboters oder Avatars durch den Menschen zunächst ansteigt, wenn er menschenähnlicher gestaltet wird – aber nur bis zu einem bestimmten Punkt. Dann fällt die Akzeptanz schlagartig ab und steigt erst wieder an, wenn die Menschenähnlichkeit nahezu 100 % ist.

Demgemäß werden abstrakt oder im Comic-Stil gestaltete Avatare gegenüber relativ menschenähnlichen meist bevorzugt. Auf Roboter, die sehr menschliche Gesichtszüge und teilweise sogar Mimik haben, reagieren Menschen mit mehr Misstrauen und weniger Sympathie als auf maschinenartige Roboter.

Erklärt wird das Uncanny Valley damit, dass Menschen an ein sich menschenähnlich gebendes Gegenüber stärker menschliche Maßstäbe anlegen als zum Beispiel an einen Roboter, der sich klar als Maschine zu erkennen gibt. Werden diese Maßstäbe nicht erfüllt oder gar verletzt, reagiert der Mensch mit Ablehnung. Das kann sich in Ärger ausdrücken oder auch nur in einem unbehaglichen Gefühl – ein Gegenüber, das fast aussieht und spricht wie ein Mensch, aber eben nur fast, ist ein bisschen gruselig.

Sie vermeiden das Uncanny Valley am einfachsten, wenn Ihr Chatbot sich klar als Chatbot zu erkennen gibt. Entsprechend sorgt eine nicht-menschliche Figur dafür, dass der Chatbot auch dann noch als „künstlich" erkennbar ist, wenn entsprechende Hinweise zum Beispiel im Onboarding, also zu Beginn der Chatbot-Konversation, überlesen wurden oder nicht mehr präsent sind.

Zur äußeren Repräsentation des Chatbots gehört mindestens ein Name, zu dem in den meisten Fällen ein Avatar hinzukommt – der sehr stilisiert sein kann oder sogar nur ein visuelles Symbol. Die Akzeptanz und Zufriedenheit der Nutzenden unterscheidet sich zwar nicht, ob sie einen Avatar des Chatbots sehen oder nur seine Sprechblasen. Allerdings werden Sie schnell feststellen, dass ein Avatar nützlich ist, wenn Sie Meldungen über Ihren Chatbot verfassen und ihn dann abbilden können oder wenn Sie den Chatbot an anderer Stelle einbinden und ein Vorschaubild oder Icon benötigen. Dies ist zum Beispiel beim Direkt-Chat auf der Webseite oder bei der Einbindung in ein Intranet, eine Knowledge-Base oder ein Lernmanagementsystem der Fall.

▶ **Tipp** Drei Tipps aus der Praxis:
1. Ein fotorealistischer humanoider Avatar ist in der Regel nicht zu empfehlen. Zum einen suggerieren Sie damit, dass es sich bei dem Chatbot um einen echten Menschen handelt, was typischerweise zunächst zu falschen Erwartungen und dann zu Enttäuschung oder Ärger führt. Zum anderen sind Chatbot-Avatare meist nur etwa 60×60 Pixel groß (das zumindest ist das gängige Format) und Fotos in dieser Größe nicht allzu gut zu erkennen.
2. Wichtig ist, dass der Avatar in einer Größe angelegt und gestaltet wird, in der er später auch erscheint. Wenn er in verschiedenen Größen und Formaten erscheint, prüfen Sie sorgfältig, ob er in allen gut zu erkennen ist. Legen Sie im Zweifel mehrere Versionen an.
3. Seien Sie sich außerdem sehr bewusst, dass auch mit einem nicht-menschlichen Avatar im Zeichenstil schnell doch unbewusste Gender-Stereotype vermittelt werden. Beispielsweise sind kantige Gesichtszüge mit eckigem Kinn männlich, weiche Gesichtszüge mit rundem oder spitzem Kinn weiblich konnotiert. Versuchen Sie also, einen nicht-menschlichen Chatbot bewusst nicht-menschlich zu gestalten. Kopf und Körper darf er durchaus haben, und ein Gesicht braucht er auf jeden Fall. Aber achten Sie darauf, dieses wirklich neutral beziehungsweise bewusst nicht-menschlich zu gestalten, zum Beispiel mit kugeligen Körperformen und Gesichtszügen oder als Kopffüßler. Auch die oft verwendeten Chatbot-Symbole, die Sprechblasen, Roboterköpfen und Roboterfiguren nachempfunden sind, sind in diesem Zusammenhang vorteilhaft.

Für manche Use Cases – insbesondere bei Voicebots – kommt die akustische Repräsentation dazu. Aber auch ein textuell interagierender Chatbot kann unterstützende Audio-Dateien oder die eine oder andere Sprachnachricht senden, und spätestens dann geht es nicht ohne Ton und Stimme. Künstliche, gender-neutrale Stimmen gibt es bisher nur vereinzelt. Mit Verzerrungen zu arbeiten, die eine Stimme „technisch" klingen lassen, ist ebenfalls nicht zu empfehlen, denn es macht das Zuhören anstrengender.

Die visuelle oder akustische Repräsentation, für die Sie sich entscheiden, welche Farben, Formen und Schriften Sie verwenden, ist Teil des ästhetischen Gesamtkonzepts Ihres Chatbots. Die gestalterischen Entscheidungen und Festlegungen stehen in den meisten Fällen in enger Beziehung zum jeweiligen Corporate-Design-Styleguide und sind daraus abgeleitet. Bei Bedarf ergänzen Sie in Zusammenarbeit mit dem Kommunikations- und Marketingteam oder Ihrer Agentur den Styleguide Ihrer Organisation um die Chatbot-spezifischen Aspekte oder entwickeln einen eigenständigen Conversational-User-Experience-Styleguide.

4.3.7 Der Name des Chatbots

Im Kundendienst ist es üblich, dass sich die Mitarbeitenden zu Beginn eines Gesprächs namentlich vorstellen. Im Call Center nennen sie ihren Namen bei der Begrüßung, auf Veranstaltungen und im Einzelhandel tragen sie Namensschilder – und das mit gutem Grund: Sich mit Namen vorzustellen, ist ein starkes Signal für soziale Präsenz. Es schafft eine erste Beziehung zum Gegenüber, und diese ist ein wichtiger Baustein für das Vertrauen, das für eine gelingende Kundenkommunikation notwendig ist.

Deshalb sollte auch Ihr Chatbot einen Namen beziehungsweise eine eindeutige Bezeichnung erhalten. Auch wenn Nutzer:innen in Befragungen immer wieder angeben, dass sie einen Chatbot-Namen überflüssig finden – schaden tut der Name oder mindestens eine eindeutige Funktionsbezeichnung auf keinen Fall, und der Effekt in Bezug auf die Stärkung der sozialen Präsenz ist groß.

Wie findet man einen guten Namen? Tab. 4.4 zeigt, wie Sie vorgehen können.

In diesem Zusammenhang ist auch der Umgang mit Klischees und Rollenstereotypen ein Thema. Die meisten Chatbots werden im Conversational Commerce eingesetzt. Da im menschlichen Kundenservice überwiegend Frauen arbeiten, ist die Mehrheit der digitalen Assistenten in diesem Bereich weiblich. Was, so scheint es auf den ersten Blick, gut und sinnvoll ist für die Akzeptanz, denn Studien zeigen, dass als Frauen modellierte Chatbots von allen Zielgruppen bereitwilliger genutzt und positiver wahrgenommen werden als solche, die als Männer auftreten.

Auf den zweiten Blick ist das jedoch durchaus fragwürdig. Das CASA-Paradigma („computers are social actors") hat nämlich nicht nur zur Folge, dass wir an Maschinen, mit denen wir interagieren, ähnliche soziale Normen und Maßstäbe anlegen wie an Menschen, sondern auch, dass wir Geschlechterstereotype auf sie übertragen. Dies kann unerwünschte Effekte in der Chatbot-Kommunikation zur Folge haben. Studien haben gezeigt, dass weiblich wirkende Chatbots eher beschimpft wurden als männlich wirkende. Beziehungsmuster und Rollenverteilungen in der digitalen Welt wirken außerdem verfestigend auf diejenigen in der realen Welt.

Derartige Effekte vermeiden Sie, wenn Sie zum Beispiel neutrale Namen oder sogar lediglich Funktionsbezeichnungen verwenden und Ihr Chatbot – soweit es Ihnen möglich ist – keine klischeehaften Interaktionsmuster und Sprechweisen aufweist.

▶ **Tipp** Chatbots mit Unisex-Namen wie Kim, Kai, Blue, Sky, Shorty vermeiden von vornherein rollenbezogene Klischees und Stereotype. Auch erfundene Namen funktionieren oft gut, wobei zu beachten ist, dass bestimmte Endungen stark geschlechtstypisch konnotiert sind und keineswegs neutral; im Deutschen beispielsweise gelten Namen auf -a und -ine als weiblich, -o, -ert oder -rich als männlich. Alternativ kombinieren Sie einen eindeutig weiblichen oder männlichen Namen mit einer Tierfigur. Eine gelungene Lösung ist die bekannte Weather-Cat Pongo, die als Chatbot einen Wetterdienst bietet.

Tab. 4.4 Vorgehen zur Namensfindung

Schritt	Aufgaben
Schritt 1: Sammeln	Sammeln Sie Namensvorschläge: In einem Brainstorming mit Ihrem Team oder auch mit einer Anwenderbefragung
Schritt 2: Vorschläge prüfen	Prüfen Sie am besten in kleiner Runde jeden Namen: • Passt er zur Organisation und zur Marke? • Passt er zur Persönlichkeit des Chatbots? • Weckt er falsche oder unerwünschte Assoziationen? • Passt der Name zum gewünschten Geschlecht beziehungsweise ist er gender-neutral? • Passt der Name zum Aufgabengebiet des Chatbots? Gibt der Name vielleicht sogar einen Hinweis darauf, was der Chatbot macht? • Kann man ihn sich gut merken? Ist er nicht zu lang? • Ist er einfach zu schreiben und gut auszusprechen? • Ist der Name einzigartig oder selten verwendet? Vielleicht wollen Sie ja Ihren Chatbot als Marke eintragen lassen oder eine Internet-Domäne mit diesem Namen reservieren Namen, die diese Kriterien nicht erfüllen, streichen Sie
Schritt 3: Shortlist erstellen	Alle Namen, die Sie nicht gestrichen haben, schreiben Sie auf eine Shortlist
Schritt 4: Shortlist ergänzen	Mit diesen Namensideen gehen Sie in eine zweite Runde. Wenn ein Kriterium von keinem Namen erfüllt wird, geben Sie dieses Kriterium als zusätzlichen Arbeitsauftrag mit. Erfahrungsgemäß kommen in der zweiten Runde noch einmal neue Ideen, teilweise auch bizarre, seltsame und bemühtere, aber oft auch noch rundere und passendere
Schritt 5: Prüfen	Wiederholen Sie Schritt 2 mit den neuen Namensvorschlägen
Schritt 6: Shortlist erstellen und Feedback einholen	Treffen Sie nun eine Vorauswahl von zwei, maximal vier Namen, die alle Kriterien erfüllen. Stellen Sie diese Namen anderen Personen vor und fragen Sie sie nach ihren Assoziationen. Oder machen Sie eine weitere Anwenderbefragung, auf deren Basis Sie den endgültigen Namen Ihres Chatbots festlegen

In dieser Hinsicht originell ist die Namensgebung des digitalen Assistenten der Deutschen Telekom (Abb. 4.8): Er heißt Frag Magenta, verkörpert im Namen perfekt das Corporate Design und wirkt zugänglich, obwohl die Figur abstrakt bleibt. Frag Magenta wird durch ein kreisförmiges Symbol in verschiedenen Schattierungen der Firmenfarbe repräsentiert und umgeht dadurch das Uncanny Valley.

Ein Beispiel dafür, wie sich eine aufgrund des fehlenden Namens schwächere soziale Präsenz ein Stück weit kompensieren lässt, ist der Baukindergeld-Chatbot der KfW-Bank (Abb. 4.9). Die Repräsentation ist ausgesprochen nüchtern: Der Chatbot hat keinen Avatar und wird lediglich über seine Funktionsbezeichnung „Baukindergeld Chatbot" identifiziert. Das wird ein wenig aufgewogen dadurch, dass die Bezeichnung den Scope des Chatbots ausdrückt und so Missverständnisse vermieden werden. Außerdem deuten

Abb. 4.8 Chatbot mit Markenpersönlichkeit: „Frag Magenta" (Telekom)

bereits die ersten Sätze des Onboarding darauf hin, dass der Baukindergeld-Chatbot ein freundlicher, schnell zum Punkt kommender Gesprächspartner ist.

Die Bank unterhält noch einen zweiten Chatbot, den KfW-Studienkredit-Chatbot. Beide Chatbots gehören zur Familie der KfW-Chatbots, die nach diesem Muster leicht erweiterbar ist.

4.4 Modellierung der Konversation

4.4.1 Die Grundstruktur des Dialogs: Haupt- und Nebenpfade

In dieser Phase der Chatbot-Entwicklung entwerfen Sie den Ablauf der Konversation erst einmal nur in groben Zügen. Sie konzentrieren sich auf die wichtigsten Dialogpassagen und die exemplarische Umsetzung des Use Case für den Proof of Concept. Die Grundlage dafür bilden Ihre Use-Case-Beschreibung (vgl. Abschn. 2.4) und die Entscheidungen, die Sie in Bezug auf Gesprächstyp (vgl. Abschn. 4.2) und Persönlichkeit des Chatbots (vgl. Abschn. 4.3) getroffen haben.

Abb. 4.9 Chatbot mit eher nüchterner Persönlichkeit: Studienkredit-Chatbot (KfW)

Am Anfang einer Chatbot-Konversation steht immer das Onboarding, also die Begrüßung durch den Chatbot, die typischerweise mit einer kurzen Vorstellung und Anleitung verbunden ist. Es folgen die Konversationspfade, die durch die Verkettung der Dialogschritte vom Anfang bis zum Ende des Dialogs entstehen. Der Fokus der Modellierung liegt im Rahmen der Chatbot-Skizze auf den sogenannten Hauptpfaden, die notwendig sind, um das Dialogziel zu erreichen. Mit dem Gesprächsabschluss beendet der Chatbot das Gespräch, wenn das Ziel gemäß Use Case erreicht wurde.

▶ **Definition** Im Dialogablauf sind *Hauptpfade* diejenigen Pfade, die dem Erreichen der im Use Case definierten Ziele dienen. Mit jedem Dialogschritt des Hauptpfads kommen die Nutzenden diesen Zielen ein Stück näher. Hauptpfade können Abzweigungen mit Rückführungen („Schleifen" oder „Ohren"), Abkürzungen sowie Querverbindungen zu anderen Pfaden (Haupt- oder Nebenpfaden) enthalten.

Im Unterschied dazu sind *Nebenpfade* diejenigen Pfade, die nicht unmittelbar der Erfüllung des Use Case dienen. Dazu gehören Hilfepfade, Dialogsequenzen zur Beseitigung von Unklarheiten oder Missverständnissen sowie Reaktionen des Chatbots auf Dank, Beschimpfungen, Lob und Ähnliches (siehe dazu auch Abschn. 6.6).

In Anlehnung an die Sprechweise in der Software-Entwicklung begegnet man im Conversation Design häufig dem Ausdruck *Happy Path*. Damit ist der kürzestmögliche

Hauptpfad gemeint, auf dem der Dialogablauf durchschritten wird, ohne Schleifen, Klärungen und Verzögerungen. Die Definition des Happy Path geht von einem standardisierten User-Verhalten aus und bildet somit einen vereinfachten Dialogablauf ab.

In späteren Iterationsschritten wird der Dialogablauf ausführlicher, kleinteiliger und differenzierter, dadurch aber auch deutlich komplexer werden. Bei der ersten Modellierung der Konversation lassen Sie diese Aspekte noch unberücksichtigt, denn hier geht es zunächst einmal darum,

- die benötigten Hauptpfade aus dem Use Case und dem Gesprächstyp abzuleiten,
- im Ablaufdiagramm einen Überblick über die Hauptpfade zu schaffen und
- mögliche Querverbindungen zwischen den Pfaden sowie wesentliche Sequenzen im Hauptpfad anzudeuten.

▶ **Tipp** In einer frühen Phase der Dialogmodellierung ist die Beschränkung auf den Happy Path zweckmäßig, da das Conversation-Design-Team sich auf die funktional unbedingt notwendigen Aspekte konzentrieren kann und so der Aufwand für Konzeption und Umsetzung stark reduziert wird.
   In den Ausbaustufen der Chatbot-Entwicklung ist es nicht mehr sinnvoll, sich zu sehr auf den Happy Path zu konzentrieren, denn zum einen sind die Hauptpfade in der Regel komplexer als der Happy Path, zum anderen führen für eine gelungene Conversational User Experience oft mehrere Wege zum Ziel. Vor diesem Hintergrund ist es gut, sich von Anfang an dieser Differenzierungen und Alternativen bewusst zu sein, sie mitzudenken und bereits in der Chatbot-Skizze beispielsweise als später zu berücksichtigende Optionen zu notieren.
   In Bezug auf das Testen und die Qualitätssicherung hat der Happy Path jedoch während der gesamten Chatbot-Entwicklung eine große Bedeutung. Er ist einer der wichtigsten Test Cases, dessen Funktionieren immer zu gewährleisten ist.

4.4.2 Vom Gesprächstyp zum Ablaufdiagramm

Um eine erste Vorstellung von den Etappen des Gesprächsablaufs und der Gliederung der Hauptpfade zu entwickeln, helfen Use Case und Gesprächstyp des Chatbots weiter (vgl. Abschn. 2.4 und Abschn. 4.2). Davon ausgehend skizzieren Sie die Hauptpfade, die zunächst linear, baum- oder sternförmig angelegt sind und während der weiteren Verfeinerung des Dialogablaufs durch Verzweigungen, Weiter- und Umleitungen stärker differenziert werden. Das Onboarding und der Gesprächsabschluss werden nur angedeutet. Auch die Nebenpfade arbeiten Sie erst aus, wenn Sie den Gesprächs-Flow finalisieren.

Gute Leitfragen für den Entwurf des Dialogablaufs sind:

- Wie sieht der ideale Gesprächsverlauf aus?
- Welche Gesprächsphasen und -elemente, welche Pfade und Stories gibt es?
- Was beziehungsweise wo sind sinnvolle Ausstiegs- und Endpunkte?
- Welche Informationen benötigt der Chatbot, um seine Aufgabe zu erfüllen und den Endpunkt zu erreichen?
- Gibt es Knotenpunkte, auf die der Chatbot die Nutzer:innen immer wieder zurückführen kann und von wo aus sie selbst gezielt passende Pfade oder Stories auswählen?

In auftragsorientierten Konversationen ergibt sich der Dialogablauf im Wesentlichen direkt aus dem Use Case und den User Stories in Bezug auf die Schritte innerhalb des Workflows. Sie benötigen typischerweise einen Hauptpfad pro Aufgabe; die Baumstruktur kann zwar verzweigen, es geht aber immer auf dem kürzesten Weg zum Hauptpfad zurück. Die Zielerfüllung ist der einzige sinnvolle Ausstiegspunkt – es gibt keine halbe Auftragserledigung, ganz oder gar nicht! Abb. 4.10 zeigt ein typisches Schema für den Dialogablauf aufgabenorientierter Chatbots.

> **Tipp** Wenn der Chatbot die Bedienung einer Software, sei es ein Online-Shop, ein elektronischer Terminkalender, ein Buchungsportal oder ein Ticketsystem, leisten soll, sind ergänzend zum Use Case beziehungsweise den User Stories dokumentierte Test Cases, Dokumentationen und Tutorials zusammen mit der Analyse der Benutzerführung ebendieser Software gute Quellen.
>
> Für aufgabenorientierte Chatbots, die ein Mensch-zu-Mensch-Gespräch abbilden, greifen Conversation Designer oft auf Gesprächsprotokolle, dokumentierte Supportanfragen und -dialoge zurück und werten unmittelbar beobachtete Mensch-zu-Mensch-Konversationen aus.
>
> Bei themenorientierten Chatbots wiederum ist es sinnvoll, nicht nur die Inhalte der Domäne zu betrachten, sondern auch Mensch-zu-Mensch-Unterhaltungen wie ein Lehrgespräch, eine Diskussion, ein Meeting zu beobachten und typische Verläufe herauszuarbeiten, die im Ablaufdiagramm abgebildet werden.

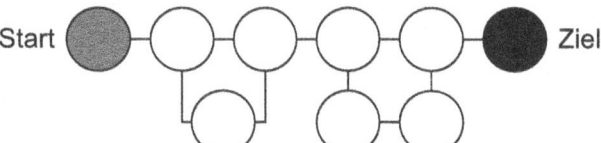

Abb. 4.10 Pfadstruktur eines aufgabenorientierten Dialogs

4.4 Modellierung der Konversation

Bei der Variante des auskunftsorientierten Chatbots ist die Pfadstruktur meistens sehr einfach: Typisch ist eine einzige Paarsequenz (Hauptpfad mit der Knotenanzahl n = 1), wie in Abb. 4.11; die verschiedenen Auskünfte werden auf diesem einen Pfad erfragt und erteilt. Ein Gespräch, in dem effizient eine Auskunft eingeholt wird, darf ja nur wenige Sekunden, maximal ein bis zwei Minuten dauern, sonst werden die Nutzer:innen ungeduldig.

Um themenorientierte Konversationen abzubilden, haben Sie sich im Rahmen der Use-Case-Definition mit der Analyse der Domäne bereits einen ersten Überblick über die relevanten Themen und Inhalte verschafft. Für die Chatbot-Skizze reicht dieser Überblick aus, um den oder die Hauptpfade der Konversation zu identifizieren. Typischerweise entspricht ein Thema einem Hauptpfad, der sich bei Sub-Themen in untergeordnete Pfade verzweigt, zwischen denen Querverbindungen bestehen können, wie in Abb. 4.12.

Ein Gesprächspfad umfasst in einem themenorientierten Dialog in der Regel deutlich mehr als eine Sequenz; der Hauptpfad verzweigt je nach Komplexität des Themas beziehungsweise der Domäne stark in einer ausgeprägten Baum-, Stern- oder Netzstruktur. Der Dialog endet, wenn das Thema oder Subthema erschöpft ist und der Chatbot nichts weiter darüber weiß. Damit der Chatbot für den User nützlich ist, genügen durchaus auch Teilpfade, insofern sind oft mehrere Ausstiegspunkte sinnvoll.

▶ **Tipp** Parallel zu den ablaufbezogenen Analysen ist es für das Conversation Design sowohl von aufgabenorientierten als auch von themenorientierten Chatbots sinnvoll, Schlüsselbegriffe und -botschaften sowie typische Formulierungen zu identifizieren und zu notieren. Erstere bilden eine gute Grundlage für die detaillierte Intent-Klassifikation, letztere für das Formulieren der Gesprächsbeiträge.

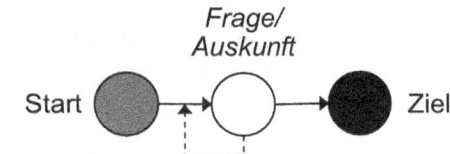

Abb. 4.11 Pfadstruktur eines einfachen auskunftsorientierten Dialogs (FAQ-Bot)

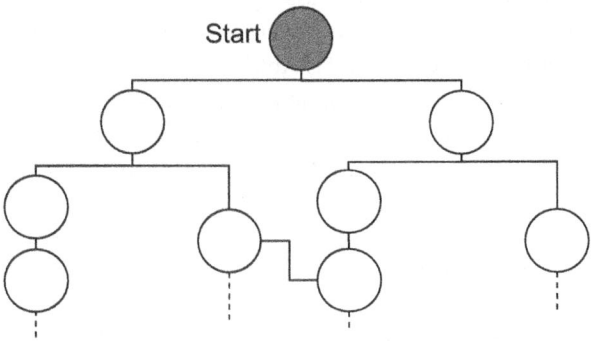

Abb. 4.12 Pfadstruktur eines themenorientierten Dialogs

4.4.3 Das Ablaufdiagramm entwerfen

Auf der Basis Ihrer grundsätzlichen Überlegungen zum Dialogablauf haben Sie das "big picture" der Konversation skizziert, das die Hauptpfade mit den wichtigsten Sequenzen enthält und eine Vorstellung vom Verlauf der Konversation vermittelt. Dieses erste Modell visualisieren Conversation Designer üblicherweise in einem Ablaufdiagramm, einem zentralen Instrument im Conversation Design. Im Laufe der Chatbot-Entwicklung wird das erste Ablaufdiagramm Schritt für Schritt mit zunehmendem Detaillierungsgrad ausgearbeitet.

Für das Erstellen des Diagramms sind Visualisierungstools hilfreich, wie zum Beispiel Mindmap-Tools, Tools für das Projektmanagement und solche, mit denen Strukturen und Zusammenhänge wie auf einer Pinnwand digital und sogar kollaborativ entwickelt werden können. Auch mit Präsentationstools wie Powerpoint oder Canva lassen sich kleine Ablaufdiagramme erstellen; die Komplexität und der Umfang der Diagramme bringt sie jedoch sehr schnell an ihre Grenzen.

Alternativ setzen Sie den Dialogablauf direkt in einem Chatbot-Tool mit grafischer Benutzeroberfläche um. Das hat in dieser frühen Phase den Vorteil, dass Ihre Ablaufvisualisierung gleichzeitig funktional ist und Sie für den Proof of Concept Ihren Ablauf nicht zusätzlich im Chatbot-Tool einpflegen müssen. Wenn Sie mit einem Skriptbasierten Chatbot-Tool arbeiten, können Sie Ihren Dialogablauf auch im Skript textuell skizzieren. Dieses Vorgehen ähnelt dem Strukturieren eines Textes durch Stichpunktlisten oder ein Inhaltsverzeichnis beziehungsweise eine Gliederung, die Sie im weiteren Verlauf ausarbeiten.

> **Tipp** Sehr sinnvoll und ratsam ist es, Zwischenversionen des Ablaufdiagramms unter jeweils anderem Dateinamen zu speichern. Allzu leicht passiert es, dass man bei der Ausarbeitung in eine Sackgasse gerät und zu einem früheren Planungsstand zurückkehren möchte – wenn dieser nicht dokumentiert ist, muss er mühsam rekonstruiert werden.

Sie beginnen für Ihr Ablaufdiagramm ganz am Anfang, also beim Onboarding, und erarbeiten sich die erste Fassung des Hauptpfades, indem Sie für jeden Schritt überlegen, welche Optionen benötigt werden, damit es im Gespräch sinnvoll weitergeht. Für die Chatbot-Skizze enthält das Ablaufdiagramm ausschließlich die für die unmittelbare Zielerreichung relevanten Optionen; die Vielfalt der tatsächlich möglichen Nutzereingaben bleibt zu diesem Zeitpunkt noch unberücksichtigt.

Dabei gehen Sie zum Beispiel so vor wie in Tab. 4.5 beschrieben.

4.4 Modellierung der Konversation

Tab. 4.5 Schritte zur Ausarbeitung des Ablaufdiagramms

Schritt	To-do
1	Die wesentlichen Elemente des Task beziehungsweise Topic herausarbeiten, wie die Schrittfolge zur Task-Erledigung oder die inhaltliche Gliederung eines Themas
2	Die Hauptpfade kurz beschreiben, zunächst ruhig nur in Worten als geordnete ein- oder mehrstufige Liste
3	Alle Elemente in ihrem Zusammenhang im Ablaufdiagramm visualisieren
4	Start- und Endpunkt markieren
5	Exemplarisch einige Paarsequenzen dem Hauptpfad zuordnen. Diese Paarsequenzen repräsentieren wichtige Intents, beispielsweise ausgewählte Schritte der Task-Erledigung oder inhaltlich zusammenhängende Bereiche der Domäne
6	Die Paarsequenzen mit Platzhalter-Texten für User-Eingaben (als Trigger) und Chatbot-Ausgaben befüllen. Diese Platzhalter-Texte können Sie auch für den Proof of Concept oder das Mockup nutzen, um die Konversation konkret zu veranschaulichen; die genauen Formulierungen arbeiten Sie im Rahmen des Copywriting aus

4.4.4 Proof of Concept

Mit Hilfe eines Proof of Concept (POC) oder Mockups veranschaulichen Sie den Dialogablauf und die rudimentäre Funktionsweise des geplanten Chatbots. Die Methode POC ist in verschiedenen Disziplinen verbreitet, so auch in der Software-Entwicklung, insbesondere, wenn das geplante Produkt ganz neu ist oder innovative Techniken eingesetzt werden. Der POC soll lediglich die grundsätzliche Funktionsfähigkeit Ihres Konzepts beweisen. Er ist in der Regel eine erste (Wegwerf-)Fassung Ihres Chatbots und erlaubt auf Basis der in Grundzügen angelegten Funktionalität eine belastbare Einschätzung, ob und wie der Chatbot für den Use Case geeignet ist.

Falls Sie in dieser Phase des Conversation Design eine explizite Freigabe durch die auftraggebende Organisation benötigen und diese noch keine Erfahrung mit Chatbots hat, ist ein POC oder Mockup sehr hilfreich. Auch für das teaminterne Review und als Grundlage für die weitere Entwicklung ist es im Sinne des agilen Vorgehens nützlich, die Chatbot-Skizze möglichst früh zu visualisieren und andeutungsweise umzusetzen. Haben alle Beteiligten bereits Erfahrung in der Entwicklung von Chatbots, werden Sie einen POC nur noch für neuartige Teilaspekte erstellen oder möglicherweise sogar ganz darauf verzichten.

Das Erstellen des POC geht leicht und schnell von der Hand, sofern ein übersichtliches konsistentes Ablaufdiagramm und exemplarische Turns vorhanden sind. Buttonbasierte Chatbot-Tools oder solche mit grafischer Oberfläche sind hier gut geeignet, auch wenn sie für die anschließende Ausarbeitung des Chatbots funktional nicht mehr genügen sollten.

Ohnehin ist es in dieser frühen Phase der Modellierung hilfreich, die Steuerung des Dialogablaufs über Buttons zu planen. Später können Sie Buttons auflösen und zum Beispiel durch eine freie Eingabe oder andere Interaktionsformen ersetzen, wenn das besser zum Use Case und zum Flow des Gesprächs passt. Mit einem durchgängig Button-basierten Vorgehen zu Beginn ist es jedoch einfacher, die Konversation als Ganze zu simulieren und zu prüfen, da Sie Mehrdeutigkeiten, Sackgassen und Ähnliches noch nicht abfangen müssen.

▶ **Tipp** Grundsätzlich sind Chatbots, die nach jedem Gesprächsbeitrag Buttons ausgeben, mit denen die Nutzenden den weiteren Ablauf des Dialogs steuern, technisch leicht umzusetzen. Auch das zuverlässige Erkennen der Benutzerabsichten ist mit Button-basierten Chatbots einfacher zu realisieren als bei Freitexteingabe im Chatfenster. Die Buttons fungieren als eine Art Menü, über das die Nutzenden zu den verschiedenen Dialogschritten navigieren.

Im Unterschied zum POC ist ein Mockup eine gegebenenfalls sogar clickbare Visualisierung ohne Funktionalität. Im Falle Ihres Chatbots sind das beispielsweise Abbildungen von Dialogabschnitten, die Sie in einem Visualisierungstool erstellt haben. Mithilfe dieser Abbildungen veranschaulichen Sie den Ablauf der Konversation, ohne dass Benutzereingaben möglich sind. Abhängig vom Chatbot-Tool, mit dem Sie arbeiten, und den zu diesem Zeitpunkt verfügbaren Ressourcen ist es eine Frage des Aufwands, ob Sie ein Mockup oder einen POC erstellen.

4.5 Beispiel: Dialogmodellierung eines Support-Bots

Ein Anwendungsszenario, in dem ein Chatbot nützlich sein kann, ist der Support. Selbst wenn ein Chatbot nur die 20 Prozent der Themen bearbeiten kann, die 80 Prozent des Aufkommens erzeugen, stellt er eine signifikante Entlastung dar.

Wie in Abschn. 2.2 schon ausgeführt, greift dabei die naheliegende Idee, einen FAQ-Bot zu schaffen, in der Regel zu kurz. Hilfesysteme sind in den meisten Fällen bereits vorhanden; der Mehrwert eines Chatbots, der letztlich wie eine Suchmaschine in diesen Systemen funktioniert, ist demgegenüber gering.

Interessant wird es, wenn der Dialog des Chatbots die Gesprächsstrategien eines realen Mitarbeiters im Support nachzeichnet. Dieser stellt typischerweise ein paar gezielte Fragen, um das Symptom einzugrenzen und anhand dessen eine Diagnose stellen zu können. Im Anschluss erläutert er Schritt für Schritt, wie das Problem behoben werden kann, wobei dabei auftretende Fragen des Anrufers direkt beantwortet werden.

Für den Dialog ergibt sich folglich die in Abb. 4.13 gezeigte Grundstruktur. Er besteht im Kern aus zwei Teilen: zunächst dem Diagnosedialog, dem sich dann, abhängig vom Ergebnis der Diagnose, der passende Anleitungsdialog anschließt. Damit der Chatbot nicht als Hindernis und Türhüter wahrgenommen wird, sollten die Hilfesuchenden, falls sich das Problem nicht auf diesem Weg lösen lässt, an den „echten" Support weitergeleitet werden.

4.5 Beispiel: Dialogmodellierung eines Support-Bots

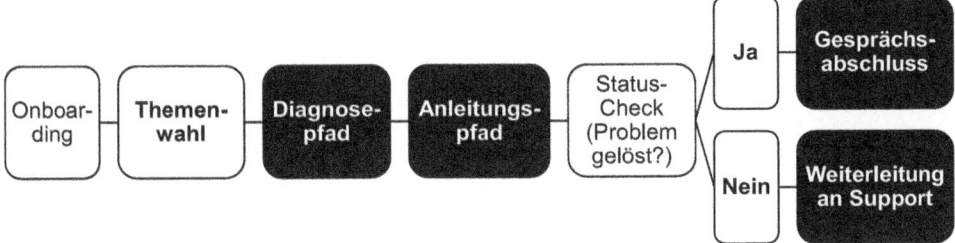

Abb. 4.13 Support-Bot: Grundstruktur des Dialogs

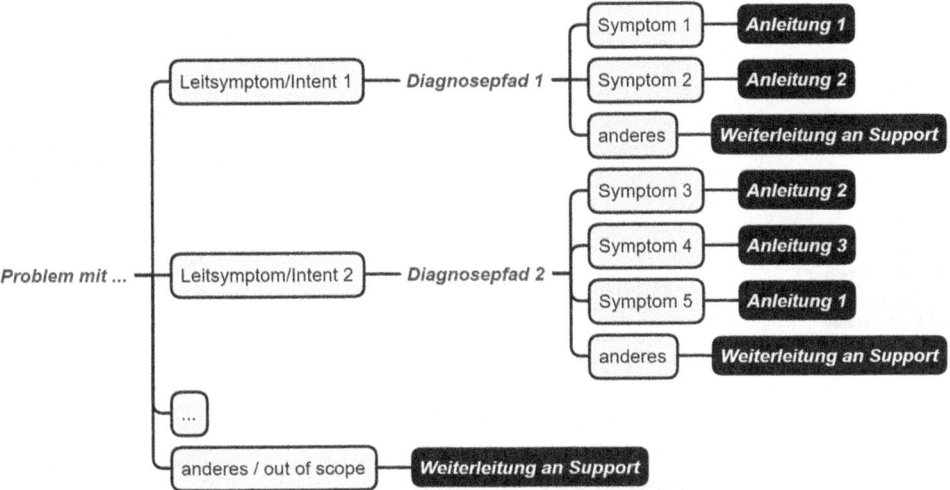

Abb. 4.14 Support-Bot: Skizzierung der Hauptpfade und Stories

Für die Ausdifferenzierung der Diagnosepfade werden sodann die Leitsymptome der häufigsten Supportfälle identifiziert und in einem Entscheidungsbaum modelliert (Abb. 4.14), der dem Vorgehen der Mitarbeiter:innen im Telefonsupport entspricht. Da unterschiedliche Symptomatiken auf den gleichen Fehler zurückzuführen sein können – beispielsweise kann sich eine fehlende Synchronisation zwischen Geräten auf Postfächer ebenso wie auf Kalender auswirken –, können verschiedene Diagnosen durchaus in den Anleitungspfad münden. Zu modellieren ist außerdem ein Nebenpfad, mit dem die Supportsuchenden an den Live-Support weitergeleitet werden, wenn der Chatbot die Ursache des Problems nicht sicher genug identifizieren kann.

Die einzelnen Diagnose- und Anleitungsdialoge werden zunächst für die wesentlichen Antwortoptionen auf die Diagnosefragen des Supportbots modelliert. In einem weiteren Schritt werden Nebenpfade, unter anderem für zusätzliche Antwortoptionen auf Diagnosefragen wie „weiß nicht" oder „nichts davon", ergänzt. Abb. 4.15 zeigt diese Verfeinerung eines der Diagnosepfade.

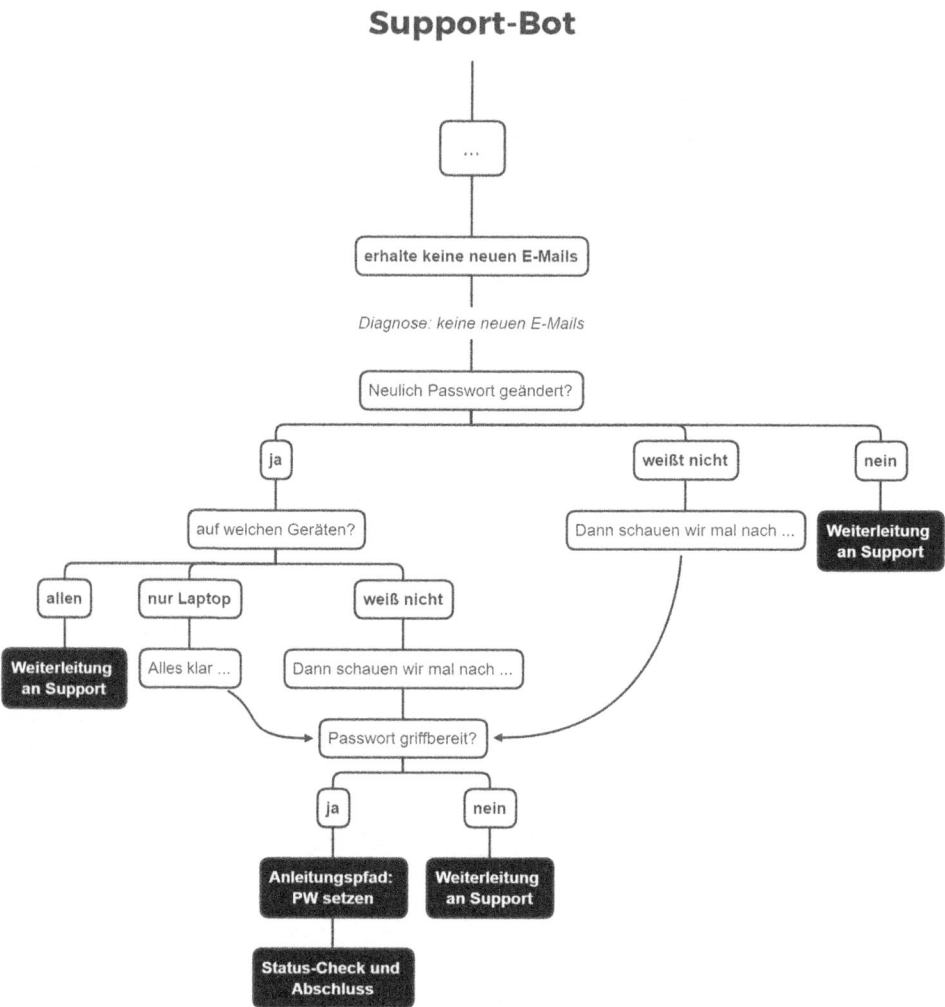

Abb. 4.15 Support-Bot: Verfeinerung des Dialogablaufs im Diagnosedialog

Auf diese Weise werden sämtliche Diagnose- und Anleitungspfade durchmodelliert. Wie auf Abb. 4.15 ebenfalls zu sehen ist, wird zu diesem Zeitpunkt ausschließlich mit Platzhaltertexten gearbeitet; die genauere Ausformulierung erfolgt im Copywriting.

Literatur

Ciechanowski L, Przegalinska A, Magnuski M, Gloor P (2019) *In the shades of the uncanny valley: An experimental study of human–chatbot interaction.* Future Generation Computer Systems 92:539–548.

Literatur

Deibel D., Evanhoe R. (2021) *Conversations with Things: UX Design for Chat and Voice.* Rosenfeld Media, New York.

Feine J, Gnewuch U, Morana S, Maedche A (2020) *Gender Bias in Chatbot Design.* In: Følstad A, Araujo T, Papadopoulos S, et al. (eds) Chatbot Research and Design. Springer International Publishing, Cham, pp 79–93.

Følstad A, Skjuve M, Brandtzaeg PB (2019) *Different Chatbots for Different Purposes: Towards a Typology of Chatbots to Understand Interaction Design.* In: Bodrunova SS, Koltsova O, Følstad A, et al. (eds) *Internet Science.* Springer International Publishing, Cham, pp 145–156.

Frey, J. N. (2002) Wie man einen verdammt guten Roman schreibt. Emons, Köln.

Haugeland, I. K. F., Følstad, A., Taylor, C., & Bjørkli, C. A. (2022) *Understanding the user experience of customer service chatbots: An experimental study of chatbot interaction design.* International Journal of Human-Computer Studies, 161, 102788.

Liebrecht C, van Hooijdonk C (2020) *Creating Humanlike Chatbots: What Chatbot Developers Could Learn from Webcare Employees in Adopting a Conversational Human Voice.* In: Følstad A, Araujo T, Papadopoulos S, et al. (eds) *Chatbot Research and Design.* Springer International Publishing, Cham, pp 51–64.

Pawlik VP (2021) Design Matters! How Visual Gendered Anthropomorphic Design Cues Moderate the Determinants of the Behavioral Intention Towards Using Chatbots. In: Conversations – International Workshop on Chatbot Research.

Ruane E, Farrell S, Ventresque A (2021) *User Perception of Text-Based Chatbot Personality.* In: Følstad A, Araujo T, Papadopoulos S, et al. (eds) *Chatbot Research and Design.* Springer International Publishing, Cham, pp 32–47.

Silvervarg, A., Raukola, K., Haake, M., Gulz, A. (2012): The effect of visual gender on abuse in conversation with ecas. In: International Conference on Intelligent Virtual Agents. pp. 153–160. Springer.

Conversation Design: Domäne, Flow, Prototyping

5.1 Chatbot-Entwicklung in Iterationen

Im vierten Schritt der Chatbot-Entwicklung (Abb. 5.1) zahlt es sich aus, wenn Use Case und Chatbot-Skizze gründlich erarbeitet wurden: Sie sind die Leitplanken für die Verfeinerung des Dialogablaufs und das Prototyping. Jetzt wird auch besonders gut erkennbar, dass ein Chatbot in Iterationen und agil entwickelt wird. Die Implementierung des Conversational User Interface beginnt nicht erst dann, wenn alle Dialoge ausformuliert sind, sondern sobald die wichtigsten Dialogpfade in ihren Grundzügen stehen, also mit dem Proof of Concept oder unmittelbar danach. Denn Gesprächsbeiträge zu texten, ist das eine; sie in einem Chatverlauf zu erleben, etwas ganz anderes. Die Schritte 4 und 5 und zum Teil auch Schritt 6 durchlaufen Conversation Designer also in Schleifen immer wieder, wobei sich allmählich das Gewicht verlagert. Anfangs werden die Dialoge nur exemplarisch umgesetzt, um zu sehen, wo Dialogablauf und Chatbot-Prompts noch Lücken oder Schwächen aufweisen, später nimmt die Umsetzung im Chatbot-Tool den größeren Raum ein, das Strukturieren und Copywriting verliert an Bedeutung.

Wichtige Arbeitspakete sind in diesem Zusammenhang:

- Aufbau der Chatbot-Domäne
- Ausdifferenzieren des Dialogablaufs („flow")
- Definieren des CUX-Styleguide
- Prototyping

Am Ende des vierten Arbeitsschritts steht ein mehr oder weniger ausgefeilter und ausgereifter Prototyp des Chatbots, der für eine erste Evaluierung durch Test-User geeignet ist. Die Ergebnisse der Evaluation werden dokumentiert und dienen als Ausgangspunkt für die Weiterentwicklung.

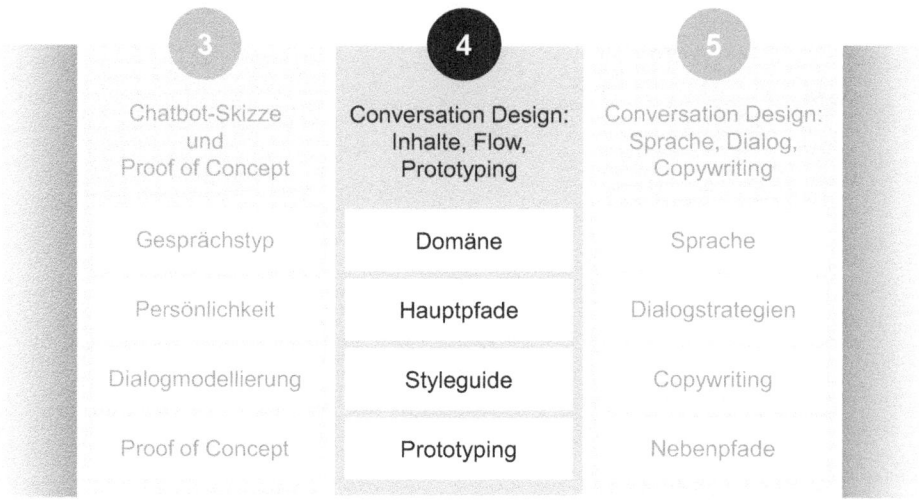

Abb. 5.1 Aufgaben im vierten Schritt der Chatbot-Entwicklung

5.2 Die Domäne des Chatbots

5.2.1 Die Sammelphase

Bevor Sie genauer überlegen können, wie Ihr Chatbot kommuniziert, brauchen Sie Klarheit darüber, was er überhaupt zu sagen hat. Im Zusammenhang mit der Definition des Use Case haben Sie einen Teil dieser Arbeit bereits erledigt (vgl. Abschn. 2.4.4). Jetzt geht es darum, die benötigten Inhalte und die resultierende Domänenkompetenz vollständig zu erfassen:

- Wie wird die Arbeit, die der Chatbot übernehmen soll, bisher gemacht?
- Welche Handbücher, Checklisten, Knowledge-Base-Artikel werden dafür genutzt?
- Sind Datenbanken vorhanden mit Inhalten, die für den Use Case wichtig sind?
- Oder steckt das Wissen vor allem in den Köpfen der Mitarbeiter:innen?

Sammeln Sie alles, was Sie bekommen können. Prüfen Sie, ob es Wissensdatenbanken, Archive oder Ähnliches gibt, das sich mit dem Chatbot integrieren lässt. Wenn das Wissen noch nicht dokumentiert ist, führen Sie Interviews, bitten Sie darum, Vorgehensweisen und Auskünfte aufzuschreiben, oder Ihnen an Schriftlichem zur Verfügung zu stellen, was vorhanden ist; oft findet sich zum Beispiel in E-Mails doch noch eine ganze Menge.

Vermutlich wird bei dieser Recherche einiges zusammenkommen, und auch die Lücken werden deutlich. Deshalb ist es so wichtig, dass Sie schon im Kontext der Use-Case-Beschreibung überlegen, für welche Themen der Chatbot zuständig sein soll und für welche nicht, um auf dieser Grundlage die Informationen zu priorisieren.

▶ **Tipp** Wenn zu dem Thema, das der Chatbot bearbeiten soll, bereits Wissensdatenbanken vorhanden sind, liegt der Gedanke nahe, den Chatbot direkt auf diese zugreifen zu lassen. Die dafür notwendigen Schnittstellen zu schaffen, bedeutet natürlich etwas Aufwand, ist aber in der Regel gut machbar.

Problematischer ist jedoch, dass diese Texte in der Regel nicht für Chatbots geschrieben wurden. Stellen Sie sich vor, ein Mensch, mit dem Sie bis eben noch nett geplaudert haben, fängt plötzlich an, Lexikonartikel zu zitieren – das wäre ein irritierendes Gesprächsverhalten. Genau diese Irritation stellt sich auch ein, wenn die Dialogbeiträge weder in chatgerechter Sprache formuliert noch angepasst an den speziellen Anwendungsfall, Kontext und die Persönlichkeit des Chatbots sind.

Am besten wäre es deshalb, Sie bearbeiten tatsächlich alle Texte, um eine möglichst stimmige Conversational Experience zu schaffen. Wenn die Domäne sehr umfangreich ist, ist das allerdings nicht immer möglich. In diesem Fall können Sie zu kommunikativen Tricks greifen. Dass der Chatbot Lexikonartikel zitiert, wird plausibel, wenn er vorher angekündigt hat, für Sie etwas nachzuschlagen. Oder wenn er ein überaus belesener Nerd ist, der gerne aus seinem schier unerschöpflichen Wissensschatz zitiert. Das können Sie nachbilden – mit der passenden Persönlichkeit des Chatbots oder indem Ihr Chatbot „Zitate" aus der Wissensdatenbank geschickt in den Dialog einbindet. Ausufern sollte die Belesenheit und Mitteilungsfreude des Chatbots aber nicht – die Textmenge sollte immer dem Medium Chat angemessen sein (vgl. dazu auch Abschn. 6.2).

Neben dem Wissen in Textform recherchieren und sammeln Sie Einzelmedien und Medienbibliotheken für Grafiken, Illustrationen, Fotos, Filme, Audio, und Ähnliches, die Sie nutzen können, ohne Lizenzbestimmungen zu verletzen. Danach wissen Sie außerdem, welche Medien gegebenenfalls ergänzend neu produziert werden müssen.

5.2.2 Die Domäne definieren

Nun kommt der schmerzhafte Teil. Auch wenn es schön wäre, wenn der Chatbot über alle relevanten Inhalte, die Sie gefunden haben, sprechen könnte – Sie müssen ihn begrenzen. Und zwar nicht einfach irgendwie, sondern gemäß der Relevanz für den Use Case und das Erreichen der Gesprächsziele. Voraussetzung dafür ist, dass Sie die Inhalte strukturieren und vor allem priorisieren. Während Sie diese inhaltliche Arbeit erledigen, bauen Sie Stück für Stück den Informationsraum auf, in dem Ihr Chatbot agiert; mit allen Verbindungen, Verzweigungen, Grenzen und Informationsbausteinen, die für den Anwendungsfall nötig sind.

Listen Sie alle Themen und Unterthemen auf, zu denen der Chatbot etwas sagen können muss. Welches Vorgehen Sie wählen, ist Geschmackssache. Vielleicht sammeln

Sie für einen Support-Chatbot erst einmal alle bekannten Anwenderfragen und gruppieren diese – ein naheliegendes Vorgehen insbesondere für FAQ-Bots, aber auch eines, bei dem Sie Gefahr laufen, den Wald vor lauter Bäumen nicht mehr zu sehen. Oder Sie überlegen anhand des bereits gesammelten Materials, zu welchen Themen der Chatbot überhaupt etwas sagen kann und welche davon am besten zu den geplanten Zielen und Nutzen beitragen, und verknüpfen diese erst in einem zweiten Schritt mit möglichen Fragen der Zielgruppe.

Ihre Themenliste ist die Voraussetzung dafür, dass Sie bewältigbare Arbeitsportionen für den Aufbau der Domäne erhalten. Naheliegend ist für die Themensammlung eine Liste oder Tabelle, und für viele Conversation Designer funktioniert das auch gut. Allerdings lassen sich in einer Liste oder Tabelle thematische Verbindungen und Überschneidungen nicht gut abbilden. In Online- oder Präsenz-Workshops hat sich bewährt, Themen auf Kartei- oder Moderatorenkärtchen zu schreiben und an der Pinnwand gemeinsam zu gruppieren.

Im nächsten Schritt strukturieren Sie die Inhalte, die Sie in der Sammelphase identifiziert haben. Dabei helfen Fragen wie:

- Welche Informationsbausteine gehören inhaltlich zusammen?
- Wo gibt es Überschneidungen?
- Welche Informationen bauen aufeinander auf?

Mit Mindmap-Tools lässt sich die Domäne in ihrer thematischen Struktur und ihren Verknüpfungen gut darstellen. Nebenbei liefert Ihnen die Themen-Mindmap eine gute Ausgangsbasis, wenn Sie den Dialogablauf ausarbeiten.

Bewerten und priorisieren Sie anschließend die Inhalte:

- Welche Inhalte sind für den Use Case am relevantesten?
- Welche tragen mehr als andere dazu bei, dass die Nutzenden ihr Ziel erreichen?
- Was sind zentrale Informations- und Medienbausteine, ohne die es einfach nicht geht?

Seien Sie bei der Priorisierung unerbittlich, auch wenn es weh tut – die Versuchung ist groß, jede Information als wichtig anzusehen, denn wenn es nicht wichtig wäre, wäre es doch gar nicht in der Vorauswahl gelandet ... Aber wie schon gesagt: Sie können nicht alles gleichzeitig machen, Sie müssen irgendwo anfangen. Überlegen Sie, was der Chatbot tatsächlich im Gespräch vermitteln muss, worauf er vielleicht weiterverweisen kann oder was er als Zusatzinformation in anderer Form zur Verfügung stellen kann, zum Beispiel als verlinktes Video, als Download-PDF.

Oft genügt hier die Arbeit mit einem Textdokument, in dem Sie erst einmal alle Inhalts-Textbausteine zu den jeweiligen Themen sammeln. Bei umfangreichen Themen mit vielen Unterthemen können es auch mehrere Textdokumente sein.

5.2 Die Domäne des Chatbots

▶ **Tipp** Spätestens an dieser Stelle wird offensichtlich, welche Inhalte beziehungsweise Informationsbausteine derzeit noch nicht verfügbar sind. Daraus ergibt sich, abhängig von der Anzahl der fehlenden Informationen, ein mehr oder weniger großes Arbeitspaket, in dem die Informationen beschafft oder neu erstellt werden. Sie können parallel weiter an der Domäne arbeiten und die Lücken vorläufig mit Dummy-Titeln und -Inhalten füllen, um im weiteren Prozess nach und nach die richtigen Inhalte einzupflegen.

Als letzten Schritt ergänzen Sie in Ihrer Themenliste oder Ihrem Domänendiagramm die Medien, die es zu den Themen geben soll. Die Produktion fehlender Medien sollte so früh wie möglich beauftragt werden, denn sie bindet in der Regel mehr Zeit und Ressourcen als vermutet. Oft reicht es auch aus, vorhandene Medien gestalterisch anzupassen, was jedoch ebenfalls zeitlich zu berücksichtigen ist.

Nun haben Sie eine Liste mit den relevanten Themen und Unterthemen und zugeordneten Inhalts- beziehungsweise Informations- und Medienbausteinen erstellt inklusive Priorisierung für die Umsetzung. Statt einer Liste haben Sie vielleicht auch einen Graphen oder ein Informationsnetz definiert und die Chatbot-Domäne anschaulich vor sich.

Der Aufbau der Chatbot-Domäne folgt ähnlichen Regeln wie generell das Wissens- beziehungsweise Informationsmanagement. Dementsprechend sollten die Inhalte der Domäne in das Wissensmanagement eingebunden sein. In diesem Zusammenhang immer wieder auftretende Fragestellungen sind:

- Wo liegen welche Domänenelemente? Wie sind sie zugreifbar? Von wem, wie und wie oft werden sie gepflegt?
- Wie kommen neue Elemente hinzu?
- Wie werden vorhandene Domänenelemente aktualisiert? Automatisiert über Schnittstellen zu Informationsdatenbanken, teilautomatisiert, mittels manueller Pflege?

Wenn die Pflege manuell geschieht, ist es notwendig, die entsprechenden Subject Matter Experts über entsprechende Update-Prozesse in das Continuous Improvement einzubinden. Bei einer (teil-)automatischen Übernahme von Domänenelementen aus externen Datenbanken in den Dialog wiederum ist zu überlegen, wie die Rückkopplung neuer oder geänderter Domänenelemente mit dem Conversation Design und die Einbindung in die Qualitätssicherung im Rahmen des Continuous Improvement des Chatbots erfolgt.

5.2.3 Aufbereiten der Inhalte für die Konversation

Nun wird es knifflig: Es ist sinnvoll, die textuellen Inhalte noch einen Schritt weiter aufzubereiten, als Ausgangsbasis für die späteren Chatbot-Prompts, die Sie im Rahmen des Copywriting schreiben.

Wie gehen Sie dabei am besten vor? Sie zerlegen zuerst Ihre Inhalte in „kleinste sprechbare Sinneinheiten". Das heißt, Sie portionieren die Informationen so, dass sie ungefähr in einen Gesprächsbeitrag des Chatbots passen. Und das ist nicht viel! Ein bis drei Zeilen pro Sprechblase, maximal fünf Zeilen, längere Beiträge werden nicht mehr wirklich gelesen, sondern nur noch gescrollt. Und mehr als zwei bis drei Sprechblasen gleichzeitig sollten es auch nicht sein, wenn der Chatbot die Nutzer:innen nicht „zutexten" soll. Für die kleinsten sprechbaren Sinneinheiten sind also ein bis zwei Zeilen im Textdokument angemessen; wenn es länger ist, sollten Sie die Sinneinheit noch weiter zerlegen. Damit schaffen Sie die Voraussetzung, dass der Chatbot die Inhalte später in chatgerechter Form vermitteln kann (siehe dazu auch Abschn. 6.2).

▶ **Definition** Die *KSE*, die *kleinste sprechbare Sinneinheit*, ist die Informationsmenge, die der Chatbot in einem Gesprächsbeitrag unterbringen kann. Eine KSE ist die textuelle Vorstufe für eine „turn-constructional unit".

Eine inhaltlich abgeschlossene Aussage innerhalb eines Gesprächsbeitrags nennt man *Äußerungseinheit (turn-constructional unit, TCU)*. Ein Gesprächsbeitrag kann aus einer einzigen TCU, aber auch aus mehreren TCUs bestehen.

Am Ende gehen Sie die kleinsten sprechbaren Sinneinheiten noch einmal durch, priorisieren sie erneut und strukturieren nach, wo nötig. Dabei kann sich auch der Themenbaum und damit der Informationsraum in seiner Struktur wieder verändern.

Diese Arbeiten sind sehr gut bei Ihrem Subject Matter Expert aufgehoben; gegebenenfalls können versierte Copywriter unterstützen, um schon ein wenig die Formulierungsarbeit für die Chatbot-Prompts vorzubereiten. Fachliche Beratung durch das Conversation-Design-Team ist ebenfalls notwendig, damit die Konstruktion der Domäne in die richtige Richtung geht.

5.3 Vom Ablaufdiagramm zum funktionierenden Dialog

5.3.1 Den Dialogablauf ausdifferenzieren

Für die Verfeinerung des Dialogablaufs werden die in der Skizze lediglich angedeuteten Pfade ausgebaut und durch Verzweigungen, Weiter- und Umleitungen stärker differenziert. Im iterativen Conversation Design lohnt es sich, die Leitfragen für das erste Dialogmodell noch einmal zu stellen und auf Grundlage der Erkenntnisse aus dem Proof of Concept die bisherigen Entwurfsentscheidungen zu überprüfen:

5.3 Vom Ablaufdiagramm zum funktionierenden Dialog

- Wo passt der skizzierte Gesprächsverlauf bereits und wo noch nicht?
- Welche Gesprächsphasen und -elemente (Pfade, Stories) sind notwendig?
- Welche Nebenpfade sind anzupassen?
- Was beziehungsweise wo sind sinnvolle Ausstiegs- und Endpunkte?
- Welche Informationen braucht der Chatbot, um seine Aufgabe zu erfüllen?
- Auf welche „Knotenpunkte" führt der Chatbot die Nutzer:innen immer wieder zurück, damit sie von dort aus selbst die nächsten Pfade auswählen?

Um den Dialogablauf abzurunden, sind vertiefende Fragen nützlich:

- Wo übernimmt der Chatbot die Gesprächsführung, wo überlässt er sie dem User?
- Wo und wie weit verzweigen sich Gesprächspfade?
- Wo und wie laufen Gesprächspfade auch wieder zusammen?
- Was sind nur Variationen eines Pfades, die zum Beispiel von dem Wert einer Entity abhängen, aber letztlich derselben Gesprächsstruktur folgen; was sind Varianten, die eine eigenständige Bearbeitung brauchen?
- Welche Fragen oder Schwierigkeiten könnten die Nutzenden unterwegs haben, die der Bearbeitung beziehungsweise Klärung bedürfen?

An dieser Stelle ist es bei umfangreicheren Konversationen oft nicht mehr zweckmäßig, ein großes, vollständiges Ablaufdiagramm zu pflegen. Legen Sie lieber Teildiagramme für die im Hauptdiagramm aufgeführten Dialogpfade an. Das Haupt- oder Übersichtsdiagramm dient Ihnen dann als eine Art Inhaltsverzeichnis. Achten Sie deshalb darauf, es stets aktuell zu halten.

Nach der Verfeinerung sollte das Ablaufdiagramm jeden Dialogschritt und alle Verzweigungen, die Sie zu diesem Zeitpunkt behandeln wollen, aufführen. Sie müssen allerdings keineswegs alle möglichen Verzweigungen ausarbeiten – das ist, wenn Sie nicht auf einen vollständig strukturierten, Button- beziehungsweise optionsbasierten Dialog setzen, auch gar nicht möglich. Wichtig ist, dass Sie alle aus Nutzersicht wesentlichen Möglichkeiten abbilden, die weiter zum Ziel führen. Ihr Chatbot wird im Betrieb ohnehin noch ganz andere Eingaben erhalten, als Sie vorausgedacht haben; den Dialog entsprechend auszubauen ist dann Aufgabe der kontinuierlichen Weiterentwicklung nach dem Go-live.

5.3.2 Chatbot- und User-gesteuerter Dialog

Eng mit der Sequenzstruktur und dem Dialogablauf hängt die Frage zusammen, wer im Dialog die aktive Gesprächsführung übernimmt. Bei aufgabenorientierten Conversational Services steuern typischerweise die Chatbots das Gespräch und weisen den Nutzer:innen nach dem Onboarding eine eher reaktive Rolle zu; bei FAQ-Bots ist es umgekehrt und die Konversation ist User-gesteuert. Die Ziele, die Sie im Zusammenhang mit dem Use Case definiert haben, und der Nutzen, den der Chatbot erbringen soll, geben vor, wohin der Dialog führt. Mit dem Dialogablauf entwickeln Sie einen Plan, wie das konkret gelingen kann: Was der Chatbot auf welche Eingabe erwidert, welche Gesprächsangebote er wann macht, mit welchen Gesprächsstrategien er effizient zum Ziel kommt.

Die Schwierigkeit besteht darin, dass die Nutzer:innen möglicherweise ihren ganz eigenen Plan haben und Dinge in den Chat eingeben, die vom Ziel erst einmal wegzuführen scheinen. Damit umzugehen, ist für jeden Chatbot schwierig. Deshalb sind kommunikative Strategien so wichtig, die den Plan transparent machen und den Dialog so gut wie möglich in der Spur halten – am besten, ohne dass es langweilig wird. Dazu tragen die genaue Formulierung der einzelnen Prompts, die im Copywriting erfolgt, und die darin verankerten Gesprächsstrategien entscheidend bei (vgl. Kap. 6); wesentlich ist aber auch, wer wann die Steuerung des Dialogs übernimmt: Führt der Chatbot aktiv das Gespräch oder überlässt er dies den Nutzer:innen?

Aufgabenorientierte Chatbots müssen zumindest in bestimmten Gesprächsphasen die Gesprächsführung übernehmen, um sicherzustellen, dass sie alle Informationen erhalten, die sie zur Bearbeitung der Aufgabe benötigen. Auch Chatbots mit einem kommunikativen und themenorientierten Auftrag wie Support-Chatbots, Lernbots oder virtuelle Coaches spielen oft eine aktivere Rolle im Dialog, gleichzeitig lassen sie idealerweise den Nutzenden genügend Autonomie.

Gerade bei User-gesteuerten Chatbots, die wenig aktive Dialogstrategien aufseiten des Chatbots einsetzen, endet der Dialog in der Regel sehr schnell. Das kann wie bei FAQ-Bots durchaus gewollt sein, oft endet er aber auch zu schnell. Chatbots, die auf eine User-gesteuerte Dialogstruktur setzen und zur Begrüßung sinngemäß sagen: „Frag mich etwas", scheitern genau daran. Dass Nutzer:innen gleich zu Beginn eine Frage stellen, auf die der Chatbot eine Antwort weiß, ist nicht allzu wahrscheinlich, und wenn er mit einer Standard-Fehlermeldung wie „Ich habe dich leider nicht verstanden" reagiert, wissen sie nicht, ob es an der Formulierung lag oder ob er inhaltlich nichts dazu sagen kann. Ein Chatbot kann in der Theorie noch so gut sein und die besten Gesprächsangebote auf Lager haben – wenn die Nutzer:innen nicht bis zu ihnen vorstoßen, haben sie nichts davon.

Wie bei den Gesprächstypen (vgl. Abschn. 4.2) ist es nicht immer sinnvoll, sich strikt für eine Steuerungsvariante zu entscheiden. Gerade bei komplexeren Dialogen ist für jede Dialogsituation, nach jedem Dialogschritt zu fragen: Was ist hier nötig, was ist hilfreich? Starr in einem Muster zu bleiben, führt oft zu einer unnatürlich wirkenden Conversational Experience. Denn gute menschliche Gespräche zeichnen sich gerade dadurch aus, dass mal der eine, mal die andere die Führung im Gespräch übernimmt. Hier ist ein vielversprechender Ansatz die geschickte Kombination aus Chatbot-gesteuerten und User-gesteuerten Sequenzen sowie eine Rückbesinnung auf menschliche Gesprächsstrategien, wann immer dies möglich ist.

Studien und Befragungen zeigen, dass aktive Gesprächsangebote des Chatbots meist gerne angenommen werden. Hinzu kommt, dass eine Chatbot-gesteuerte Dialogführung im Conversation Design und technisch leichter zu handhaben ist. So haben Chatbots, die auf eine gemischte Dialogführung setzen, in der User-gesteuerte Sequenzen mit Chatbot-gesteuerten Gesprächsabschnitten abwechseln, und die außerdem gezielt Interaktionselemente wie Buttons verwenden, die besten Erfolgsaussichten, sowohl mit Blick auf die Zielerreichung als auch die Akzeptanz.

5.3.3 Den Use Case systematisch operationalisieren

Ein zentraler Arbeitsschritt im Conversation Design besteht darin, den Use Case und die Zielsetzung dialogbezogen zu operationalisieren. Dies erfolgt Zug um Zug, von einem Dialogschritt zum nächsten. Hierbei hilft es, sich zu vergegenwärtigen, wie ein Chatbot-Dialog funktioniert (vgl. Abb. 5.2): Die Eingabe oder Utterance eines Nutzers oder einer Nutzerin wird verarbeitet und per Intent-Klassifizierung einem Intent zugeordnet. Auf diesen reagiert der Chatbot mit einem Prompt, der die nächste Eingabe auslöst. Aus der Verkettung mehrerer Dialogschritte entsteht der Dialog.

Im Dialog muss der Chatbot sicherstellen, dass er alle Informationen bekommt, die er benötigt, dass also alle Entities mit einem passenden Wert belegt werden, alle offenen Slots gefüllt sind. Für die korrekte Verarbeitung der Entities ist es daher notwendig, den Dialog entsprechend zu führen und die Technik im Hintergrund vorzubereiten. Entities sind vor allem bei aufgabenorientierten Chatbots ein Thema. Bei themenorientierten Chatbots ist der Hauptauftrag ja das Erkunden eines oder mehrerer Themenfelder; hier geht es weniger darum, aufgabenorientiert Informationen zu sammeln und zu verarbeiten, als auf Eingaben sinnvoll zu reagieren.

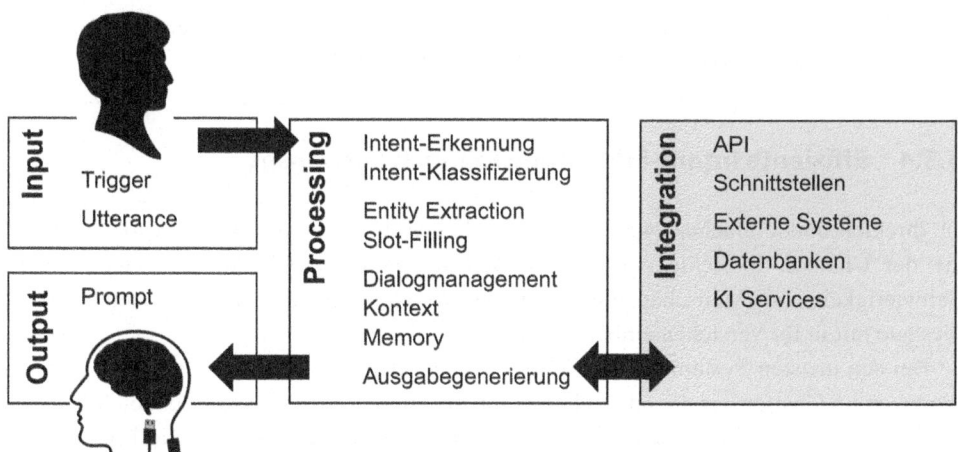

Abb. 5.2 Funktionsweise eines CUI

Damit die Paarsequenzen aus Nutzereingabe und Chatbot-Prompt tatsächlich sinnvolle Dialogsequenzen ergeben, ist bei der Intent-Klassifizierung der jeweilige Kontext zu berücksichtigen. Wenn der Chatbot beispielsweise eine Ja-/Nein-Frage stellt, muss die Intent-Klassifizierung erkennen, auf welchen Kontext sich die Antwort bezieht, um den richtigen Prompt auszulösen. Ähnliches gilt bei der Entity-Extraktion: Eine Entity wird umso leichter erkannt, je klarer durch den Kontext bereits ist, dass nach ihr gefragt wurde und in welcher Form sie von der Nutzerin vermutlich angegeben wurde.

Von den Prompts, den Gesprächsbeiträgen des Chatbots, hängt viel ab. Es ist essentiell, sie konsequent mit Blick auf die Zielerreichung wie auf den aktuellen Gesprächskontext zu formulieren, damit sie eine Reaktion auslösen, die das Gespräch weiter vorantreibt. Die detaillierte Formulierungsarbeit geschieht im Rahmen des Copywriting; zunächst reicht es aus, die Chatbot-Prompts vorläufig zu formulieren, ähnlich wie die Platzhalter-Beiträge in der Chatbot-Skizze. Im Unterschied zur Chatbot-Skizze begnügen Sie sich jedoch nicht mehr damit, die wichtigsten Dialogsequenzen zu benennen, sondern beschreiben die Pfade möglichst vollständig. Ziel ist es, alle für die Operationalisierung des Use Case im Dialog benötigten Beiträge des Chatbots zu identifizieren, im jeweiligen Pfad korrekt anzuordnen und im Rückgriff auf die „kleinsten sprechbaren Sinneinheiten" aus der Domäne im Entwurf zu texten.

▶ **Tipp** Spätestens jetzt sollten Sie die verschiedenen Entwicklungsstände nachvollziehbar halten. Dafür versionieren Sie am Ende jeder Überarbeitungsrunde Ihre Aufzeichnungen beziehungsweise Dokumente zu Ablaufdiagrammen, Pfaden, Intents, Entities, Kontexten und Turns.

Eine bewährte Methode, um die Versionen eindeutig zuzuordnen, ist die Benennung der Dateien nach einem festen Schema wie diesem: Kurze, systematische inhaltliche Bezeichnung + Nummer der Chatbot-Hauptversion + Versionsnummer des Diagramms + Namenskürzel + Datum

Die Datei *abcChatbot-dialogablauf-v1-b7-xy220914.[extension]* enthält den am 14. September 2022 von der Person mit dem Kürzel xy gesicherten Arbeitsstand des Ablaufdiagramms für den Chatbot abc.

5.3.4 Effiziente Intent-Erkennung mit Rich Responses

Je direkter und einfacher Nutzende ihr Anliegen formulieren, desto besser versteht sie der Chatbot. Indirekte Ausdrucksweisen stellen einen Chatbot vor viel größere Schwierigkeiten als Menschen, die auch nicht explizit mitgeteilte Informationen über das Gesagte mit in ihr Verstehen einbeziehen.

Bei den meisten Systemen sind Sie jedoch nicht darauf angewiesen, aus den Freitexteingaben im Chatfenster die tatsächlichen Intents zu identifizieren. Mit Schnellantworten (Quick Replies) oder reichhaltigen Bedienelementen (Rich Responses) wie Buttons und Links bieten Sie vorformulierte Utterances an, zwischen denen sich die Nutzenden durch

Klick auf das Bedienelement entscheiden. Rich Responses sind vor allem in Gesprächssituationen nützlich, in denen es entscheidend ist, dass der Dialog in einer bestimmten Richtung weitergeht.

▶ **Definition** Freitexteingaben im Chatfenster heißen auch *Simple Responses*.

Als *Rich Responses* oder *reichhaltige Bedienelemente* bezeichnet man im Conversation Design Buttons, Links, Menüs und ähnliche Formate.

Quick Replies oder *Schnellantworten* sind vorformulierte Antworten, die meist in Form von Buttons angezeigt werden. In vielen Tools werden nach der Auswahl einer Schnellantwort die übrigen ausgeblendet und im Chatverlauf nicht mehr angezeigt.

Die verschiedenen Chatbot-Tools unterstützen unterschiedliche Simple- und Rich-Response-Typen wie zum Beispiel die Freitexteingabe im Chatfenster, Buttons, Menüs, Karussell-Auswahlmenüs und Links.

Setzen Sie in Ihrem Conversation Design ganz auf Freitexteingaben oder soll Ihr Chatbot nach jedem Dialogschritt Auswahlbuttons anbieten? Ist dann alternativ immer auch eine Freitexteingabe möglich? Nutzen Sie an anderen Stellen im Dialog statt Buttons lieber Links? Wie auch immer Sie sich entscheiden: Der Einsatz der Response-Typen sollte einem klaren nachvollziehbaren Muster erfolgen. Wenn Sie ähnliche Inhalte oder Optionen mal über ein Menü, mal über Buttons, mal über Karussell-Auswahlmenüs anbieten, ist das verwirrend – und außerdem technisch unnötig aufwendig. Am besten legen Sie entsprechende Regelungen im CUX-Styleguide fest.

In vielen Fällen passt eine Mischform aus Buttons und Freitexteingabe. Allerdings ist es bei der Freitexteingabe wesentlich aufwendiger dafür zu sorgen, dass der Chatbot den Intent korrekt erkennt, als beim Einsatz von Rich-Response-Optionen, die Sie selbst vorformuliert haben.

Bei Chatbots, die ausschließlich für mobile Geräte konzipiert sind, ist es in der Regel besser, auf Freitexteingaben zu verzichten. Auf Mobilgeräten sind die Bildschirme klein und Tippen ist mühsam. Hier setzen die meisten Conversation Designer auf eine reine Button-Steuerung und blenden das Eingabefeld nur ein, wenn Daten eingegeben werden müssen.

5.3.5 Das Zusammenspiel von Intent-Klassifizierung, Entity-Extraktion und Slot-Filling

Ein zentraler Punkt im Conversation Design ist das optimale Zusammenspiel von Intent-Erkennung, Extraktion der benötigten Entities und Befüllen aller für die jeweilige Aufgabenerfüllung notwendigen Variablen mit Werten.

Hier gibt es in der Regel nicht nur einen Weg zum Ziel, sondern Sie entscheiden letztlich mehr oder weniger bewusst und abhängig von Ihren Voraussetzungen, Vorlieben und Erfahrungen als Conversation Designer, wie Sie die Methoden kombinieren.

Betrachten Sie folgendes fiktives Beispiel: Chatbot Shirty fungiert als virtueller Verkäufer in einem Online-Shop, der auf den Verkauf fair und gemäß Öko-Tex-Standard produzierter T-Shirts und Shorts spezialisiert ist. Stellen Sie sich folgenden Konversationsabschnitt am Ende des Onboarding vor:

Shirty: „Wie kann ich dir helfen?"

Shop-Besucher: „Ich möchte ein blaues T-Shirt kaufen."

Was ist hier der Intent? Klar, es geht darum, etwas zu kaufen. Aber welchen Intent genau modellieren Sie als Conversation Designer? Eine Variante: Der Intent ist „T-Shirt kaufen". Eine andere Variante: Der Intent ist „kaufen". In beiden Fällen reagiert Shirty auf das Schlüsselwort „kaufen", bei Variante 1 „weiß" Shirty jedoch schon, dass es um T-Shirts geht.

Was sind die relevanten Entities, die Chatbot Shirty extrahieren muss? Das hängt davon ab, wie Sie den Intent modelliert haben. Bei der ersten Variante „T-Shirt kaufen" ist die relevante Entity der Utterance die Farbe, in diesem Fall belegt mit dem Wert „blau". Bei der zweiten Intent-Variante „kaufen", enthält die Utterance des Shop-Besuchers zwei relevante Entities: die Produktkategorie T-Shirt und die Farbe Blau.

Wie reagiert Chatbot Shirty auf die Antwort des Shop-Besuchers? Zuerst teilt er vielleicht mit, was er verstanden hat, und lässt sich das bestätigen. Im Anschluss geht es ans Slot-Filling, also das aktive Erfragen weiterer Parameter, die die Auswahl der potenziell interessanten T-Shirts weiter eingrenzen wie beispielsweise Konfektionsgröße, Material und Schnitt.

Die Entity-Systematik hängt also von der gewählten Intent-Systematik ab. Und damit hängt auch das vom Chatbot gesteuerte Slot-Filling davon ab, welche Intents es gibt. Wenn Sie die Intents sehr spezifisch definieren, haben Sie weniger Arbeit mit den Entities und mehr Arbeit mit den Intents. Wenn Sie die Intents sehr allgemein definieren, ist es umgekehrt. NLUs bringen in der Regel eine ganze Reihe vordefinierter Entities mit wie zum Beispiel Datum, Farbe, Ort. Diese Entities müssen Sie nicht mehr explizit definieren, sondern nur prüfen, ob Sie für Ihren Anwendungsfall passen und gegebenenfalls anpassen, oder eigene Entities ergänzen. Aus Sicht des Chatbot-Tools sind das die „custom entities".

Sie sehen also, wie sehr der Verlauf der Konversation davon abhängt, welche Intents Sie festgelegt haben. Was Sie an dem Beispiel auch erkennen: wie aufwendig im Handling in diesem klassischen Anwendungsfall die Freitexteingabe ist. Weniger anfällig für Missverständnisse und effizienter in der Gesprächsführung ist es, wenn Chatbot Shirty am Ende des Onboarding die zu den definierten Intents passenden Buttons anbietet, sofern es nicht zu viele sind. Durch die Buttons steuert Shirty die Intent-Klassifizierung beziehungsweise die Extraktion der relevanten Entities (Parameter, Variablenwerte, Slot-Werte), sodass der Shop-Besucher genau weiß, was ihn erwartet und welche Informationen Shirty von ihm benötigt.

5.3.6 Kontextverständnis und Gedächtnis für einen guten Flow

Spätestens an dieser Stelle ist es unvermeidbar, sich als Conversation Designer über das benötigte Kontextverständnis und Pfad- oder Session-abhängige Gedächtnis des Chatbots sehr konkret klar zu werden.

Chatbots haben typischerweise ein sehr kurzes Gedächtnis, das im Standardfall nur bis zur aktuellen Nutzereingabe reicht. Das genügt auch manchmal, doch in vielen Fällen sollte das Gedächtnis etwas weiter zurück im Gesprächsverlauf reichen. Ein Chatbot, der sich nicht merkt, was er schon erzählt hat, wirkt schnell unkonzentriert, fahrig und inkompetent und ist oft nicht in der Lage, seinen Job gut zu machen. Ein einfaches Beispiel: Wenn der Chatbot eine Ja-/Nein-Frage stellt, muss er nach der Antwort „Ja" oder „Nein" noch wissen, worauf sich die Antwort bezieht. Er braucht also ein Gedächtnis für den Kontext der Frage. Im Conversation Design sorgen Sie dafür, dass er sich an der richtigen Stelle an die richtigen Informationen „erinnert".

Bei der Ausarbeitung der Gesprächspfade prüfen Sie also sorgfältig, welche Kontexte Ihr Chatbot kennen und berücksichtigen soll, welche Anforderungen an Gedächtnis und Persistenz Ihr Use Case stellt und was Ihre Zielgruppe in dieser Hinsicht erwarten. Wenn Sie das Ablaufdiagramm weiter verfeinern, sind auch kontextabhängige Verzweigungen und Abhängigkeiten zu berücksichtigen.

Ein weiteres einfaches Beispiel liefert das Slot-Filling: Wenn der Chatbot wie im fiktiven Beispiel Shirty Parameter für die T-Shirt-Auswahl der Reihe nach abfragt, muss er sich merken, welche Entities schon abgefragt wurden und welche Slots noch leer sind. Das gilt auch dann, wenn das Slot-Filling durch eine Gesprächsschleife unterbrochen wurde, und erklärt, warum es sinnvoll ist, bei einem umfangreicheren Slot-Filling dem Chatbot die Gesprächssteuerung zu überlassen.

Zu einem guten Kontextverständnis gehört im Übrigen auch, dass der Chatbot Informationen gezielt wieder vergisst. Wenn eine Nutzerin ein blaues T-Shirt gewählt hat, merkt sich der Chatbot die Farbe, bis das T-Shirt im Warenkorb liegt. Will sie ein weiteres T-Shirt kaufen, beginnt ein neuer Kontext, die Slots sind wieder alle leer. Wenn ein Auskunfts-Chatbot eine Frage beantwortet hat und die Sequenz abgeschlossen ist, darf er die nächste Eingabe nicht noch im Kontext der alten Frage interpretieren.

In der Praxis hängt es von Ihrem Chatbot-Tool ab, was Sie an Kontextverständnis und Gedächtnis konzipieren können und wie es konkret umzusetzen ist. Während manche Tools, wie beispielsweise Jix, Kontexte im Dialogverlauf setzen und zu einem beliebigen Zeitpunkt wieder aufheben können (vgl. Beispiel in Abb. 5.3), kann bei anderen Tools, wie zum Beispiel AIML, Kontextverständnis nur über die schrittweise Verkettung von Kontextverweisen von einem Intent bzw. Dialogbeitrag zum nächsten erreicht werden.

Die folgenden Fragen helfen Ihnen dabei, die Aspekte Kontextverständnis und Memory im Conversation-Design-Prozess angemessen zu konzipieren:

```
// Lektionsende
text WASISTKI_SCHLUSS =
  { done.wasistki=true }
  Ich habe dir alles erzählt, was ich [ zu dem Thema | dazu | darüber ] weiß.
  ( Wenn du magst, erzähle ich dir [jetzt], | Ich erzähle dir [statt dessen]
  gerne, ) wo "KI" schon angewendet wird.
  { responses.addButtons (
    "Ja, ich will Anwendungsbeispiele kennenlernen.",
    "Ich möchte lieber ein anderes Thema."
  ); }
  @kibeispieleuebergang

rule = @?kibeispieleuebergang
  JA
  → KI_BEISPIELE_START

rule = @?kibeispieleuebergang
  NEIN
  → THEMEN_WECHSEL
```

Abb. 5.3 Setzen und Abfrage von Kontexten in Jix

- Welche Kontexte kennt Ihr Chatbot an welcher Stelle im Dialogablauf?
- An was erinnert er sich bei einer bestimmten Eingabe?
- Wie lange hält sein Gedächtnis vor?
- Was sind Voraussetzungen für ein gewünschtes Kontextverständnis? Sind diese Voraussetzungen im Rahmen des Conversation Design leistbar?
- Erinnert sich Ihr Chatbot auch in einer Folge-Session noch an das, was in einer früheren Session besprochen wurde?

5.3.7 Knotenpunkte und Rettungsringe

Dass Nutzer:innen aktiv navigieren können, ist ein wesentlicher Aspekt für die Usability beziehungsweise Bedienfreundlichkeit einer Software. Software-typische Navigationsbefehle wie „Zurück", „Home" und Ähnliches sind in einem Chat allerdings unüblich und wirken deplatziert, außerdem erfordert beispielsweise die User-Eingabe „Zurück" oder „Rückgängig" in einem Chatbot-Dialog etwas mehr Aufwand für die Umsetzung. Für das Zurücksetzen muss sich der Chatbot an den vorherigen Gesprächsbeitrag erinnern und gegebenenfalls belegte Variablen und Entities wieder neu erfassen.

Sehr einfach umzusetzen und gleichzeitig wirkungsvoll ist es dagegen, Knotenpunkte im Dialogablauf zu schaffen, die der Chatbot im Gespräch immer wieder ansteuern kann, insbesondere, wenn er mit Benutzereingaben zu tun hat, die er nicht versteht. Wenn ein Knotenpunkt außerdem mit einem expliziten Schlagwort belegt wird, wie in Abb. 5.4, kann er auch als „Rettungsring" dienen, wenn das Gespräch in die Irre zu gehen droht.

Mithilfe von Knotenpunkten lassen sich auch „Zurück"-Befehle – die im Gespräch durch Äußerungen wie „Ich habe es mir anders überlegt", „Nein, doch lieber blau" und vieles andere mehr ausgedrückt werden können – mit überschaubarem Aufwand umsetzen. Der Chatbot springt dann nicht genau einen Gesprächsschritt zurück, sondern zurück zum letzten Knotenpunkt, von dem aus der die Sequenz neu startet.

5.3 Vom Ablaufdiagramm zum funktionierenden Dialog

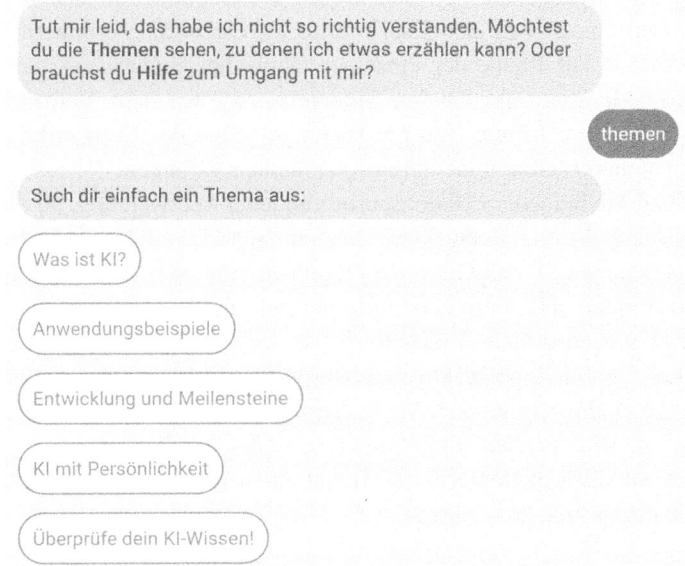

Abb. 5.4 Themen-Knotenpunkt von Lernbot Kim (time4you)

Um unnötigen Frust bei den Nutzenden zu vermeiden, sollte er dies jedoch transparent machen. Auch ist insbesondere bei auftragsorientierten Chatbots mit umfangreicher Entity-Extraktion zu berücksichtigen, dass abhängig von der Position des Knotenpunkts im Dialogverlauf das Gedächtnis möglicherweise partiell neu aufzubauen ist.

„Rettungsringe" sind Schlagwörter, die der Chatbot kommuniziert, mit denen die Nutzenden sicher einen bestimmten Dialogpfad ansteuern können. Rettungsringe können in den Hilfedialogen aufgelistet werden, sollten aber – wohl dosiert – auch in den normalen Dialogverlauf eingestreut werden, wie in dem Beispiel oben mit dem Knotenpunkt.

▶ **Tipp** „Rettungsring"-Wörter sollten Rettungsringe sein, keine Schwimmflügel. Wenn Ihr Chatbot nur auf Rettungsring-Wörter reagiert, aber kaum auf sonstige Eingaben, sollten Sie seine Intent-Erkennung unbedingt noch weiter ausbauen.

5.3.8 Pfade und Turns vervollständigen

Auf Basis der bisher identifizierten Pfade, Intents, Entities und Turns vervollständigen Sie nun den Dialog in Bezug auf alle benötigten Pfade und die Gesprächsbeiträge des Chatbots.

Dafür gleichen Sie die Prompts mit der Domänenarchitektur und den zugehörigen Informationsbausteinen sowie den User Stories ab. Daraufhin verfeinern Sie die einzelnen Sequenzen bis zur Ebene der einzelnen Turns beziehungsweise der Prompts, die inhaltlich den „kleinsten sprechbaren Sinneinheiten" aus dem Domänenkonzept entsprechen sollten. Diese formulieren Sie später im Zuge des Copywriting aus; falls Ihr Produktionstool das erlaubt, in mehreren sprachlichen Varianten.

Kontrollieren Sie bei jedem Dialogschritt und jeder Verzweigung, ob die angebotenen Optionen tatsächlich die Bedürfnisse beziehungsweise die wesentlichen Antwortmöglichkeiten spiegeln. Wenn Optionen redundant sind oder wichtige Optionen fehlen, werden Nutzer:innen das Gespräch als nicht hilfreich oder irrelevant bewerten und beenden, bevor das eigentliche Ziel erreicht ist. Deshalb ist es nötig, alle Pfade einmal konsequent aus der Nutzerperspektive zu überprüfen. Dabei werden Sie vermutlich feststellen, dass Sie Dialogschritte oder Verzweigungen vergessen haben, und so arbeiten Sie eine Zeitlang an Dialogablauf und Prompts in einer Art Pendelbewegung. Möglicherweise müssen Sie auch punktuell noch einmal einen weiteren Schritt zurück gehen und im Domänenkonzept Inhalte ergänzen.

▶ **Tipp** Aus der Forschung ist ein interessanter Effekt bei Chatbot-Turns bekannt: Je länger der Chatbot „spricht", desto kürzer werden die Beiträge der Nutzer:innen, bis hin zum Schweigen und Abbruch der Konversation.

Im Conversation Design beeinflusst die Abfolge und Länge der Chatbot-Beiträge den Rhythmus des Dialogs. So wecken Sie zum Beispiel erneut Interesse, indem Sie in schneller Folge eher kurze Prompts ausgeben. Umgekehrt wirken etwas längere Prompts ausgleichend und beruhigend.

Das reguläre Ende eines Hauptpfads ist im besten Fall erreicht, wenn die Aufgabe erledigt ist. Ebenfalls regulär endet ein Hauptpfad, wenn der Auftrag nicht erfüllbar ist. Beide Varianten des Gesprächsabschlusses und ihre Nuancen werden im Conversation Design von Anfang an hinsichtlich der spezifischen Gesprächsbeiträge und Pfadverläufe berücksichtigt. Bei themenorientierten Chatbots ist es sinnvoll, am Ende eines Hauptpfades, der ja typischerweise einem in sich abgeschlossenen Themenkomplex entspricht, alternativ zu dem regulären Session-Ende den Übergang zu einem anderen Hauptpfad anzubieten.

Wenn Sie die Hauptpfade vollständig beschrieben haben, ergänzen Sie die wichtigsten Nebenpfade, wie zum Beispiel Rückfrage- oder Themenklärungssequenzen und Hilfepfade. Überlegen Sie dabei auch, wie Sie mit etwas Kreativität schwierige Dialogsituationen und typische Chatbot-Sackgassen vermeiden oder zumindest entschärfen können, indem Sie die Dialogpfade etwas ausbauen.

Beispielsweise ist es technisch und auch aus Gründen des Datenschutzes bei externen Nutzer:innen nur schwer bis nicht zu realisieren, dass der Chatbot sich „merken" kann, ob jemand schon einmal da gewesen ist, selbst wenn es sinnvoll wäre, das im Gespräch zu berücksichtigen. Eine mögliche Lösung ist, den Chatbot agieren zu lassen, wie einen

Menschen mit mittelmäßigem Gedächtnis: „Kennen wir uns schon?" kann er sinngemäß zu Beginn des Gesprächs fragen, um dann – beispielsweise – je nach Antwort eine kurze Einführung zu geben oder direkt in den eigentlichen Inhalt des Gesprächs einzusteigen. Oder der Chatbot bietet standardmäßig die eigene Bedienungsanleitung neben den weiterführenden Optionen als Button am Anfang an – schließlich will vielleicht auch jemand, der den Chatbot bereits genutzt hat, noch einmal die Nutzungshinweise nachlesen.

Eine andere nicht vermeidbare Sackgasse ist eher inhaltlicher oder task-bezogener Natur. Sie tritt auf, wenn der Chatbot nicht mehr weiterweiß, den Intent einfach nicht versteht oder eine Eingabe nicht richtig zuordnen kann. Ein mehrfach wiederholtes „Ich habe dich nicht verstanden" ist nicht besonders elegant und auch nicht notwendig. Stellen Sie sich einmal einen Menschen vor, der das mit einer solchen Beharrlichkeit, wie es Chatbots tun, wiederholt, ohne sein Verhalten zu ändern! Sie manövrieren Ihren Chatbot aus der Sackgasse heraus, indem Sie dafür kleine, eventuell an den Kontext angepasste ergänzende Hilfsangebote bereitstellen, die Sie mit einem Zählmechanismus für verschiedene Eskalationsstufen der Hilfe versehen.

5.4 Styleguide für die Conversational User Experience

5.4.1 Faktoren einer kohärenten Nutzungserfahrung

Für eine kohärente, in sich stimmige Nutzungserfahrung spielen viele verschiedene Faktoren zusammen. Dazu gehören die grundlegenden Aspekte der Chatbot-Entwicklung: Ziele, Use Case, Chatbot-Persönlichkeit, das gesamte Conversation Design. Hinzu kommen die unmittelbar sinnlich wahrnehmbaren Elemente innerhalb einer Session, die sich aus der visuellen und akustischen Repräsentation des Chatbots ergeben.

Auch das Branding des Chat-Layouts wie zum Beispiel die Anpassung von Farben und Formaten im Chatfenster an das Corporate Design wirkt sich auf die Nutzungserfahrung aus. Welche Endgeräte und Softwaretools die Zielgruppe verwendet und welche Infrastruktur (Serverkapazität, Bandbreite) vorhanden ist, beeinflusst ebenfalls die Conversational Experience. Sie ist außerdem abhängig vom digitalen Kontext, in den der Chatbot eingebettet ist. Eine App auf einem Smartphone oder Tablet-PC, ein Online-Shop, eine Website, ein Smart-Home-Gerät, eine Software-Anwendung im Büro oder in der Produktion unterscheiden sich in ihrer ästhetischen Wirkung auf die Nutzenden. Je unterschiedlicher dieser Kontext ist und je weniger Sie steuern können, aus welchem Kontext heraus Ihre Zielgruppe auf den Chatbot zugreift, desto besser ist es, die Ästhetik des Chatbots eher minimalistisch und neutral anzulegen. Alternativ passen Sie die Ästhetik und falls nötig auch die Funktionsweise des Chatbots an die jeweiligen digitalen Kontexte an.

Mediendesign-Profis entwickeln ein ästhetisches Konzept in der Regel in mehreren Iterationen mit prototypischen Visualisierungen, Moodboards und Mockups, um ihre Ideen zu veranschaulichen und zu überprüfen. Nutzen Sie ihre Kompetenz und Erfahrung, wenn Sie Ihren Chatbot entwickeln. Idealerweise kennt sich Ihr Design-Team im User-Interface- und User-Experience-Design gut aus. Alternativ beziehen Sie die entsprechende Expertise aus Ihrer Marketing- oder Kommunikationsabteilung oder einer externen Agentur in die Entwicklung des CUI-Design ein.

5.4.2 Der Conversational User Experience Styleguide

Die getroffenen Design-Entscheidungen bilden den Conversational User Experience Styleguide (kurz: CUX-Styleguide). Der CUX-Styleguide ist vielleicht nur ein Abschnitt innerhalb Ihres Corporate Design Styleguide, vielleicht aber auch ein eigenständiges Dokument. Stimmen Sie sich dazu frühzeitig und gut mit Ihrer Marketing- oder Kommunikationsabteilung ab.

Ein CUX-Styleguide enthält die für die Umsetzung notwendigen Definitionen und Vorgaben für

- die Gestaltung des Chats und des Chatfensters,
- die Optik von Grafiken, Bildern, audiovisuellen Medien und
- die Visualisierung des Chatbots.

Stärker inhaltlich orientierte Aspekte der Visualisierung des Chatbots im Sinne seiner visuellen und akustischen Repräsentation sind eng mit der Konzeption seiner Persönlichkeit verbunden. Sie finden diese Themen deshalb im Abschnitt über die Persönlichkeit des Chatbots (vgl. Abschn. 4.3, insbesondere 4.3.6). Wichtig ist darüber hinaus, sich mit den Verantwortlichen für den jeweiligen digitalen Kontext (App, Website, ...) abzustimmen und festzulegen, welche Position das Chatbot-Symbol und das Chatfenster innerhalb des digitalen Kontexts erhalten sollen.

Im CUX-Styleguide definieren Sie – soweit abweichend vom Standard-Layout des Chat-Tools möglich – das Layout des Chats hinsichtlich der Merkmale:

- Chatfenster: Form, Rahmen, Größe
- Farben: Hintergrund, Schrift, Rahmen, Buttons
- Typografie: Schriftart, Schriftschnitt, Schriftgröße

Weitere Festlegungen, die charakteristisch für Chatbot-Konversationen sind und in den CUX-Styleguide gehören, sind:

5.4 Styleguide für die Conversational User Experience

- Die primäre Interaktionsweise: Freie Texteingabe, ausschließlich über Rich Responses, eine Kombination aus Texteingabe und Rich Responses
- Darstellung der Turns: Form, Rahmen, Größe
- Systematik des Gebrauchs und Design der Rich Responses
- Systematik des Gebrauchs und Design von spezifischen Beitragstypen: Sie können zum Beispiel Infotext anders gestalten als Smalltalk-Beiträge und Hilfetexte etwas anders formatieren als die sonstigen Beiträge, um so die Benutzerführung optisch zu unterstützen.

▶ **Tipp** Die wenigsten Tools erlauben es, unterschiedliche Beitragstypen auch zum Beispiel über ein zentrales Stylesheet durchgängig unterschiedlich zu visualisieren. Sie können sich in diesem Fall ein Stück weit mit Key Visuals, Icons oder Emojis behelfen.

Bei einem Chatbot, der auf einer externen Plattform laufen soll, wie zum Beispiel WhatsApp, Skype oder Slack, bestehen sehr viel weniger Gestaltungsmöglichkeiten als bei einem webbasierten Chatbot. So prägen vor allem die verwendeten Bilder, Icons und Emojis das Design und Branding. Bilder und Icons, gegebenenfalls in CI-konformer bestimmter Farbgebung, unterstützen außerdem die Benutzerführung.

5.4.3 Gestaltung verwendeter Medien

Im CUX-Styleguide beschreiben Sie auch, wie die Medien, die im Chat genutzt werden, gestaltet sein sollen. Dies umfasst:

- Den medialen Stil von Grafiken und Bildern (zeichnerisch, fotorealistisch, malerisch, surrealistisch …)
- Die geplanten Medientypen und ihre Verwendung, sowie – falls erforderlich – eigene Styleguides für die Medientypen
- Die für Tonausgaben verwendete Stimme. Die Stimme kann auch bei Nicht-Voicebots eine Rolle spielen, wenn zum Beispiel Audio- oder Videoaufnahmen eingebunden werden.

Neben dem Sehen, Lesen und gegebenenfalls Hören lassen sich indirekt auch die übrigen Sinne durch optische und akustische Reize ansprechen. Hoch aufgelöste Fotos und Zooms, Texturen, Töne und Geräusche, 3D-Bilder und -Medien sowie Filme sind Beispiele dafür. Diese auf die sinnliche Wahrnehmung bezogenen Aspekte bilden in ihrer Gesamtheit die Atmosphäre, den „mood" des Dialogs und sind wichtige Faktoren der Conversational User Experience.

> **Beispiel**
>
> Das Storytelling-Projekt „Ich, Eisner" des Bayerischen Rundfunk im Jahr 2018/2019 erzählte die Geschichte der Revolution des Jahres 1918 und des ersten Ministerpräsidenten in Bayern, Kurt Eisner. Die Nutzer:innen erhielten automatisch vier Monate lang täglich (fiktive) Nachrichten von Kurt Eisner über WhatsApp auf das Handy und konnten so quasi in Echtzeit verfolgen, was 100 Jahre zuvor geschehen war. Mit der Ermordung und Beerdigung Kurt Eisners endete das Projekt.
>
> Die Nachrichten wurden angereichert mit Originalfotos aus der Zeit, in denen wichtige Bildteile in den charakteristischen Blau- und Rottönen des Projekts eingefärbt und damit hervorgehoben wurden. Hintergrundinformationen wurden mit einem wiederkehrenden Bild eines Plakats mit der Aufschrift „Aufruf" gekennzeichnet. ◀

5.5 Fallbeispiel: Event-Chatbot Zupy

5.5.1 Kontext und Use Case

Die Hauptaufgabe des Event-Chatbots Zupy bestand darin, die Aussteller und Partner der virtuellen Messe vorzustellen und auf das inhaltliche Angebot der virtuellen Messe mit Vorträgen, Workshops, Panel-Diskussionen aufmerksam zu machen. Das Ziel war, den Messebesucher:innen zu helfen, das inhaltliche Angebot der virtuellen Messe zu erschließen, und damit die Nutzung und auch die Akzeptanz der zu diesem Zeitpunkt neuen und ungewohnten virtuellen Veranstaltungsform zu verbessern. Darüber hinaus sollte der Chatbot der Imagepflege der Zukunft Personal Europe als zeitgemäße und innovative virtuelle Veranstaltung dienen.

Zielgruppen der Zukunft Personal Europe sind Fachleute aus der HR-Branche, von Mitarbeitenden in Personalabteilungen über Expertinnen und Experten für Arbeitsschutz, Weiterbildung, Gesundheitsmanagement und Organisationsentwicklung bis hin zu Personalvorständen. Sie sind in der Regel akademisch gebildet, informieren sich bereits vor dem Messebesuch über für sie relevante Schwerpunkte, und haben einen hohen Anspruch an die Informationsqualität. Ihre Affinität zu neuen Technologien ist sehr unterschiedlich, häufig jedoch eher schwach ausgeprägt.

Event-Chatbot Zupy wurde als Guide und Gastgeber für die virtuelle Messe konzipiert, der den Messebesucher:innen den Einstieg in die virtuelle Messewelt erleichtert, indem er sie freundlich in Empfang nimmt und Orientierungshilfe gibt, wie sie ihren virtuellen Messebesuch gestalten können. Zupy sollte die Schwerpunktthemen und Aussteller der Messe vorstellen können, auf Vorträge, Workshops Panel-Diskussionen hinweisen und abhängig von der Tageszeit auf anstehende Highlights im Programm aufmerksam zu machen.

Die Kommunikation mit Zupy erfolgte über Webchat auf der Webseite der virtuellen Messe. Dazu wurde ein Action-Button, der ein Overlay-Fenster für den Chat mit Zupy öffnet, im digitalen Eingangsbereich, in der digitalen Lobby, auf dem virtuellen Messeboulevard und in den Messehallen platziert. Die Umsetzung des Chatbots erfolgte mit dem skript- und regelbasierten Tool Jix. Um den Messebesucher:innen größtmögliche Orientierung zu bieten, wurde ein strukturierter Dialog mit Rich Responses in Form von Buttons, Links und Bildern realisiert; daneben blieb Freitexteingabe an jeder Stelle des Dialogs möglich.

5.5.2 Persönlichkeit, Branding und Sprache

Der virtuelle Messeguide Zupy ist ein kleines, futuristisches Wesen, das jedoch klare menschliche Züge zeigt. Als digitales Mitglied des Messeteams kennt er sich in allen Bereichen der Online-Messe gut aus und weiß auch vieles über die Entstehungsgeschichte und die Arbeit im Hintergrund; er ist Experte für die Messe, jedoch kein HR-Experte. Zupy ist extrovertiert, aber nicht überdreht, übernimmt die Initiative, ohne zu dominieren, und hat eine ausgeprägte Servicementalität. Er ist ein leidenschaftliches „Messegewächs" und bringt seinen Enthusiasmus auch ins Gespräch ein.

Das Aussehen des Event-Chatbots ist abstrakt-futuristisch gestaltet, durchaus Chatbot-typisch, indem ein stilisierter Roboterkopf mit einer Sprechblase zu einem Gesicht überlagert werden. Der Name Zupy greift die Buchstaben ZP, die in der HR-Szene sehr bekannte Abkürzung für die Dachmarke Zukunft Personal, auf und stärkt das ZP-Branding, nicht nur für die virtuelle ZPE, sondern für die gesamte ZP-Welt.

Entsprechend der sonstigen externen Kommunikation der ZP siezt der virtuelle Messeguide die Besucher:innen. Seine Sprache ist professionell, aber nicht unpersönlich oder unnahbar; sie orientiert sich an mündlichem beziehungsweise Chat-Sprachgebrauch. Emojis verwendet er nur in Ausnahmefällen; dafür verwendet er gerne Abbildungen, die er zur Erläuterung in den Dialog einstreut. Bei Schreibweisen von Daten, Zahlen und Abkürzungen und Messe- und Firmen-spezifischen Begrifflichkeiten entspricht sein Sprachgebrauch der Corporate Language der Zukunft Personal Europe-Organisation.

5.5.3 Hybride Konversation mit Integration externer Systeme

Event-Chatbot Zupy ist ein aufgabenorientierter Chatbot: Er erteilt Auskünfte und gibt Tipps zur virtuellen Messe mit ihren fünf Messebereichen („highlight topics"), den Ausstellern und ihren Produkten sowie dem reichhaltigen Rahmenprogramm der Messe. Außerdem ist Zupy integriert in den Support-Workflow des menschlichen Event-Teams. Einer der Hauptpfade ist als themenorientierte Konversation modelliert, sodass insgesamt ein hybrides Conversation Design vorliegt.

Die Gesprächssituation entspricht der auf einer klassischen Präsenz-Messe. Der digitale Messeguide steht als Berater und Lotse zur Verfügung und als guter Berater beantwortet Zupy nicht einfach nur die jeweilige Frage, sondern steuert das Gespräch durch Fragen und eigene Impulse. Dazu erfragt er zu Beginn des Gesprächs (Abb. 5.5) die Interessen des Besuchers beziehungsweise der Besucherin, ergreift aber im Sinne eines kompetenten Messeführers und verantwortungsvollen Gastgebers auch selbst die Initiative bei der Themenwahl.

Ziel des Dialogs ist, den Besucher:innen möglichst viel Orientierung und Inspiration für ihren virtuellen Messebesuch mit auf den Weg zu geben. Die Gesprächsstrategien sind dabei überwiegend zielorientiert, jedoch mit einer Haltung, die dem Event-Chatbot eigene Schwerpunktsetzungen und assoziative Ergänzungen und Abschweifungen erlauben, um seine Gesprächspartner zu einem umfassenden Messebesuch zu motivieren.

Der Dialog folgt dabei einem einheitlichen Grundschema, in das die verschiedenen Empfehlungen und Programmhinweise über das Dialogmanagement als variable Bestandteile eingebettet sind. Die Gesprächsführung des Chatbots ist darauf angelegt, möglichst nah an diesem Grundschema zu bleiben. Die Vielfalt des Gesprächs kommt eher durch inhaltliche Variabilität als durch unterschiedliche Dialogverläufe zustande.

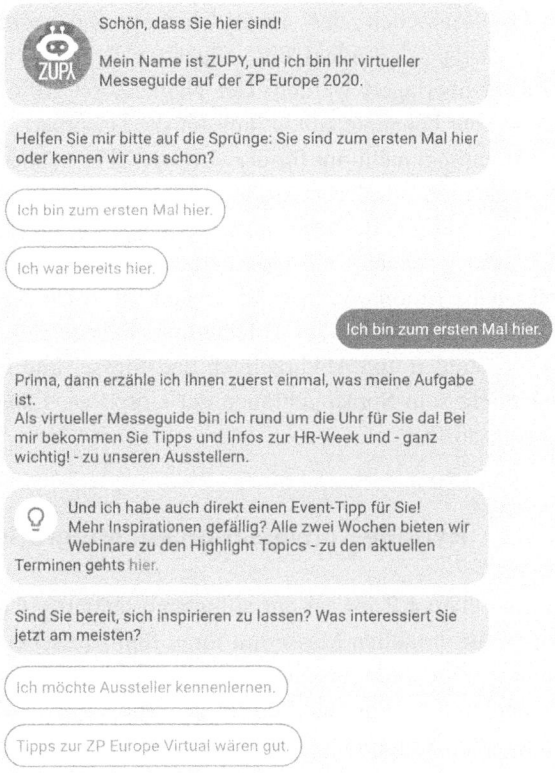

Abb. 5.5 Event-Chatbot Zupy: Onboarding (time4you)

Einige besondere Elemente und Faktoren, die über typische Chatbot-Services im Conversational Commerce und Support hinausgehen, verbessern die funktionale und hedonische Qualität der Konversation mit Zupy:

- Fiktives Element: Zupy hat mit den Ausstellern im Vorfeld der Messe gesprochen und steuert O-Töne der Aussteller zu unterschiedlichen Aspekten bei: Was zeichnet Aussteller xy aus, was sind Messehighlights aus Ausstellersicht, was soll von den Änderungen der Pandemiesituation bleiben? Die O-Töne wurden vorab gesammelt und redaktionell vom Conversation-Design-Team überarbeitet, sodass sie zur Persönlichkeit und Sprache von Zupy passen.
- Zur intensiveren Nutzerinteraktion und -reflexion sowie als Input für das Messeteam bietet Zupy an, an einer Umfrage zu Trends im HR teilzunehmen. Die kurze Umfrage wurde innerhalb des Chatbot-Dialogs platziert und umgesetzt. Die Ergebnisse waren über die Chatbot-Protokolle auswertbar.
- Die jeweils anstehenden Key Notes und sonstige ausgewählte Events wurden als „aktueller Tipp für Ihren Messebesuch" direkt in der Onboarding-Sequenz zeitaktuell mit Link zum jeweiligen Online-Event eingeblendet.
- Eine Schnittstelle zum virtuellem Messetool sorgte dafür, dass die Gesprächspartner von Zupy den virtuellen Messestand des jeweiligen Ausstellers direkt aus dem Chatbot-Dialog heraus besuchen konnten. Außerdem wurde die Zuordnung eines Ausstellers zum jeweils aktuellen Screenshot des virtuellen Messestandes und Anzeige des Standbildes mit Verlinkung zum Stand im Messetool in Echtzeit automatisiert.

5.5.4 Dialogablauf und Dialogmanagement

Die hybride Konversation mit Event-Chatbot Zupy ist in fünf Hauptpfade und mehrere Nebenpfade strukturiert. Die Hauptpfade im Überblick:

- Aussteller (task-led): Ausstellerinformationen, mit Schleife Messe-Bereiche (vgl. Abb. 5.6)
- Messebereiche (task-led): Messeinformationen, mit Schleife Aussteller
- Tipps zum Online-Event (task-led): Vorträge, Workshops, Speaker, Awards, mit Schleifen zu Ausstellern und Messebereichen
- Trends (topic-led): Gespräch über HR-Trends, Umfrage, mit Schleifen zu Ausstellern und Messebereichen
- Weiterleitung an Messeteam der ZP Europe (task-led)

Als Nebenpfade sind Onboarding, Hilfe, Fehlerbehandlung, Reaktionen auf ..., Zupy stellt sich vor, Smalltalk, „Ostereier" und Verabschiedung implementiert.

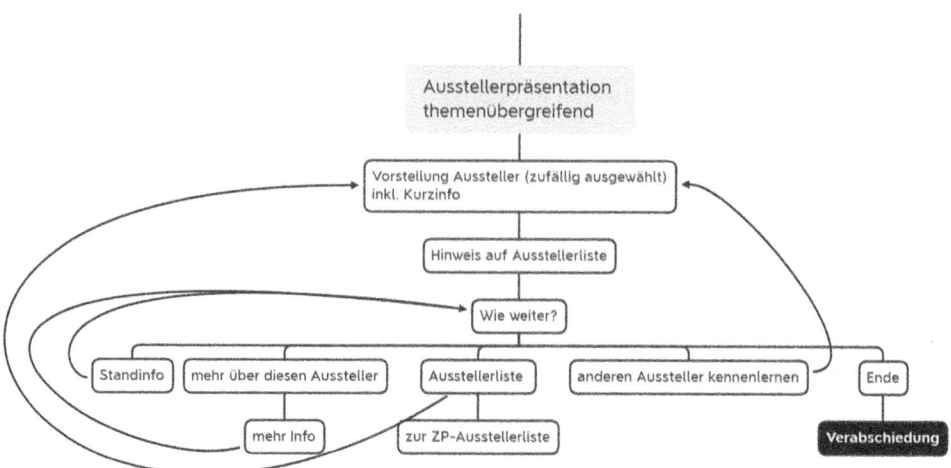

Abb. 5.6 Event-Bot Zupy: Dialogablauf im Hauptpfad Aussteller

Die Zuordnung von Messebereich und Ausstellern sowie Aussteller und Ausstellerinformationen erfolgt automatisiert über das Dialogmanagement. Zupy verfügt über Memory für bereits innerhalb der Session gezeigte Aussteller und Infos, damit keine Doppelungen entstehen. Die Informationen zum jeweiligen Aussteller werden zufallsgesteuert oder gemäß Stichworten, die die Gesprächspartner eingeben, von Zupy ausgegeben.

Ein Kernstück der Konversation mit Zupy ist das Dialogmanagement. Stichworte sind Themen zugeordnet, diese sind gemäß den fünf Messebereichen in Themenkategorien gruppiert. In der Info-Schleife fragt Zupy zunächst die gewünschte Kategorie ab, dann das Thema. Kategorien und Themen werden automatisch aus der Gesamtliste der verfügbaren Themen und Kategorien generiert. Anschließend gibt Zupy einen Impuls (= Inhaltselement aus dem gewählten Thema). Mehr Abwechslung wird durch vier unterschiedliche Infotypen erzielt. Die Freitexteingabe ist immer möglich, Zupy versucht die Eingabe bestmöglich einem Intent zuzuordnen oder steigt in den Themenklärungsdialog ein, wenn das nicht direkt gelingt. Weitere Kategorien, Themen und Inhalte lassen sich sehr einfach textuell ergänzen – über das Dialogmanagement werden neue Inhalte, Themen und Kategorien automatisch in den Dialog eingebunden.

5.6 Umsetzung im Chatbot-Tool

5.6.1 Leitfaden zur Umsetzung

Von Anfang an ist Chatbot-Entwicklung ein agiler Prozess; das gilt für alle eher konzeptionellen Arbeiten genauso wie für die Umsetzung. Immer wieder wird das

5.6 Umsetzung im Chatbot-Tool

Funktionieren des Dialogs sowohl in technischer Hinsicht als auch mit Blick auf die Kommunikation getestet, damit der Chatbot am Ende hinsichtlich seiner funktionalen und hedonischen Qualität überzeugt. Deshalb ist es auch so wichtig, möglichst früh im Entwicklungsprozess lauffähige Prototypen und im Verlauf kontinuierlich weitere Ausbauversionen zu erstellen. In der Kernphase der Chatbot-Entwicklung entstehen durchaus täglich mehrere neue Versionsstände; die Arbeiten am Dialogablauf und den Prompts erfolgen parallel zur Umsetzung.

Wie die Implementierungstätigkeiten genau aussehen und wie sie organisiert werden, hängt stark vom verwendeten Tool ab – und auch davon, wie die Arbeiten im Team aufgeteilt werden. Manchmal ist für die technische Umsetzung nicht mehr der Conversation Designer verantwortlich, sondern Fachleute aus der Programmierung oder Spezialist:innen für das verwendete Tool übernehmen diese Aufgabe. In den meisten Fällen arbeiten IT-Expert:innen nur bei technisch anspruchsvolleren Arbeitspaketen mit und unterstützen das Conversation-Design-Team bei der Umsetzung, so zum Beispiel bei der Integration externer Systeme über Schnittstellen oder der Konfiguration des Dialogmanagement.

Die technische Umsetzung wird in der Regel bereits im Rahmen der Use-Case-Definition und der Planung von Technik und Tools (vgl. Abschn. 3.4) vorbereitet, sodass alle Beteiligten wissen, worum es geht und was sie jeweils zu tun haben. Da sich jedoch mit dem Fortschritt der Konzeption neue Aspekte ergeben können, lohnt es sich, sich damit erneut und vertiefend zu befassen. In diesem Zusammenhang treten erneut Fragen auf wie zum Beispiel:

- Was bringt das Tool mit an Frameworks, Templates, vordefinierten Elementen (Nebenpfade, Dialogmanagement, Formaten für die Visualisierung, vorkonfigurierte NLU, …)?
- Welche Integrationen werden wirklich benötigt? Auf welchen Kanälen wird der Chatbot am Ende laufen?
- Wie funktionieren Intent-Klassifikation, Entity-Extraktion und Slot-Filling genau? Wirkt sich das auf die Pfade und Turns aus?
- Was ist mit Kontext-Sensitivität? Varianten bei Ausgaben? Rich Responses? Medien?
- Welche Schnittstellen für Slot-Filling und Weiterverarbeitung von User-Input gibt es standardmäßig? Wie werden die Schnittstellen angesprochen?
- Wie aufwendig beziehungsweise flexibel sind Änderungen machbar? Bei No-Code-Plattformen ist es oft kompliziert, Dialogpfade zu ändern, weil nachfolgende Schritte manuell zurechtgerückt werden müssen. ML-basierte Tools müssen bei Änderungen die Intent-Erkennung neu berechnen, was immer Zeit braucht und den raschen Quer-Check „Wie wirkt sich die neue Eingabe auf den Dialog aus? Passt das?" behindert.

Der Prototyp des Chatbots, also die erste Softwareversion, enthält, ähnlich wie der Proof of Concept, lediglich die wesentlichen Züge der Konversation mit den primären Dialogsequenzen, Prompts und Utterances, jedoch inhaltlich ausgearbeiteter. Außerdem ist es nützlich, wenn der Prototyp bereits prinzipiell zeigt, dass die Anbindung anderer Systeme über Schnittstellen funktioniert. Das erreichen Sie in vier Schritten:

- Die Grundzüge der Konversation aufbauen
- Schnittstellen und Übergabepunkte anlegen
- Die für die TCU benötigten Texte erstellen und formatieren
- Die Konversation testen

Sie bilden zunächst in Ihrem Chatbot-Tool den Hauptpfad ab. Dafür legen Sie einen Pfad von Onboarding bis Verabschiedung an und arbeiten sich dann Schritt für Schritt durch die Verzweigungen in die Tiefe vor. Je nach Tool kann es hilfreich sein, den Hauptpfad als strukturierten Dialog anzulegen, also nach jedem Gesprächsbeitrag des Chatbots die wichtigsten Optionen als Button auszugeben. Auf diese Weise lässt sich unabhängig von der Intent-Verarbeitung prüfen, ob die Logik des Dialogablaufs stimmt.

Schnittstellen und Übergabepunkte werden zu diesem Zeitpunkt in der Regel nur „an-implementiert". Das geschieht meist fest codiert als Stichwortgeber für die nächste Dialogsequenz. Bei Standardschnittstellen können Sie gegebenenfalls bereits zu diesem Zeitpunkt die Datenübergabe teilweise bis vollständig automatisiert einbetten.

Beim Prototyp reicht eine Textvariante für jede TCU, unabhängig davon, ob Sie am Ende mehr benötigen. Beschränken Sie sich ruhig auf wenige, elementare Utterances beziehungsweise Trainingsphrasen für die Intent-Erkennung. Medien und Links kennzeichnet man beim Prototyp oft einfach mit Platzhaltern, insbesondere wenn sie noch nicht genau festgelegt sind beziehungsweise erst erstellt werden müssen. Im Zweifel ist in dieser Phase immer die einfachste und direkteste Art der Umsetzung auch die beste. Verfeinerungen sind später immer noch möglich.

Hingegen ist es nützlich darauf zu achten, bereits das richtige Format der TCU anzulegen und auch bei Rich Responses wie Buttons oder Menüs genau die am Ende gewünschten anzulegen. Viele Tools verarbeiten die verschiedenen Typen nicht genau gleich, sodass eine spätere Änderung unnötige Arbeit nach sich ziehen kann.

Während Sie den Prototypen aufbauen, testen Sie am besten direkt und parallel, ob der Dialog korrekt abläuft und verarbeitet wird, um Fehler möglichst früh zu bemerken. Wenn sich bereits mehrere Fehler eingeschlichen haben, ist es oft mühsam, alle zu identifizieren. Mehrere gleichzeitig geöffnete Fenster, eines für Ihr Konzept beziehungsweise das Copywriting-Dokument, eines für Ihr Chatbot-Tool und eines für die aktuelle Version Ihres Chatbots, erleichtern diesen Prozessschritt.

Nach diesem Muster erstellen Sie auch die nächsten Versionsstände Ihres Conversational User Interface und erarbeiten nach und nach auf Basis des ersten Prototypen die finale Chatbot-Version.

5.6.2 Organisatorische Aspekte

Bevor Sie mit der Implementierung starten, sollten Sie überlegen, wie Sie die Arbeit am Chatbot organisieren, um Chaos, Doppelarbeit und Datenverlust zu vermeiden. Insbesondere sollten Sie sich Gedanken machen über:

- Zugriff auf Chatbot-Tool für Entwicklungsteam: Erlaubt das Tool die kollaborative Entwicklung eines Chatbots? Kann mit mehreren Accounts auf das Tool beziehungsweise den Chatbot zugegriffen werden, oder muss alles über einen Account laufen?
- Wer macht was? Wie werden Arbeitspakete, Dialogpfade, Zuständigkeiten für Inhalte aufgeteilt?
- Wie werden die Teile wieder zusammengeführt? Wie wird die Konsistenz (technisch und kommunikativ) des Chatbots sichergestellt?
- Ermöglicht das Tool eine Versionskontrolle? Wenn nicht, wie wird versioniert?
- Wie können Tester:innen auf den Chatbot zugreifen?

Außerdem machen Ihnen Konventionen für den formalen Aufbau das Leben leichter, wie beispielsweise:

- Namenskonventionen für Dateien und Bausteine (bei geskripteten Chatbots)
- Namenskonventionen und Systematik für Bezeichnungen von Intents, Kontexten/States, Variablen und ähnliches
- Richtlinien für Aufbau der Skriptdateien
- Coding-Konventionen

Namenskonventionen brauchen Sie nicht nur, wenn Sie einen Chatbot skripten, sondern auch für viele anderen Tools. In Google Dialogflow beispielsweise werden die Intents als eigene Bausteine angelegt und müssen dafür einen eigenen, meist eindeutigen Namen erhalten (vgl. Abb. 5.7). Später werden diese Intents dann in einer alphabetisch sortierten Liste angezeigt. Wenn Sie also eine Systematik haben, wie Sie die Intents benennen, werden Sie später, wenn der Dialog angepasst oder erweitert werden muss, die nötigen Intents schneller wiederfinden.

Grundsätzlich gibt es verschiedene Ansätze, wie Intents und Patterns benannt werden können:

- Nutzerzentriert: entsprechend der Perspektive der Nutzer:innen, was diese mit dem Intent erreichen wollen; zum Beispiel *playSong, seeTopiclist*
- Chatbot-zentriert: entsprechend der Perspektive des Chatbots, was dieser als Auftrag erhält; zum Beispiel *getSongtitle, shopTopiclist*
- Themenzentriert: entsprechend der thematischen Struktur; zum Beispiel *songCall, topicOverview*

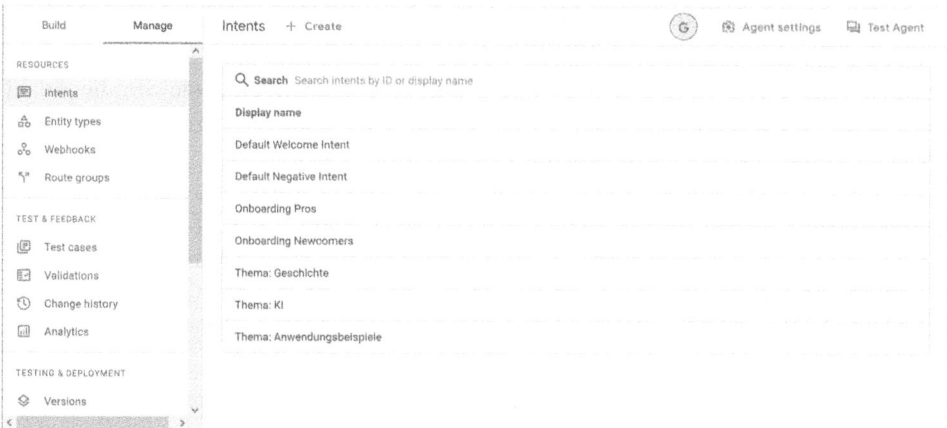

Abb. 5.7 Intent-Verwaltung in Google Dialogflow

▶ **Tipp** Das hat sich bei Namenskonventionen bewährt:
- Wählen Sie einen Benennungsansatz und bleiben Sie dabei; mischen Sie, wenn möglich, die Ansätze nicht.
- Legen Sie auch für den semantischen Aufbau der Bezeichnungen eine Systematik fest. Beim themenzentrierten Ansatz beispielsweise sollte das Oberthema vorne stehen, gefolgt vom Unterthema, gefolgt vom jeweiligen Dialogschritt beziehungsweise Auftrag.
- Legen Sie fest, in welcher Sprache die Benennungen erfolgen sollen – in Ihrer Unternehmenssprache, in der Sprache des Chatbots, auf Englisch?
- Verwenden Sie einheitliche Schreibweisen; seien Sie dabei so konsequent wie möglich.
- In vielen Fällen ist außerdem sinnvoll (oder sogar notwendig), auf Leerzeichen, Sonderzeichen und Umlaute zu verzichten. Um Bezeichnungen zu gliedern, können statt Leerzeichen Bindestrich, Unterstrich und Camel Case verwendet werden.

5.6.3 Aufbau eines Klick-Prototypen per Chatbot-Builder

Mit No-Code-Chatbot-Buildern wie Landbot.io (Abb. 5.8) lassen sich schnell und einfach Chat-Dialoge auf Basis von vorkonfigurierten Templates, Gesprächsbausteinen und Responsetypen erstellen. Die resultierenden Chatbots sind in der Regel relativ begrenzt in ihrem Funktionsumfang, abhängig von der Art und Anzahl der vorkonfigurierten Elemente. In manchen Chatbot-Buildern sind nicht einmal Freitexteingaben vorgesehen, sondern der Dialog erfolgt primär über Buttons und andere Rich Responses; er ist also nicht viel mehr als eine Art Hypertext, dessen Verarbeitung grundsätzlich sogar

5.6 Umsetzung im Chatbot-Tool

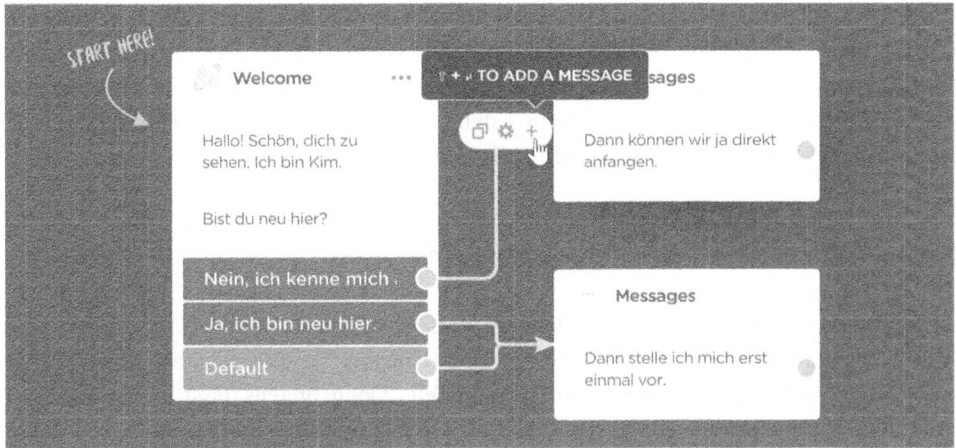

Abb. 5.8 Chatbot-Builder Landbot.io

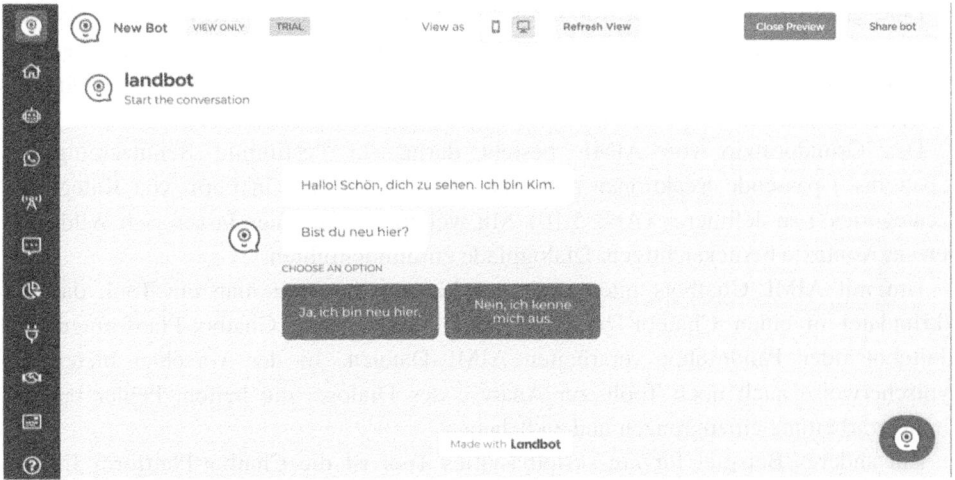

Abb. 5.9 Landbot-Chatbot in der Vorschau

ganz ohne KI möglich ist. Auch Varianten für einzelne TCUs oder Dialogbeiträge des Chatbots sind in No-Code-Tools oft nicht vorgesehen. Dafür sind sie in der Regel sehr intuitiv und einfach zu bedienen.

In der grafischen Benutzeroberfläche wird das Ablaufdiagramm für den Dialog erstellt mit den jeweiligen Utterances (qua Buttons) und Prompts. Der Unterschied zu einem in einem Visualisierungstool erstellten Ablaufdiagramm besteht darin, dass die Preview-Funktion erlaubt, mit dem Chatbot direkt zu interagieren und damit eine wenn auch rudimentäre, so doch schon realistische Conversational User Experience zu erleben (Abb. 5.9). Insofern ist der Chatbot-Builder auch für den Proof of Concept gut geeignet.

Der Vorteil dieses Vorgehens ist, dass Sie den Prototypen sehr schnell realisieren können und sehen, ob Ihr Konzept und Ihr Conversation Design grundsätzlich funktionieren. Der Nachteil ist, dass Sie – sofern der begrenzte Funktionsumfang des Tools für Ihren Use Case nicht ausreicht – den Chatbot für die folgenden Versionsstände bis zur finalen Version noch einmal neu aufbauen müssen.

5.6.4 Aufbau eines skriptbasierten Prototypen

Skriptbasierte Tools benötigen eine längere Einarbeitungszeit als die Arbeit mit einem No-Code-Chatbot-Builder, sind also für den Einstieg in die Chatbot-Entwicklung aufwendiger. Mittelfristig sparen Sie jedoch Zeit. Denn erstens lässt sich mit etwas Routine viel schneller ein Skript schreiben als ein Ablaufdiagramm auf einer grafischen Benutzeroberfläche zusammenstellen, und zweitens können Sie bei Skript-basierten Chatbots die Sequenzmuster einfach in anderen Chatbots wiederverwenden und eine eigene Bausteinbibliothek aufbauen.

Eine gängige Skriptsprache für die Chatbot-Entwicklung ist AIML, die 1995 von dem amerikanischen Informatiker Richard Wallace entwickelt wurde, der damit seinen preisgekrönten Chatbot A.L.I.C.E. baute. AIML steht für Artificial Intelligence Markup Language und basiert auf XML.

Das Grundprinzip von AIML besteht darin, für bestimmte Benutzereingaben („patterns") passende Reaktionen des Chatbots („templates") in Form von Kategorien („categories") zu definieren (Abb. 5.10). Mit weiteren Funktionen lassen sich Wildcards setzen, Kontexte berücksichtigen, Dialogpfade zusammenführen.

Um mit AIML-Chatbots interagieren zu können, benötigt man ein Tool, das die Skriptdatei in einen Chatbot-Dialog umsetzt. Verschiedene Chatbot-Plattformen wie Gaitobot oder Pandorabot verarbeiten AIML-Dateien. In der Vorschau bieten sie typischerweise auch noch Tools zur Analyse des Dialogs, die helfen, Fehler bei der Inputverarbeitung einzugrenzen und zu beheben.

Ein anderes Beispiel für ein skriptbasiertes Tool ist die Chatbot-Plattform Jix der time4you GmbH mit der Skriptsprache Liza-Script, die auf JavaScript basiert. In Liza-Script werden ebenfalls den Benutzereingaben (patterns) mithilfe von Regeln (rules) Dialogbeiträge des Chatbots (texts) zugeordnet. Abb. 5.11 zeigt einen Ausschnitt aus einer Skriptdatei, Abb. 5.12 die dazugehörige Dialogsequenz in der Live-Ansicht des Chatbots. Anders als bei AIML können jedoch Patterns und Texts in Liza-Script auch getrennt erfasst und erst im zweiten Schritt durch Regeln einander zugeordnet werden. Das ermöglicht eine deutlich größere Flexibilität bei der Nutzung von Textvarianten, der Wiederverwertung von Texten, aber auch bei der Differenzierung von Kontexten.

Der Vorteil von skriptbasierten Tools ist, dass der Aufbau des Prototyps auch der erste Schritt der Implementierung ist. Um den Chatbot zu erweitern und auszubauen, muss nur das Skript weiter ausgearbeitet und ergänzt werden.

5.6 Umsetzung im Chatbot-Tool

```
<category>
  <pattern>Hallo</pattern>
  <template>
    <random>
      <li>Hallo! </li>
      <li>Grüß dich! </li>
    </random>
    <random>
      <li>Wie schön, dich zu sehen. </li>
      <li>Schön, dich zu sehen. </li>
      <li></li>
    </random>
    <random>
      <li>Hier ist Kim, dein Lernbot. </li>
      <li>Kim hier. </li>
      <li>Ich bin Kim. </li>
    </random>
    Bist du neu hier?
    <button>
        <text>Ja, ich bin neu hier</text>
        <postback>ja neu</postback>
    </button>
    <button>
        <text>Nein, ich kenne mich aus</text>
        <postback>nein erfahren</postback>
    </button>
  </template>
</category>

<category>
  <pattern>ja neu</pattern>
  <template>Dann stelle ich mich erst einmal vor.</template>
</category>

<category>
  <pattern> Ich heiße * </pattern>
  <template> Hallo <set name="nameUser"> <star/> </set>, schön dich kennenzulernen.
  </template>
</category>
```

Abb. 5.10 Skript in AIML

Flexibel werden AIML und Jix/Liza-Script auch dadurch, dass sie primär regelbasiert sind und nach dem Prinzip des Pattern-Matching arbeiten, also die Benutzereingaben mit vorgegebenen Sätzen und Satzstrukturen vergleichen und nach der höchsten Übereinstimmung suchen. Um neue Gesprächssequenzen zu implementieren, müssen also nur Regeln ergänzt werden.

Einige neuere Entwicklungen wie beispielsweise Jix 4.0 erlauben außerdem die Kombination regelbasierter Verfahren wie Pattern-Matching und NLU-basierter Verarbeitung der Benutzereingaben in einem Chatbot-Skript. Bei der Erstellung des Prototypen verzichten Sie darauf lieber noch, vorausgesetzt, die nachträgliche Erweiterung um NLU-Funktionen ist nicht zu aufwendig, denn das Zusammenstellen geeigneter Trainingsdaten ist eine nicht zu unterschätzende Aufgabe. Außerdem zieht jede Änderung im Dialogverlauf eine Neuberechnung der NLU-Modelle nach sich, die bereits bei kleinen Chatbots typischerweise mehrere Minuten dauert, statt weniger Sekunden, wie die Kompilierung eines geänderten regelbasierten Skripts. Und da Sie das im Conversation Design mehrmals täglich bis stündlich tun, um Ihre Änderungen zu überprüfen, wird es schnell lästig, wenn Sie bei jedem Neu-Durchrechnen mehrere Minuten warten müssen, bis Ihr Chatbot wieder zur Verfügung steht.

```
//----------------------------------------------------------------
// Story 02: Anwendungsbeispiele
//----------------------------------------------------------------

rule =
  thema 2 | thema2 | * [zweite | zweites | 2.] thema
  → KI_BEISPIELE_START

rule start_ki_beispiele =
  * ( anwendung | anwendungen | beispiel | beispiele | anwendungsbeispiel | ki-beispiel |
  ki beispiele | anwendungsbeispiele )
  → ( {? !done.kibeispiel1 } KI_BEISPIELE_START
    | KI_BEISPIELE
    )


// Einstieg

text KI_BEISPIELE_START =
  @kibeispieleStart
  "KI begegnet uns im Alltag heute bereits an vielen Stellen. " EMO_GRIN
  ADDTEXT "Vom Smartphone bekannte Anwendungen sind Siri, Cortana und Google Assistant."
  ADDBUBBLE "Welche KI-Anwendungen kennst du denn noch?"

// user kennt Kim
rule = @?kibeispieleStart
  [ich] [kenne] * ( dich | kim ) | du
  → DASISTWAHR_BLA EMO_SMILE
    ADDBUBBLE KI_BEISPIELE

// user kennt siri, alexa o.ä.
rule = @?kibeispieleStart (
  [ich] [kenne] * ( siri | alexa | cortana | [google] echo ) )
  → @kibeispiele
    "Ja, das sind die Promis unter uns digitalen Assistent*innen."
    ADDTEXT DIGITALER_ASSISTENT_MENSCHLICHE_ZUEGE
    ADDBUBBLE KI_BEISPIELE
```

Abb. 5.11 Datei in Liza-Script für einen Jix-Chatbot

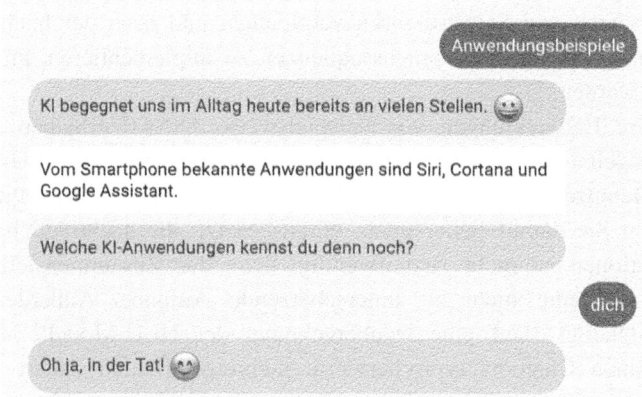

Abb. 5.12 Ansicht des Jix-Chatbots im Browser

5.6.5 Aufbau eines Prototypen in Dialogflow

Am meisten Einarbeitungszeit für die Erstellung eines Chatbots benötigen komplexe Conversational-AI-Plattformen wie IBM Watson Assistant oder Google Dialogflow. Für das erste Prototyping sind sie eher nicht geeignet, da für jeden einzelnen Dialogschritt etliche Daten erfasst und Zusammenhänge berücksichtigt werden müssen und nachträgliche Änderungen viele weitere Änderungen nach sich ziehen können. Wenn bereits Erfahrungen mit dem Tool vorliegen, kann es dennoch effizient sein, den Chatbot von Anfang direkt darin zu erstellen.

In Dialogflow, der Conversational-AI-Plattform von Google, werden Dialogpfade in Ablaufdiagrammen visualisiert, wie in Abb. 5.13 zu sehen ist.

Jedes Element entspricht dabei zwar mehr oder weniger einem Dialogschritt, kann aber unterschiedliche Routen, also kurzzeitige Verzweigungen im Dialogablauf, enthalten. Abb. 5.14 zeigt ein Onboarding, in dem zunächst abgefragt wird, ob der Nutzer sich schon auskennt, und dann je nach Antwort eine ausführliche oder eine weniger ausführliche Vorstellung des Chatbots ausgegeben.

Das entscheidende Verbindungselement zwischen den Dialogschritten sind die Intents, die separat im Bereich „Manage" angelegt und verwaltet werden (vgl. Abb. 5.15). Jedem Intent müssen bereits bei der Anlage einige beispielhafte Trainings-Sätze für mögliche Benutzereingaben mitgegeben werden. Der Intent wird anschließend mit zuvor definierten Dialogschritten oder -flows beziehungsweise einer Aktion verknüpft.

Je nach dem, was in den Einstellungen ausgewählt ist, wird der Chatbot schon während der Entwicklungsphase automatisch weitertrainiert. Das klingt praktisch, ist aber mit Vorsicht zu genießen – denn „unfertige" und möglicherweise ungünstige Gesprächsmuster werden damit bereits im Sprachmodell des Chatbots verankert, bevor dieser überhaupt fertig durchdacht ist.

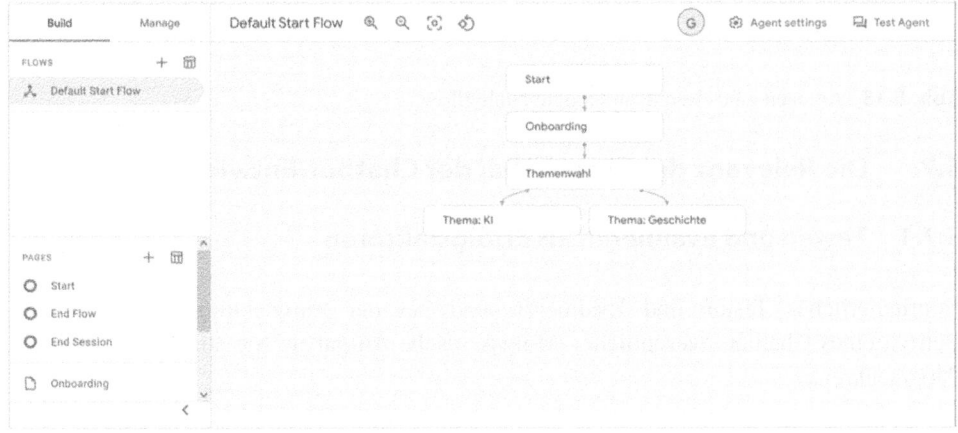

Abb. 5.13 Ablaufmodellierung in Google Dialogflow

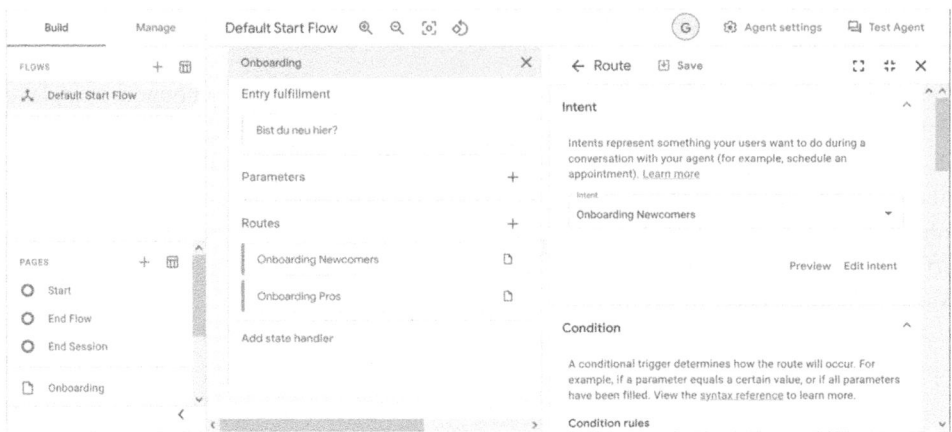

Abb. 5.14 Konfiguration eines Dialogschritts in Google Dialogflow

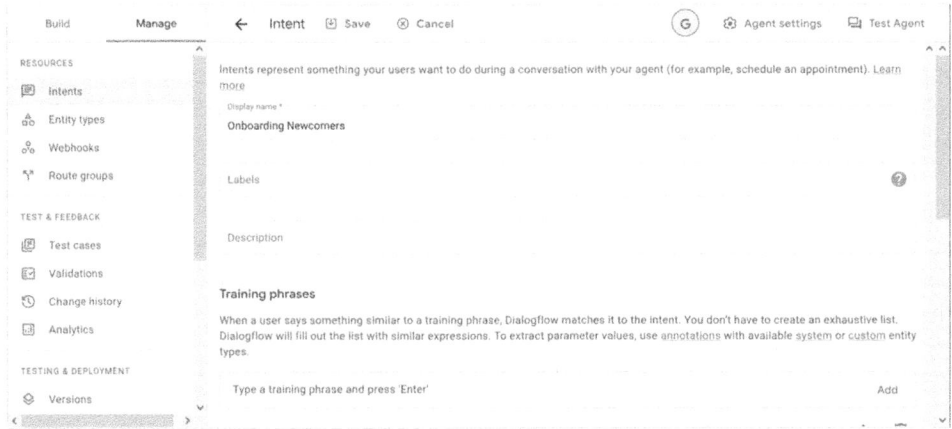

Abb. 5.15 Anlegen eines Intents in Google Dialogflow

5.7 Die Relevanz des Testens bei der Chatbot-Entwicklung

5.7.1 Testen und evaluieren als Erfolgsfaktoren

Kontinuierliches Testen und Evaluieren sind bei der Entwicklung und später im Betrieb eines Chatbots wesentliche, erfolgskritische Aufgaben. Sie adressieren mehrere Personenkreise:

- Das Conversation-Design-Team im Rahmen des entwicklungsnahen Testens
- Das Developer-Team, ebenfalls entwicklungsnah
- Stakeholder, Key-User, Pilotgruppen für Meilenstein-Tests

Im Rahmen der Entwicklungsphase testet in der Regel das Conversation-Design-Team. Es ist darüber hinaus sinnvoll, auch Personen, die an der bisherigen Entwicklung noch nicht beteiligt waren und einen frischen, unverbrauchten Blick auf den Chatbot haben, bereits zu einem frühen Zeitpunkt der Entwicklung in die Tests einzubeziehen. Tests helfen in jeder Phase der Chatbot-Entwicklung, den eigenen, im Lauf der Zeit gerne etwas betriebsblinden Blick wieder zu weiten und Schwächen und Verbesserungspotenziale aufzudecken.

Größere Test- und Qualitätssicherungsrunden stehen immer dann an, wenn eine neue Umsetzungsstufe erreicht ist: der Proof of Concept, der Prototyp, die folgenden Versionsstände, der Release Candidate. Mindestens zu diesen Zeitpunkten, manchmal aber auch noch dazwischen, lohnt es sich, den Kreis der Testenden zu erweitern, um breit gestreutes Feedback zur Qualität des Chatbots in Bezug auf Zielerreichung, Use-Case-Konformität, Kommunikation und Interaktion zu gewinnen.

Das grundsätzliche Vorgehen beim Testen und Evaluieren von Chatbots entspricht dem bei der Entwicklung anderer Software-Anwendungen:

- Use Case und User Stories als Guideline beziehungsweise Testfälle für die Evaluation aufbereiten
- Testgruppe zusammenstellen, briefen, begleiten und de-briefen
- Ergebnisse auswerten, analysieren und bewerten
- Die daraus abgeleiteten Aufgaben und Arbeitspakete für den nächsten Arbeitsschritt festlegen

Manche Tools, wie beispielsweise Dialogflow, bieten vorkonfigurierte Testfälle und Plausibilitäts-Checks für die wichtigsten Integrationen und Standardfälle sowie die Möglichkeit, eigene Testfälle zu erstellen. Diese sind hilfreich, um das technische Funktionieren des Dialogs zu testen, also ob ein sinnvoller Gesprächsabschluss überhaupt erreicht werden kann und ob alle Daten und Entities korrekt verarbeitet werden. Auch die Debug-Modi, die manche Tools bereitstellen, unterstützen dabei, der Fehlerquelle auf die Spur zu kommen. Ähnliches gilt für Analyse-Funktionen, die zum Beispiel nicht verarbeitete Utterances aufzeigen.

▶ **Tipp** Für geskriptete Chatbots lohnt es sich, einen Walkthrough zu erstellen, also einen simulierten Dialog, der zum Beispiel den Happy Path nachvollzieht. Mithilfe von Walkthroughs mit eingebauten Zwischenstopps, sogenannten Sprungmarken, testen Sie bei komplexeren Conversational Services den Dialog gezielt in einzelnen Abschnitten. Ein Walkthrough erlaubt schnelles, zielsicheres und (teil-)automatisiertes Überprüfen der Funktionalität des Dialogs sowohl im Conversation-Design-Prozess als auch bei der abschließenden Qualitätssicherung.

5.7.2 Systematische Qualitätssicherung

Da Testen und Evaluieren bei der Chatbot-Entwicklung einen so großen Raum einnehmen und sehr eng mit Konzeption und Umsetzung verzahnt sind, lohnt sich an dieser Stelle ein genauerer Blick auf die systematische Qualitätssicherung (kurz: QS).

In Software-Projekten ist es hilfreich, sich hinsichtlich des Qualitätsmanagements an den einschlägigen ISO-Normen zu orientieren. Im Sinne eines kontinuierlichen, begleitenden Qualitätsmanagements definieren Sie sinnvollerweise zu Beginn der Chatbot-Entwicklung, beispielsweise im Rahmen der Planung:

- Welche funktionalen und hedonischen Qualitätsziele verfolgen Sie?
- Wie sind die entsprechenden Qualitätsmerkmale definiert?
- Welche Methoden sind zur Sicherung der Qualitätsziele geeignet?

Im Verlauf der Chatbot-Entwicklung operationalisieren Sie die getroffenen Festlegungen und berichten darüber im Kontext des gesamten Projektcontrolling. Das Qualitäts- beziehungsweise Testmanagement, typischerweise eine Rolle innerhalb des Conversation-Design-Teams oder eines dedizierten QS-Teams, hat folgende Aufgaben:

- Erstellen und Pflegen des Testplans
- Konzeption und Implementation der jeweiligen Testumgebung
- Nutzung adäquater Tools für die effiziente Chatbot-Testung
- Erstellen der Testfälle
- Durchführung der Systemtests: Pfade, pfadübergreifende Konversation, Chatbot-übergreifende Integration (Schnittstellen)

Außerdem berät und unterstützt das Testmanagement den Auftraggeber dabei, Funktions- und Lasttests vorzubereiten und durchzuführen, und bei der Abnahme in einem zu spezifizierenden Umfang beziehungsweise gemäß dem jeweiligen Auftrag.

Bei jedem größeren Implementierungs- beziehungsweise Release-Schritt ergreift das Testmanagement die Maßnahmen zur Qualitätssicherung und erstellt den Testbericht. Im Einzelnen umfasst das folgende Arbeiten:

- Fachlicher Test: Abhängig von den definierten User Stories und Use Cases; also zum Beispiel aus Sicht eines potenziellen Käufers, einer Interessentin mit Informationsbedarf, eines Kunden mit einer Reklamation
- Funktionstest: Ebenfalls abhängig vom Use Case; wird im Testplan beziehungsweise Testkonzept näher definiert
- Lasttest: Idealerweise in der Originalumgebung; alternativ Lastsimulation
- Abgleich mit der Spezifikation: Domänenkonzept, Ablaufdiagramm, Copywriting-Dokumentation
- Übergabe des Testberichts an Projekt- beziehungsweise Prozess-Verantwortliche und Auftraggeber

Im Anschluss daran legen Sie in Abstimmung mit dem Auftraggeber die Änderungen gemäß Testbericht fest. Die vereinbarten Änderungen werden mit Rücksicht auf vereinbarte Feature-Freeze-Termine umgesetzt, je nach Testzeitpunkt bezogen auf Prototyp, Versionszwischenstände, Release Candidate, Final Version. Sie wiederholen die Testschritte und durchlaufen falls nötig weitere Iterationen, bis Sie den jeweiligen Release-Schritt fertiggestellt haben.

5.7.3 Chatbot-Tests auswerten

Bei der Auswertung der Tests helfen Ihnen:

- Testprotokolle und Fehlermeldungen der Testgruppe/n
- Befragungen der testenden Personen zur allgemeinen Conversational User Experience
- Protokolle und Fehlerberichte von automatisierten Testfällen, Analytics, Walkthroughs (soweit vorhanden)
- Auswertung der Gesprächsprotokolle

Die Testpersonen interagieren anhand der Test-Guideline mit dem Chatbot und dokumentieren ihre Beobachtungen; am besten mit Screenshots der jeweils beobachteten Situation, in der die Fehler oder unerwarteten Effekte aufgetreten sind. Verbreitete Methoden zur Auswertung sind auch direkte Befragungen der Testpersonen, die Beobachtung der Testpersonen während der Chatbot-Interaktion zum Beispiel per Videoaufzeichnung und vor allem die Auswertung der Protokolle der Chatbot-Sessions.

> ▶ **Tipp** Möglichst unmittelbar und ungefiltert beobachtete affektive Reaktionen der Testpersonen sind ein äußerst wertvoller Kompass für die Gestaltung der Conversational Experience. In dieser Hinsicht sind sie für das Conversation Design mindestens ebenso wichtig wie das reflektierende Gespräch mit Testpersonen oder deren Notizen über ihre Erfahrungen.
>
> Wenn Testpersonen sich an einer bestimmten Stelle im Dialog irritiert fühlen, sich über eine Antwort des Chatbots oder einen Verlauf wundern oder gar ärgern, ist es sinnvoll, diese Äußerung ernst zu nehmen und die Ursache aufzuspüren. Manchmal ist der Grund für die Irritation gar nicht an der Stelle zu finden, an der sie aufgetreten ist, sondern ein Stück weiter vorne im Dialogablauf, sodass der Suchhorizont nicht zu eng sein sollte. Vorschläge der Testpersonen lösen das Problem meistens nicht, können jedoch als Indikatoren bei der Fehlersuche und -behebung hilfreich sein.

Die Protokolle der Chatbot-Sessions liefern gute Hinweise auf Lücken oder Sackgassen in der Dialogführung und mangelhafte Intent-Klassifizierung oder Kontextverarbeitung. Wichtige Aspekte für die Auswertung der Gesprächsprotokolle sind:

- Abbrüche: In welchen Fällen endet das Gespräch vorzeitig und warum?
- Sackgassen: Wo wird die Fallback-Message ausgegeben? Was ist die Ursache – eine Lücke in der Intent-Klassifizierung, oder war die vorherige User-Eingabe out of scope?
- Erreichbarkeit der verschiedenen Gesprächspfade: Werden alle benötigten Gesprächspfade gefunden?

Die Analyse der Protokolle lässt sich zum Teil automatisieren; ergänzend sind Menschen sehr gut darin, schnell und zuverlässig relevante Beiträge zu identifizieren und zu interpretieren. Abhängig vom Umfang der Protokolldaten ist die Automatisierung der Auswertung zu aufwendig oder unerlässlich. Insgesamt gilt: Manche „Teststrecken" lassen sich automatisieren, doch gerade mit Blick auf eine gute User Experience ist das Testen und Evaluieren durch andere Personen unverzichtbar.

5.7.4 Evaluierung einer Pilotphase

Ergänzend zum Testen des CUI durch eine Testgruppe liefert die Evaluation einer umfangreicheren Pilotphase oder ausgewählter Zeitabschnitte des Live-Betriebs weitere Anhaltspunkte zur kontinuierlichen Optimierung. Die Methoden und Instrumente des Testens sind auch hier nützlich. Abhängig von der Chatbot-Plattform, die Sie verwenden, stehen Ihnen spezifische Analysetools zur Verfügung. Im Ergebnis können das statistische Kennzahlen sein wie Zahl der Aufrufe nach Datum und Uhrzeit, Dauer der Sessions und Mittelwerte, Anzahl der Turns oder eine automatisierte Auswertung der Gesprächsprotokolle nach bevorzugten Pfaden, Quote von Fallback-Messages und nicht verarbeiteten Intents, Konfidenzen und Ähnliches.

Typische Fragestellungen für eine Evaluation sind:

- Wie verteilen sich die Sessions auf einzelne Wochentage, auf Tageszeiten?
- Wie viele erstmalige Chatbot-User gibt es pro Tag (Woche, Monat, …)?
- Wie viele Personen kommunizieren wiederholt (in welchem Zeitraum) mit dem Chatbot?
- Welche Buttons werden am häufigsten geklickt?
- Wie lang dauern die Dialoge? Wie viele Turns beziehungsweise Eingaben enthalten sie?
- Welche Eingaben kann der Chatbot nicht oder nicht angemessen beantworten?

Wenn Freitexteingaben möglich sind, ist immer damit zu rechnen, dass der Chatbot eine ganze Reihe von Benutzereingaben nicht oder nicht zufriedenstellend beantworten kann. Es werden überwiegend Intents sein, die vom User unbeabsichtigt außerhalb des Scopes des Chatbots liegen, sowie Eingaben, die gezielt die Qualität und Bandbreite austesten und ausreizen sollen.

Gerade die unbeabsichtigte Scope-Überschreitung ist nicht überraschend. Selbst wenn ein Chatbot im Onboarding sehr deutlich macht, was seine Rolle und Aufgabe ist, wird das fast immer im Verlauf der Konversation vergessen. Nutzer:innen sind außerdem aus anderen Kontexten zum Beispiel so daran gewöhnt, dass Chatbots FAQs beantworten, dass viele es bei jedem Chatbot zumindest versuchen. Das Verhalten zeigt auch einmal mehr die Niedrigschwelligkeit eines Conversational Service: Es bedeutet kaum Aufwand, zumindest einmal zu probieren, ob der Chatbot eine Frage beantworten kann. Außerdem spricht es für die Akzeptanz des Chatbots, wenn zunächst er befragt wird, bevor die Nutzer:innen sich die Mühe machen, auf der Webseite zu suchen oder das menschliche Support-Team anzusprechen.

Die Dialoglänge, also die Anzahl der Turns innerhalb einer Session oder auf einem Pfad, ist ein nützliches quantitatives Maß dafür, wie gut der Chatbot seinen Job macht. Bei der Evaluation ist zu berücksichtigen, dass die Zahl allein nicht ausreicht, die Qualität zu beurteilen. Die optimale Dialoglänge hängt vom Use Case beziehungsweise der Hauptpfadlänge, gegebenenfalls inklusive gewünschter Zusätze oder Wiederholungen, ab. Als Faustregel gilt, dass eine Session mit einem Auskunfts-Chatbot ohne Onboarding und Verabschiedung mindestens zwei Turns enthalten sollte; bei einem Intent ist eine Länge von zwei auch zugleich das Optimum. Bei einem auftragsorientierten Chatbot gibt die Länge des Happy Path das Maß für eine gute Dialoglänge vor, bei themenorientierten Chatbots definiert die Länge des jeweiligen Topic-Pfades in der Happy-Path-Variante das Optimum.

Literatur

Bayerischer Rundfunk (2020) *Preisgekröntes Messenger-Projekt: Ich, Eisner! 100 Jahre Revolution in Bayern.* https://www.br.de/extra/themen-highlights/kurt-eisner-revolution-bayern-whatsapp-100.html, abgerufen am 8. März 2022

Diana Deibel, Rebecca Evanhoe (2021) *Conversations with Things: UX Design for Chat and Voice.* Rosenfeld Media, New York

Felix B, Ribeiro J (2021) *Understanding People's Expectations When Designing a Chatbot for Cancer Patients.* In: Conversations – International Workshop on Chatbot Research.

Janssen A, Rodríguez Cardona D, Breitner MH (2021) *More than FAQ! Chatbot Taxonomy for Business-to-Business Customer Services.* In: Følstad A, Araujo T, Papadopoulos S, et al. (eds) Chatbot Research and Design. Springer International Publishing, Cham, pp 175-189

Kowald, C., Bruns, B. (2020). *Chatbot Kim: A Digital Tutor on AI. How Advanced Dialog Design Creates Better Conversational Learning Experiences. International Journal of Advanced Corporate Learning*, *13*(3), 26.

Pérez-Soler S, Juarez-Puerta S, Guerra E, Lara J (2021) *Choosing a Chatbot Development Tool.* IEEE Software *38*(4), 94–103, online: https://doi.org/10.1109/MS.2020.3030198, abgerufen am 8.3.2022

Shevat A (2017) *Designing bots: creating conversational experiences.* O'Reilly, Beijing ; Boston

Conversation Design: Sprache, Dialogstrategien, Copywriting

6

6.1 Ein Chatbot lernt sprechen: Erfolgsfaktor kommunikative Qualität

Wie sprechen Menschen? Wie führen sie Gespräche? Was macht ein gutes Gespräch aus, was lässt Gespräche scheitern? Einfache Regeln und Formeln dafür gibt es nicht. Doch Menschen unterscheiden intuitiv in der Anwendungssituation sehr gut zwischen gelungenen und weniger gelungenen Gesprächen. Diese Intuition ist ein unverzichtbarer Kompass bei der Chatbot-Entwicklung: Wenn Menschen eine Chatbot-Konversation als unbefriedigend wahrnehmen, gibt es dafür meist gute Gründe. Wenn Conversation Designer an bestimmten Punkten der Konversation stolpern, zeigt auch ihnen ihr eher intuitives Unbehagen, dass der Dialog noch nicht funktioniert. Es hilft dann auch nicht zu hoffen, dass der Chatbot in der Anwendungssituation damit schon durchkommen wird (in aller Regel wird er es nämlich nicht).

Doch nur weil man weiß, dass etwas nicht gut ist, weiß man noch lange nicht, wie es besser wäre. Hier bieten Rhetorik, Kommunikationswissenschaft, Psychologie, Linguistik, Poetik und alle anderen Disziplinen, die sich mit den Grundlagen und Voraussetzungen gelingender Kommunikation beschäftigen, wertvolle Erkenntnisse und methodische Ansätze. Je mehr Sie davon bei der Chatbot-Entwicklung anwenden und je besser Sie die Zusammenhänge und Prinzipien des Conversation Design verstehen und nutzen, desto zielführender, lebendiger und überzeugender werden die Gesprächsbeiträge Ihres Chatbots und der Dialogablauf insgesamt.

Mit dem Prototypen und den folgenden Versionsständen haben Sie ein funktionsfähiges CUI entwickelt. Der Dialog ist überwiegend nach konzeptionell und technisch leicht umsetzbaren Leitlinien modelliert: Ihr Chatbot verwendet für jeden Dialogschritt einen Gesprächsbeitrag, sprachliche Alternativen und Ablaufvarianten sind nicht oder nur rudimentär angelegt. Auch die Steuerung des Gesprächs bietet nur das, was für ein Fortschreiten der Konversation unbedingt notwendig ist; der Dialog geht an vielen Stellen von einem optimalen Verhalten auf dem Happy Path aus. Eine überzeugende funktionale und hedonische Qualität besitzt der Chatbot jedoch noch nicht, sodass weitere Arbeiten im Conversation Design erforderlich sind.

Der Fokus liegt in dieser Phase, dem fünften Schritt der Chatbot-Entwicklung (Abb. 6.1) auf der kommunikativen Qualität des CUI, die entscheidend zur funktionalen und hedonischen Qualität beiträgt. Denn ob der Dialog am Ende so verläuft, wie Sie es sich vorgestellt haben, oder die Nutzer:innen versuchen, ganz andere Wege zu gehen, die Sie womöglich gar nicht vorgesehen haben, hängt nicht zuletzt davon ab, wie gut jeder einzelne Chatbot-Beitrag und jede einzelne Formulierung passt. Es sind vor allem zwei Faktoren, die die kommunikative Qualität der Konversation prägen:

- Die verwendete Sprache: Kommuniziert der Chatbot effizient, verständlich, sympathisch, überzeugend?
- Die Gesprächsstrategien: Wie gut gelingt es dem Chatbot, die Nutzer:innen zum Ziel zu führen?

Der erste Faktor, die Sprache, muss dabei mehreren Anforderungen gleichzeitig gerecht werden:

- Dem Medium Chat
- Dem CASA-Paradigma und der in der Interaktion entstehenden pseudo-menschlichen Kommunikation
- Dem Use Case und Anwendungskontext und den damit verbundenen Zielen
- Der Persönlichkeit des Chatbots

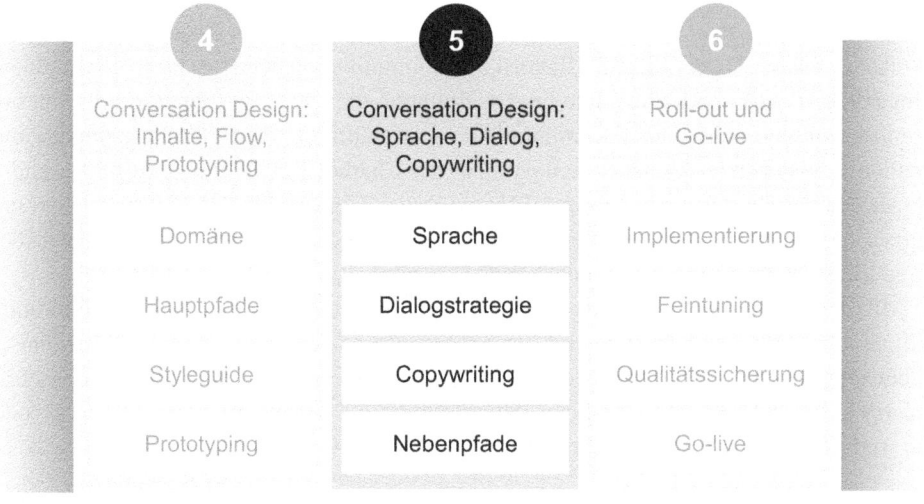

Abb. 6.1 Aufgaben im fünften Schritt der Chatbot-Entwicklung

Um all das zu erreichen, sind im Conversation Design viel Sprachgefühl, Kommunikationsgeschick und Textkompetenz gefragt. Deshalb ist es am besten, wenn texterfahrene Conversation Designer, professionelle Texter oder Medienautorinnen die Dialogstrategien und Gesprächsbeiträge des Chatbots entwickeln und schreiben.

Der zweite Faktor der kommunikativen Qualität sind die Strategien, die der Chatbot in der Konversation nutzt. Menschen sind mit Gesprächsstrategien aus unterschiedlichen Kontexten mehr oder weniger bewusst vertraut. Ob es darum geht, am Anfang eines Vortrags kurz zu erläutern, was Ziel und Thema ist, oder mithilfe der richtigen Fragetechnik im Support oder im Vertriebsgespräch das Problem einzugrenzen – Menschen erfahren die Wirkung von Dialogstrategien und wenden sie selbst an. Mit dem richtigen Strategiemix verlaufen Gespräche erfolgreicher und für alle Beteiligten angenehmer. Ein guter Chatbot sollte also die relevanten Strategien beherrschen. Sie prägen den Dialog in seiner Struktur und in der Abfolge der einzelnen Sequenzen relativ stark.

Im Conversation Design ist damit zu rechnen, dass sich mit dem Feintuning der verwendeten Strategien der Dialogablauf noch einmal verändert. Beim Chatbot-Copywriting schließlich konzentrieren Sie sich auf die tatsächlichen Gesprächsbeiträge des Chatbots. Dabei bleibt es nicht aus, dass noch Lücken und Schwächen in der Modellierung des Ablaufs auffallen und bearbeitet werden. So erhalten Sie nach und nach einen Text für jeden einzelnen Dialogschritt mit jedem einzelnen Gesprächsbeitrag des Chatbots und Ablaufdiagramme für alle Pfade und Dialogsequenzen. Beides zusammen dient als Grundlage für die weitere Umsetzung. Auch für Abstimmung und Freigabe des Dialogs mit Ihrem internen oder externen Auftraggeber sind diese Dokumente, also der Text mit den Beiträgen des Chatbots und das Ablaufdiagramm, hilfreiche Instrumente.

6.2 Die Sprache des Chatbots

6.2.1 Chatgerechte Sprache

Jede Medienform hat ihre eigenen sprachlichen Gewohnheiten. Im Chat kommunizieren Menschen in der Regel relativ knapp. Das hat verschiedene Gründe:

- Weil es eher unbequem ist, auf einer kleinen Telefontastatur zu schreiben
- Weil es schnell gehen soll
- Weil der Platz auf dem Smartphone-Bildschirm oder im Chatfenster begrenzt ist

Umgekehrt lesen Menschen auch im Chat relativ flüchtig. Gerade längere Texte werden oft eher weggescrollt und höchstens überflogen, kaum noch wirklich gelesen.

Wichtigste Anforderung an die Sprache eines Chatbots ist deshalb, dass sie knapp und präzise ist. Der Chatbot muss schnell auf den Punkt kommen und darf nicht lange um die Sache herumreden; seine Aussagen müssen klar und gut verständlich sein und gut lesbar.

Im Übrigen: Je präziser, knapper und schnörkelloser die Sprache des Chatbots in seinen Fragen ist, desto eher wird er auch präzise, knappe und schnörkellose Antworten erhalten. Und das fördert die korrekte Sprachverarbeitung Ihres Chatbots, ganz gleich, mit welchem Tool und welcher Technologie Sie arbeiten.

Die ideale Länge für einen Gesprächsbeitrag des Chatbots ist eine Sprechblase mit zwei bis drei Zeilen, maximal fünf Zeilen. Sie erhöhen die Akzeptanz für längere Chatbot-Beiträge, indem Sie einen Beitrag auf mehrere Sprechblasen oder andere Elemente aufteilen oder gezielte Zeilenwechsel setzen, falls Ihr Tool nur eine Sprechblase pro Beitrag erlaubt. Bis zu drei Sprechblasen oder Absätze mit je zwei bis drei Zeilen werden in der Regel toleriert; wenn ein Beitrag darüber hinausgeht, wird er nur flüchtig oder gar nicht aufgenommen.

Perfekt portioniert sind die Sprechblasen, wenn jede genau eine Äußerungseinheit („turn-constructional unit", TCU), also eine inhaltlich abgeschlossene Aussage, die auch für sich alleine stehen könnte, enthält. Bei einem Chatbot ist typischerweise jede Sprechblase eine TCU, aber auch Buttons oder andere Rich Responses sowie weitere Text-Ausgabeformate wie Infoboxen, Link-Teaser.

Vorsicht ist angeraten, wenn mehrere TCUs in einer Sprechblase untergebracht werden sollen: Hier ist ganz besonders auf Prägnanz und Kürze zu achten, damit die Aussagen gut aufgenommen werden. Wenn ein Chatbot zu einem Thema sehr viel zu sagen hat, sollten Sie deshalb überlegen, wie Sie die Inhalte auf mehrere Sprechblasen oder Ausgabe-Elemente aufteilen können. Noch besser sind mehrere Gesprächsbeiträge, indem Sie beispielsweise den Chatbot zunächst nur die wichtigste Information in möglichst prägnanter Form mitteilen lassen, verbunden mit Vorschlägen, in welche Richtungen diese weiter vertieft werden kann. Und nicht immer ist alles, was der Chatbot zu sagen weiß, auch zu jedem Zeitpunkt des Dialogs relevant. Hier lohnt es sich, genau zu prüfen, was genau an welcher Stelle des Dialogs vermittelt werden soll und kann.

Beispiel

Govbot ist ein Chatbot, der speziell für den Einsatz in Kommunen und öffentlicher Verwaltung entwickelt wurde und in verschiedenen Städten eingesetzt wird. Abb. 6.2 zeigt sein Onboarding in zwei verschiedenen Fassungen: eine ältere von 2019 auf der Webseite der Stadt Bonn und eine neuere von 2021 auf der Webseite der Stadt München. Die neuere Version ist gegenüber der älteren in wesentlichen Punkten verbessert:

- Das Onboarding ist deutlich kürzer; es passt auf eine Chat-Bildschirm-Seite.
- Wenig relevante Inhalte, wie der Hinweis, dass der Chatbot noch lernt und wie er dies tut, der Link zur Webseite und Ähnliches wurden gestrichen.
- Die TCUs sind besser strukturiert und nicht mehr so viele TCUs in einer Sprechblase zusammengefasst.

6.2 Die Sprache des Chatbots

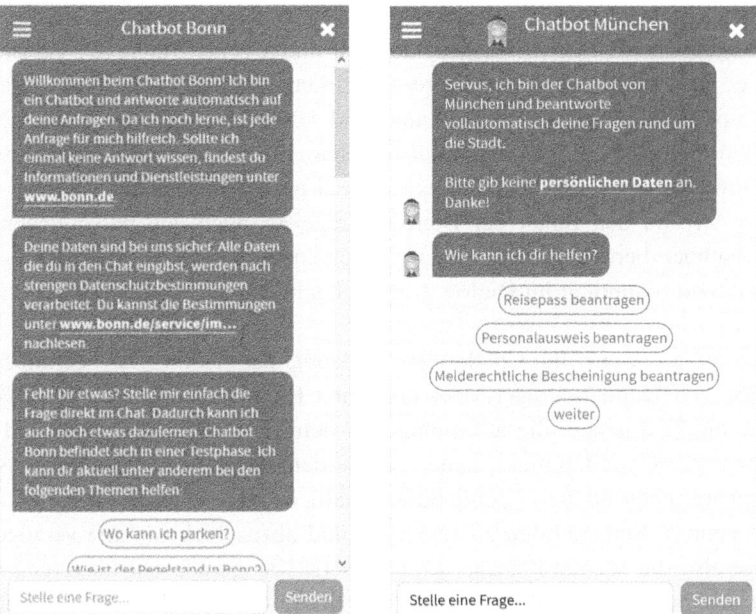

Abb. 6.2 Onboarding in zwei Fassungen (Govbot)

- Es werden keine Nebensätze mehr verwendet, die Sätze sind deutlich kürzer und prägnanter.
- Der Chatbot wendet sich viel aktiver an die Nutzer:innen, spricht weniger von sich selbst, geht mehr in den Dialog. ◄

Nicht jeder Chatbot, der kurze Gesprächsbeiträge liefert, ist automatisch auch präzise. Umgekehrt hilft jedoch präzises Formulieren, die nötige Knappheit zu erreichen. Was sich anderswo in der Online-Kommunikation bewährt hat, wird in den Dialogbeiträgen eines Chatbots zur absoluten Notwendigkeit: einfache Satzstrukturen, Aussagen begrenzt aufs Wesentliche, mit dem Wichtigsten anfangen.

Bei der Satzstruktur gilt die goldene Regel des Textens: Hauptsachen in Hauptsätze, Nebensachen in Nebensätze. Und: Je weniger Nebensätze, desto besser. Vor allem Satzkonstruktionen, die Unsicherheiten des Chatbots auffangen sollen und deshalb von Conversational Designern durchaus gern verwendet werden, wie beispielsweise „Wenn Sie Schnee mögen, dann empfehle ich als Reiseziel …" sind bei Nutzer:innen eher unbeliebt. Kausale Nebensätze („Sie sollten …, weil …") werden hingegen noch akzeptiert – vermutlich, weil die Begründung einer Aussage signalisiert, dass sich der Chatbot um Transparenz und Nachvollziehbarkeit bemüht und die Urteilskraft der Nutzer:innen ernst nimmt.

Die Abfolge der Gesprächsbeiträge des Chatbots, ihre Länge, Menge, die Art der Sprechblasen bzw. anderen Ausgabeelemente sowie das Timing der Ausgabe ergeben den Rhythmus des Chats. Ein Dialogbeitrag mit mehreren kurzen, unmittelbar aufeinander folgenden Elementen wirkt dynamisch und wecken Interesse; zu viele davon können aber auch überfordern und aggressiv wirken. Im Gegensatz dazu verlangsamen längere Gesprächsbeiträge das Chat-Tempo und können ausgleichend und beruhigend wirken; allerdings sind die Grenzen dafür im Chat relativ eng, weil Chatten als schnelle Kommunikationsform wahrgenommen wird. Ideal ist ein abwechslungsreicher Mix, der sowohl die Art und den Inhalt der Dialogbeiträge als auch den persönlichen Sprachstil des Chatbots berücksichtigt. Gewisse Regelmäßigkeiten in der Abfolge bieten Orientierung und Sicherheit im Dialog, ein zu gleichförmiger Rhythmus jedoch ermüdet schnell.

Hilfreich ist es, wenn Ihr Chatbot-Tool erlaubt, das Timing zu beeinflussen, also die Ausgabe von Dialogbeiträgen oder einzelnen Elementen gezielt zu verzögern. So können Sie die Textmenge, die auf einmal auf dem Bildschirm erscheint und von den Nutzer:innen erfasst werden muss, steuern. Außerdem wirkt eine verzögerte Ausgabe der Dialogelemente menschlicher – schließlich schafft es kein Mensch, in Bruchteilen von Sekunden mehrere Sprechblasen zu schreiben und abzuschicken. Eine verzögerte Ausgabe erhöht also die soziale Präsenz des Chatbots, was gerade vor längeren, wichtigen oder auch schwierigeren Dialogbeiträgen das Vertrauen und die Aufmerksamkeit der Nutzer:innen stärken kann.

Doch auch diese Möglichkeit sollten Sie nicht überstrapazieren. Wenn der Chatbot für jedes simple Antwort erst einmal ein paar Sekunden lang „nachdenken" muss, wird die Geduld der Nutzer:innen unnötig strapaziert und die Effizienz des Dialogs beeinträchtigt. Ein fest voreingestelltes Timing sollte also eher kurz gewählt werden. Idealerweise variieren Sie das Timing innerhalb des Dialogs, von Gesprächsbeitrag zu Gesprächsbeitrag.

Stilistisch ist Chatsprache in der Kommunikation zwischen Menschen sehr informell. Sie ist stark durchsetzt mit Abkürzungen, unvollständiger Zeichensetzung und ähnlichen Elementen. So chatnah sollte die Sprache des Chatbots trotz ihres informellen Charakters allerdings nicht sein, denn die Nutzer:innen wissen ja, dass sie mit einem Chatbot und nicht mit einem Menschen kommunizieren. Unkonventionelle Rechtschreibung und Zeichensetzung wirken da schnell unprofessionell und sind überdies schwer lesbar. In vielen Chats übliche Abkürzungen wiederum sind nicht unbedingt allen Nutzer:innen geläufig und erschweren ebenfalls die Textverständlichkeit unnötig.

Auch Emojis, ein sehr beliebtes Stilmittel im Chat, sollten nur sparsam verwendet werden. Viele Menschen empfinden Emojis im Dialog mit Chatbots als zu verspielt und eher hinderlich für die Effizienz der Kommunikation, insbesondere, wenn es um Auskünfte und Informationen geht. Wenn der Chatbot über Persönliches spricht, sind Emojis besser akzeptiert. Emojis sind hilfreich, sofern sie dem Gesprächsbeitrag des Chatbots tatsächlich eine Information hinzufügen und zum Beispiel Gefühle ausdrücken, um die Stimmung in der Konversation zu steuern. Rein dekorative Emojis sind jedoch nicht sinnvoll. Ebenfalls nicht sinnvoll ist es, Wörter durch Emojis zu ersetzen, denn auch das macht den Gesprächsbeitrag schwerer verständlich.

6.2 Die Sprache des Chatbots

Tab. 6.1 Checkliste: Chatgerechte Sprache

Bereich	Merkmal
Länge	• Kurze, knappe, präzise Dialogbeiträge • Aus maximal drei TCUs bestehend • Länge der TCUs: zwei bis drei, maximal fünf Zeilen • Möglichst ohne Scrollen auf einen Blick lesbar
Satzbau	• Einfache Satzstrukturen • Überwiegend Hauptsätze, wenig Nebensätze • Aufzählungen statt verschachtelter Satzkonstruktionen
Aufbau	• Mit dem Wichtigsten anfangen • Auf das Wesentliche beschränken • Vertiefende Details gestuft auf Nachfrage anbieten
Emojis	• Sparsam einsetzen • Keine Wörter durch Emojis ersetzen • Keine rein dekorativen Emojis
Wortwahl	• Möglichst wenig Füllwörter • Keine Abkürzungen • Kein Chat-Slang

▶ **Tipp** Geben Sie die Dialogbeiträge, die Sie für den Chatbot formuliert haben, einmal in ein echtes Chatprogramm ein, das Sie auch sonst im Alltag benutzen. In dieser vertrauten Anwendungsumgebung wird Ihnen sehr schnell auffallen, wenn ein Beitrag zu lang oder in anderer Hinsicht nicht chatgerecht ist.

Mithilfe der Checkliste in Tab. 6.1 können Sie prüfen, ob die Dialogbeiträge Ihres Chatbots in chatgerechter Sprache verfasst sind.

6.2.2 Vertrauen und soziale Präsenz

Da gegenseitiges Vertrauen eine notwendige Voraussetzung für eine gelingende, erfolgreiche Beziehung zwischen sozialen Akteuren ist, ist es auch für den Erfolg einer Chatbot-Konversation wichtig, dass die Nutzenden ein gewisses Vertrauen zum Chatbot entwickeln. Der Prüfstein ihres Vertrauens ist primär seine Nützlichkeit, also ob der Chatbot ihnen in der erwarteten Weise hilft. Doch das wissen sie erst nach einiger Zeit, vielleicht auch erst ganz am Ende der Konversation. Der Chatbot muss jedoch von Anfang an Vertrauen aufbauen. Ein wichtiger Faktor dabei ist seine soziale Präsenz, also der Kontakt, den er zu den Nutzer:innen und ihren Anliegen herstellt. Je höher die soziale Präsenz, desto größer typischerweise die Bereitschaft, Vertrauen zum Gegenüber zu entwickeln – und das funktioniert gemäß des CASA-Paradigmas auch, wenn das Gegenüber kein Mensch ist.

Die Sprache des Chatbots sollte deshalb so gewählt sein, dass sie soziale Präsenz herstellt und aufrechterhält. Dies geschieht unter anderem durch:

- Informelle Sprache
- Personalisierung
- Sozial angemessenes Kommunikationsverhalten

Ein Chatbot, der wie ein Lexikon klingt oder mit bürokratischen Wort- und Satzungetümen hantiert, ist nicht nur schwer zu verstehen, sondern wirkt auch wenig menschlich und zugänglich und deshalb eher unsympathisch. Das andere Extrem, also eine flapsige Sprechweise, durchsetzt von Abkürzungen, Jargon und Abschweifungen, lässt Seriosität und Ernsthaftigkeit vermissen und erzeugt ebenfalls eher Ablehnung als Zustimmung beim menschlichen Gegenüber.

Im Conversation Design ist ein tendenziell informeller Sprachstil eine effektive Strategie, den Chatbot „menschlicher" wirken zu lassen. Eine informelle Sprache verstärkt die empfundene soziale Präsenz des Chatbots, und diese wiederum hat einen positiven Effekt auf die Wahrnehmung der Interaktion und der Marke oder Organisation, für die der Chatbot steht. Sie darf jedoch nicht zulasten der Sympathie, Professionalität und Verständlichkeit des Chatbots gehen. Deshalb beschränken Sie sich am besten auf eine informelle Note und lassen Ihren Chatbot ansonsten in vollständigen Sätzen chatten, mit korrekter Rechtschreibung und Zeichensetzung. Gleichzeitig sollten die Dialogbeiträge des Chatbots nicht zu „schriftlich" klingen. Es ist ähnlich wie bei Dialogen in Romanen: Diese bestehen auch aus stilisierter, verschriftlichter Rede; sie sind schriftsprachlich korrekt, wirken aber beim Lesen so, als könnten sie auch gesprochen worden sein.

▶ **Tipp** Eine einfache, überaus wirksame Methode, mit der Sie prüfen können, ob Sie stilistisch die richtige Mischung aus mündlicher und Schriftsprache getroffen haben: Laut vorlesen! Am besten sogar mit verteilten Rollen. Wenn die Gesprächsbeiträge Ihres Chatbots dabei natürlich klingen, sind Sie auf dem richtigen Weg.

Der zweite Faktor für die soziale Präsenz von Chatbots, die Personalisierung, umfasst alles, was den Chatbot persönlicher, menschlicher und weniger anonym erscheinen lässt. Dazu gehört, dass er sich mit Namen vorstellt, ab und an persönliche Sichtweisen und Erfahrungen ins Gespräch einbringt und das eine oder andere biografische Detail verrät.

Weil wir Menschen in Gesprächen in der Regel Symmetrie mit dem Gegenüber herstellen wollen, kann ein Gesprächspartner, der offen und persönlich ist, auch eher mit offenen und persönlichen Gesprächsbeiträgen der anderen rechnen. Dies ist gerade bei Chatbots im therapeutischen Kontext oder mit Beratungs- und Coachingaufgaben hilfreich.

6.2 Die Sprache des Chatbots

Beispiel

Manche Chatbots, wie der in Abb. 6.3, erfragen sehr früh im Dialog persönliche Informationen, wie Namen und E-Mail-Adresse – bisweilen sogar, ohne sich selbst vorgestellt zu haben. Hier wird den Nutzer:innen sehr viel Vertrauen abverlangt, ohne dieses vorher aufgebaut zu haben. Im realen Leben würde man wohl kaum einem Unbekannten, der sich selbst nicht vorstellt, Namen und Kontaktdaten verraten. Warum sollte man es dann bei einem technischen System tun, von dem man überdies nicht weiß, was es mit den Daten anstellt?

Solche Chatbots vermitteln den Eindruck, dass sie vor allem etwas haben wollen, nicht etwas bieten. Für Nutzer:innen sind sie folglich unattraktiv.

Anders sieht es aus, wenn der Chatbot einen Nutzer bereits ein Stück weit beraten hat und dann anbietet, dass ein verantwortliches Teammitglied anschließend Kontakt für eine weitergehende Beratung aufnimmt. In diesem Fall dürfte die Bereitschaft des Nutzers deutlich größer sein, seine Daten preiszugeben – zumal dann auch transparent ist, wofür sie benötigt werden. ◄

In engem Bezug zur Personalisierung steht das kommunikative Verhalten des Chatbots. Es sollte in Analogie zum menschlichen Gesprächsverhalten sozial angemessen sein, was sich zum Beispiel darin äußert, dass Ihr Chatbot sich zu Beginn eines Gesprächs vorstellt, höflich ist, auf den Gesprächspartner eingeht, Gesprächsangebote macht, Empathie zeigt.

Abb. 6.3 Dialogeinstieg mit Datenabfrage von Chatbot K(a)i (EMP)

Technisch ist es zwar oft noch schwierig, den Chatbot wirklich empathisch kommunizieren und ihn individuell auf die Nutzenden eingehen zu lassen. Doch schon wenig spezifische Formulierungen, die Empathie suggerieren, wie „Das kenne ich" oder „Das kann ich mir gut vorstellen!", lassen den Chatbot sozialer erscheinen. Ein weiterer, technisch gut umsetzbarer Faktor, der das Kommunikationsverhalten sozial angemessen erscheinen lässt, ist das Gedächtnis Ihres Chatbots, das zumindest einem Kurzzeitgedächtnis entsprechen sollte.

Ungewollt sozial unangemessen wirken Chatbots oft dann, wenn sie in eine Sackgasse geraten und es allein den Nutzenden überlassen, wieder herauszukommen, wenn also ein Chatbot mehrfach wiederholt „Entschuldige, ich habe dich nicht verstanden, kannst du das anders formulieren" oder immer wieder Optionen zur Auswahl bietet, die sein Gegenüber bereits abgelehnt hat. Ganz sind solche Situationen nicht vermeidbar, aber mit differenzierteren Hilfestrategien lassen sie sich deutlich entschärfen. Auf jeden Fall sollte auch in solchen Situationen der Eindruck vermittelt werden, dass der Chatbot sein Gegenüber nicht im Stich lässt.

Die Checkliste in Tab. 6.2 führt die wichtigsten Strategien auf, um im Dialog soziale Präsenz und Vertrauen aufzubauen.

6.2.3 Ziel-, Bedarfs- und Kontextadäquatheit

Ein Chatbot, dessen Hauptaufgabe darin besteht, die Nutzenden zu unterhalten, kommuniziert anders als einer, der bei der Geldanlage berät, oder einer, der die Selbstreflexion in psychisch herausfordernden Situationen unterstützt. Dass der Chatbot jeweils den richtigen Tonfall und die richtige Sprechweise – in der Linguistik würde man sagen: das richtige Register – trifft, ist wichtig sowohl für die Akzeptanz als auch für das Gelingen des Dialogs.

Tab. 6.2 Dialogstrategien für Vertrauen und soziale Präsenz

Bereich	Merkmal
Personalisierung	• Begrüßung • Namen nennen • Auf Nutzer:innen eingehen • Möglichst wenig bürokratische, distanzierte, unpersönliche Sprache
Soziales Kommunikationsverhalten	• Erst geben, dann nehmen • Empathisches Verhalten zeigen • Bei Forderungen Anliegen und weiteres Vorgehen transparent machen • Bei Schwierigkeiten Hilfe anbieten, Gesprächsangebote machen

Innerhalb einer einzelnen Konversation kann die Sprache durchaus ein Stück weit variieren, aber nicht beliebig. So darf ein Finanzberatungs-Chatbot zwischendurch ruhig einmal einen flotten Spruch bringen, bei der Vorstellung der Finanzprodukte sollte er jedoch seriös sein. Smalltalk ist auch im Gespräch mit einem Chatbot wichtige „soziale Schmiere", aber die eigentlichen Auskünfte des Chatbots sollten auf die wesentlichen Informationen reduziert sein: Ein kurzes „Abfahrt München Hauptbahnhof: 16 Uhr" ist besser als die Formulierung „Sie fahren um 16 Uhr am späten Nachmittag am Hauptbahnhof der wunderschönen Stadt München ab".

Eine genaue Wortwahl bietet auch Orientierung. Zum einen kann der Chatbot durch den Wechsel des Tonfalls signalisieren: Achtung, jetzt wird es ernst! Zum anderen hilft eine konsequente und konsistente Benutzung von Schlüsselwörtern und Kernbegriffen, dass diese den Nutzer:innen präsent sind und sie in ihren eigenen Dialogbeiträgen eher auf sie zurückgreifen.

Während bei aufgaben- oder auskunftsorientierten Chatbots die Sprache vor allem der effizienten Informationsübermittlung dient, hat sie bei hybriden oder themenorientierten Chatbots, insbesondere solchen mit einem didaktischen Auftrag oder Chatbots für Support und Coaching, noch mehr Aufgaben. Damit die Zielerreichung gelingt, muss der Dialog eines solchen Chatbots didaktisch angemessen sein, aufklären, motivieren, Verständnis schaffen – alles zu seiner Zeit. Entscheidend ist auch hier, genau zu prüfen, welches sprachliche Verhalten an welcher Stelle des Dialogs benötigt wird, und es entsprechend umzusetzen.

Diese Fragen helfen Ihnen bei der Entscheidung, wo und in welche Richtung die Dialogbeiträge Ihres Chatbots sprachlich differenziert werden sollten:

- Was ist reiner Smalltalk?
- Was genau trägt zum Ziel des Dialogs bei?
- Wo ist Konstanz angebracht (zum Beispiel bei zentralen fachlichen Inhalten), wo Varianz (zum Beispiel bei Smalltalk-Floskeln)?
- Wo verbessern gleichförmige Formulierungen die Bedienbarkeit und damit die Conversational Experience? Beispiele: konsistentes Frageschema, systematische Verwendung von Ja- und Nein-Buttons
- Wo ist Didaktik nötig, wo Empathie, Motivation, …?

6.2.4 Sprache und Persönlichkeit

Die Sprache des Chatbots ist das wichtigste Mittel, mit dessen Hilfe seine Persönlichkeit in Erscheinung tritt. Ein Chatbot kann nicht sprechen, ohne seine Persönlichkeit zum Ausdruck zu bringen. Umso wichtiger ist es, dass die Sprache des Chatbots mit seiner Persönlichkeit übereinstimmt und er diese Sprache in allen Gesprächen ohne Brüche konsistent einsetzt.

Wie drückt sich Persönlichkeit in Sprache aus? Wenn Menschen miteinander reden, treffen sie ununterbrochen mehr oder weniger bewusst viele Entscheidungen, die sich in der Wahl der Worte und der Formulierung der Sätze ausdrücken. Jede dieser Entscheidungen verrät etwas über sie als Person, über ihren Charakter und ihr Temperament, über ihre Motivation, Wünsche und Ziele in der jeweiligen Situation, und über ihre Beziehung zum Gegenüber. Schon Mark Twain formulierte: „A man's character may be learned from the adjectives which he habitually uses in conversation." Ein vorsichtiger Mensch benutzt eher vage, zurückhaltende Wörter; ein temperamentvoller Mensch hingegen greift eher zu kräftigen, vielleicht sogar manchmal derben Formulierungen. Ein eher nüchterner, bürokratischer Typ wird keine blumigen Vergleiche oder flapsige Jugendsprache wählen. Und ein Mensch, der zur Begrüßung „Einen wunderschönen guten Morgen" wünscht, ist vermutlich ein anderer als einer, der regelmäßig nur mit „Hi!" grüßt. Mit seiner Sprache verrät ein Mensch, wo er zu Hause ist: Wo er regional, aber auch wo er bezüglich seiner Bildung und fachlichen Zugehörigkeit einzuordnen ist.

Im Dialog mit Chatbots ist das nicht anders. Was Ihr Chatbot sagt, wie er es sagt, und auch, was er nicht sagt, bildet einen wichtigen Teil des wahrnehmbaren Ausdrucks seiner Persönlichkeit. Ungereimtheiten, Widersprüche, unpassende Nuancierungen führen zu Irritationen bis hin zum Zweifel an der Vertrauenswürdigkeit und dem Abbruch des Gesprächs.

Diese Überlegungen zeigen, wie wichtig es ist, die Persönlichkeit des Chatbots passend zum jeweiligen Use Case und zu den Zielen zu entwickeln. Denn im Supportdialog will man eher keine Urlaubsgeschichten hören, und in therapeutischen Kontexten ist allzu viel Temperament beim Chatbot weniger gefragt. Im Tourismus wirkt ein Chatbot mit regional geprägter Sprache authentisch, im Business-Kontext hingegen schnell deplatziert. Ein firmeninterner Chatbot darf bisweilen auf Branchen- und Firmenjargon zurückgreifen; ein Chatbot, der im Außenkontakt steht, riskiert damit, nicht verstanden zu werden.

Der Use Case setzt also der Persönlichkeitsentfaltung des Chatbots in der Sprache Grenzen – Priorität hat, dass der Chatbot passend zum Use Case und zu den Zielgruppen kommuniziert. So wie Menschen ihr Verhalten und ihre Sprache auf die soziale Situation abstimmen, in der sie sich befinden, kann auch ein Chatbot das auf seine eigene, individuelle Weise tun.

Um der zur Persönlichkeit des Chatbots passenden Sprache auf die Spur zu kommen, hilft es zu überlegen:

- Welche sprachliche Prägung haben Menschen seines Bildungs- und Berufsstands erfahren?
- Welche sprachlichen Gewohnheiten haben sie?
- Welche Begriffe und Formulierungen nutzen sie mit großer Selbstverständlichkeit?
- Wie würde ein solcher Mensch sein Sprachverhalten in der Situation, in der sich der Chatbot befindet, anpassen?

6.2 Die Sprache des Chatbots

- Welche dieser Gewohnheiten würde er verstärken, welche Verhaltensweisen würde er unterdrücken?
- Was bedeutet das konkret für die Sprache?

▶ **Tipp** Da in den kurzen Chatbot-Beiträgen die Sprache wenig Zeit hat, sich zu entfalten, hilft es, einen längeren Text mit der „Stimme" des Chatbots zu verfassen. Sie können beispielsweise einen Monolog des Chatbots schreiben, in dem er über seine Persönlichkeit, seine Sicht auf den Use Case und seine Ideen, wie man ihn bearbeiten sollte, erzählt. Oder Sie schreiben einen längeren Dialog zwischen dem Chatbot und einer Vertreterin Ihrer Zielgruppe, in dem beide die Erwartungen an den Use Case diskutieren. Geben Sie dem Chatbot Raum, seine Sprache zu entfalten. Aus diesem Text können Sie dann einzelne Formulierungen für die Gesprächsbeiträge des Chatbots herausziehen.

Denken Sie dabei immer an die Rückkopplung mit den Zielgruppen. Die schönste Sprache des Chatbots ist nicht zielführend, wenn die Zielgruppe sie als unangemessen empfindet.

Eine besonders gute Gelegenheit, bei der der Chatbot seine Persönlichkeit ausspielen darf, sind Smalltalk und wiederkehrende Floskeln. Ein enthusiastischer Chatbot erwidert auf eine richtige Antwort begeistert: „Super, genau richtig!", während ein eher nüchterner vermutlich nur kurz sagt: „Stimmt." Legen Sie für solche Floskeln Varianten-Sammlungen an und greifen Sie beim Chatbot-Copywriting darauf zurück. Manche Tools erlauben es auch, für Floskeln einen festen Satz von Varianten anzulegen, aus denen der Chatbot bei Bedarf zufallsgesteuert eine auswählt.

Am besten sammeln Sie, während Sie die Sprache des Chatbots entwickeln, passende Begriffe und Floskeln:

- Adjektive und Verben, die die Persönlichkeit spiegeln
- Redewendungen, die zum Typ und zum Temperament des Chatbots passen
- Für die Region, die der Chatbot repräsentiert, typische Wörter und Redewendungen
- Ausdrücke aus dem Branchen-, Fach- und Unternehmensjargon (auf Verständlichkeit für die Zielgruppe achten!)

Beispiel

Chatbot Wilma (vgl. auch das Beispiel in Abschn. 4.3.2) ist als Eule konzipiert – einerseits Symbol von Wissen und Weisheit schlechthin, andererseits auch ein wenig kauzig. Ihre Sprache erinnert immer wieder daran, dass sie nicht vollständig mit menschlichen Maßstäben gemessen werden kann. Zur Begrüßung sagt sie „Huuhuu", zur Verabschiedung „Mach's guhuut" oder „Tschuhuus"; sie liebt Redewendungen wie „Das ist mir so zugeflogen", „Ach du dickes Ei!" oder „Da sieht man den Wald vor lauter Bäumen nicht".

Auswertungen des Prototyps ergaben, dass Wilma mit ihrem „Ge-Eule" polarisiert: Ein Teil der Nutzer:innen fand es charmant und den Chatbot dadurch attraktiver, ein anderer Teil war irritiert und genervt.

Um die irritierten Nutzer:innen nicht zu verlieren, könnte das Conversation-Design-Team die „euligen" Äußerungen neutralisieren, allerdings zulasten der Einzigartigkeit und der positiven Effekte auf die anderen Nutzergruppen. Eine Alternative ist es, das Ausmaß des spezifischen Wilma-Tonfalls über Variablen zu steuern, um den Vorlieben der jeweiligen Nutzer:innen besser zu entsprechen. So ist es beispielsweise möglich, das „Ge-Eule" im Laufe des Gesprächs zu reduzieren oder abhängig davon zu machen, ob es sich um neue oder erfahrene Nutzer:innen handelt oder welche Sprachausprägung die Nutzer:innen bevorzugen. ◄

Einen Überblick, welche Faktoren die persönliche Sprache des Chatbots prägen, gibt die Checkliste in Tab. 6.3.

6.2.5 Duzen oder Siezen?

Copywriter für englischsprachige Chatbots haben es gut, denn ihnen stellt sich eine in vielen Sprachen wichtige Frage nicht: Soll der Chatbot duzen oder siezen?

Die Wahl von „Du" oder „Sie" spiegelt die Beziehung, in der sich die Gesprächspartner befinden. Wer „Du" sagt, ist entweder schon vertraut mit dem oder der anderen oder legt Wert darauf, eine Atmosphäre des Vertrauens zu schaffen. Demgegenüber signalisiert das „Sie" eine höhere Wertschätzung und erzeugt zugleich mehr Distanz.

Tendenziell wirkt das „Sie" bei einem Chatbot distanzierter als bei einem Menschen. Möglicherweise liegt das an den eher informellen Gesprächsgewohnheiten im Internet und in Messenger-Apps. Es gibt jedoch auch Nutzende, die gerade offensive

Tab. 6.3 Checkliste: Sprache und Persönlichkeit

Bereich	Merkmal
Use Case	• Sprache ist für Use Case und Setting angemessen • Sprache ist für Zielgruppe verständlich
Register	• Sprache spiegelt „Bildungsstand" und Fachlichkeit des Chatbots • Sprache ist der (simulierten) sozialen Situation angemessen • Sprache ist variantenreich (innerhalb des gesetzten sprachlichen Rahmens)
Individualität	• Floskeln für Begrüßung, Bestätigung, Ermunterung, Entschuldigung, Bedauern, Verabschiedung • Bevorzugte Adjektive • Gern verwendete Redewendungen

Gesprächselemente von Chatbots, die soziale Präsenz und Nähe vermitteln wollen, als übergriffig und anbiedernd empfinden.

Wenn Sie in Ihrer sonstigen Unternehmenskommunikation Ihr Gegenüber siezen, sollten Sie deshalb nicht ausgerechnet den Chatbot per vertraulichem „Du" kommunizieren lassen. Das wäre nicht nur ein Bruch im Kommunikationsstil, sondern auch ein Widerspruch zur Markenpersönlichkeit. Wenn Sie den Chatbot bewusst vordergründig als Rebell gegen die sonstige Markenwelt konzipieren, kann das natürlich anders aussehen, aber dann ist viel Fingerspitzengefühl erforderlich, damit das Rebellentum tatsächlich die Markenpersönlichkeit so kontrastiert, dass sie gestärkt wird und nicht beschädigt. Siezen sollte der Chatbot auch, wenn er eine eher konservative, traditionsbewusste und nicht sehr medienaffine Zielgruppe bedient.

Falls Ihr Tool es zulässt, lassen Sie doch den Chatbot zu Beginn des Dialogs fragen, welche Anrede bevorzugt wird. Das bedeutet natürlich einen gewissen Mehraufwand, weil Sie jeden Dialogtext in zwei Varianten implementieren müssen, einer „Du"- und einer „Sie"-Variante. Wenn Sie jedoch Zielgruppen haben, die auf die richtige Anrede sehr empfindlich reagieren, dürfte sich der Aufwand lohnen.

Diese Fragen geben Ihnen Kriterien an die Hand, um eine fundierte Entscheidung für die Anrede zu treffen:

- Welche Anrede ist in der sonstigen Unternehmenskommunikation dominant?
- Welche Ansprache in der Online-Kommunikation sind die Zielgruppen gewohnt?
- Was erwarten sie?
- Welche Höflichkeitsnorm bezüglich der Ansprache gilt bei den Hauptzielgruppen?
- Stärkt ein „Du" die Vertrauenswürdigkeit oder beschädigt es sie?
- Lässt das Tool eine Differenzierung zu?

6.3 Strategien der Gesprächsführung

6.3.1 Die Strategien im Überblick

In der Ablaufplanung haben Sie bereits berücksichtigt, wie stark Ihr Chatbot-Dialog User- oder Chatbot-gesteuert sein soll. Kurze, einfache Dialoge, die schnell enden dürfen, benötigen weniger aktive Dialogstrategien seitens des Chatbots; je länger, komplexer und differenzierter das Gesprächsangebot des Chatbots sein soll, desto aktiver sollte er die Gesprächsführung übernehmen. Aktive Gesprächsführungsstrategien des Chatbots erhöhen aber auch bei kurzen Dialogen die Wahrscheinlichkeit, dass diese zum Ziel führen.

Wichtige Strategien der Gesprächsführung sind:

- Erwartungsmanagement
- Explizite Vorgaben

- Implizite Vorgaben
- Fragetechniken
- Rückfragen
- Gezielter Themenwechsel
- Rückführungen

Alle diese Strategien werden in Mensch-Zu-Mensch-Gesprächen mehr oder weniger regelmäßig genutzt, je nach Gesprächstyp (vgl. Abschn. 4.2) unterschiedlich gewichtet. So sind explizite und implizite Vorgaben, Rückfragen, generell Fragetechniken und Themenwechsel charakteristisch für Lehr-/Lerngespräche und für vertrieblich orientierte Gespräche. Explizite und implizite Vorgaben finden Sie in Vorträgen und Reden, oft in spezifisch rhetorischer Form. Das Erwartungsmanagement ist in allen zwischenmenschlichen Gesprächen relevant; oft wird es nachgeholt, wenn die Beteiligten bemerken, dass sie aneinander vorbei geredet haben.

Das Gegenüber des Chatbots ist also mit diesen Strategien aus Mensch-zu-Mensch-Unterhaltungen vertraut und wird in der Regel passend darauf reagieren. An diesen Vorerfahrungen und Routinen knüpft das Conversation Design an und macht sich die Wirkung der jeweiligen Strategie zunutze.

6.3.2 Erwartungsmanagement

Erwartungen spielen eine große Rolle für die Akzeptanz eines Chatbots. Ein Chatbot, der nicht liefert, was seine Nutzer:innen von ihm erwarten, wird Frust auslösen und eher nicht wieder verwendet. Erwartungen werden bereits durch den digitalen Kontext, in dem der Chatbot aufgerufen wird, geprägt. Und wenn ein Chatbot bereits eine gute Antwort gegeben hat, steigen die Erwartungen an seine Kompetenz! Das ist im Gespräch zwischen Menschen im Übrigen auch nicht anders.

Es ist eine erfolgsentscheidende Aufgabe des Chatbots, frühzeitig klar zu machen, welche Erwartungen an ihn angemessen sind und welche nicht. Viele Chatbots tun das nicht oder nur unzureichend. Sie versprechen im Onboarding vollmundig sehr viel („Ich berate Sie in Finanzfragen.") oder bleiben vollkommen unspezifisch („Wie kann ich Ihnen helfen?", „Stellen Sie mir einfach Ihre Frage!"). Bei diesen Chatbots ist es eher Zufall, wenn die Nutzenden tatsächlich eine sinnvolle Antwort auf eine Frage erhalten, und Frust ist vorprogrammiert.

Das Onboarding, die erste Sequenz im Dialog, ist für das Management der Erwartungen deshalb besonders wichtig: Gleich am Anfang sollte der Chatbot nicht nur sagen, wer er ist, sondern auch, was er kann, wofür er da ist. Weil hier die Grundlage für den weiteren Verlauf des Dialogs gelegt wird, ist im Conversation Design sorgfältig darauf zu achten, das Onboarding gut und passend zum Use Case zu gestalten. Dann kann sich der Chatbot in späteren Gesprächsabschnitten auch auf das Onboarding beziehen, wenn es gilt, die Erwartungen zu kanalisieren.

6.3 Strategien der Gesprächsführung

Weil ein Onboarding nicht immer gründlich gelesen oder auch ganz einfach im Verlauf der Konversation vergessen wird, ist es hilfreich, den Chatbot die Erwartungen kontinuierlich managen zu lassen. Beispielsweise indem Ihr Chatbot ab und an Hinweise einstreut, wofür er zuständig ist und wofür nicht. Jede Art der expliziten Vorgabe ist so ein Hinweis, aber auch Smalltalk-Bemerkungen wie „Ich bin ja keine Suchmaschine, ich kann Ihnen nur ein paar Tipps geben" steuern die Erwartungen.

Eine nur selten genutzte Möglichkeit, Nutzererwartungen zu korrigieren, bietet der (Hilfe-)Text, den der Chatbot ausgibt, wenn er eine Eingabe nicht sinnvoll verarbeiten kann. Ein Chatbot, der nur sagt: „Ich habe dich nicht verstanden, versuche bitte eine andere Formulierung", hilft nicht wirklich weiter; die Nutzenden wissen ja dann nicht einmal, ob der Chatbot nur die gewählte Formulierung nicht verarbeiten konnte oder ob er zu ihrem Anliegen nichts zu sagen weiß. Außerdem unterscheiden sich Nutzende darin, wie flexibel und spielerisch sie mit Sackgassen im Chat umgehen können; während sogenannte „Players" bereitwillig andere Formulierungen und Strategien ausprobieren, um zu ihrem Ziel zu gelangen, sind „Non-Players" dazu weniger in der Lage und halten oft beharrlich an der einmal gewählten Formulierung fest. Besser ist es also, wenn der Chatbot hinzufügt: „Mit folgenden Themen kenne ich mich gut aus: ..." – das hilft, die Nutzer:innen inhaltlich auf die richtige Spur zu führen und eröffnet insbesondere Non-Players explizit einen Ausweg aus der Kommunikationssackgasse.

> **Beispiel**
>
> Ein lehrreiches Beispiel, wie ein Chatbot am Erwartungsmanagement scheitern kann, ist Chatbot Stella, die bereits 2003 bis 2005 in den Recherchesystemen der Universitätsbibliothek Hamburg zum Einsatz kam. Die „elektronische Informationsassistentin" Stella „gibt Tipps zur Auswahl von Katalogen und Datenbanken und erläutert Zugangsbedingungen zu elektronischen Volltexten. Damit hilft sie Hamburger Studierenden, eine wichtige Schlüsselqualifikation zu entwickeln: informationskompetent zu werden, also zu wissen, wo man wie nach welcher Information sucht und diese dann auch beschafft."
>
> Konzeptionell wurde bei Stella bereits auf vieles geachtet, was ein gutes Conversation Design ausmacht. Sie hat zum Beispiel eine Persönlichkeit, die zur Aufgabe und zum Ort (Hamburg) passt und die es ermöglicht, das Informationsangebot mit einer Prise Humor und Unterhaltung zu präsentieren.
>
> Stella wurde jedoch nach zwei Jahren wieder abgeschaltet, weil die gewünschten Effekte ausblieben. Zwar kamen mehrere hundert Gespräche pro Tag zustande, aber der Bedarf an Auskunftsgesprächen mit den menschlichen Mitarbeitenden vor Ort und per Telefon ging nur leicht zurück.
>
> Ein Blick in die auszugsweise veröffentlichten Gesprächsprotokolle verrät, wo das Problem liegen könnte. Stella sagt zur Begrüßung zum Beispiel „Moin zu später Stunde! Mein Name ist Stella. Ich bin Ihre virtuelle Beraterin auf der Website der Staats- und Universitätsbibliothek Hamburg. Ich ahne, Sie haben eine Frage. Kann ich helfen?"

Viele Nutzer:innen schrieben dann sinngemäß „Ich suche ein Buch", „Ich suche Literatur zu …". Woraufhin Stella – gemäß ihrem Auftrag – Tipps gab, in welchen Katalogen nach diesen Büchern gesucht werden kann, wie man dabei vorgeht etc. An den Reaktionen der Nutzer:innen ist zu erkennen, dass diese erwarteten, dass Stella eine Art Metasuchmaschine ist und ihnen Literaturempfehlungen gibt. Viele folgten Stellas Rückfragen noch eine Zeitlang, weil sie glaubten, die Suchergebnisse damit weiter einzuschränken, aber verließen irgendwann abrupt den Dialog; in manchen Fällen kam es sogar zu Beschimpfungen.

Viel von diesem Frust wäre vermeidbar gewesen, wenn Stella besser klar gemacht hätte, was ihr Auftrag ist und was sie tatsächlich für die Nutzer:innen tun kann und was nicht. Schade, denn in vielerlei Hinsicht war Stella ein gut konzipierter und umgesetzter Chatbot! ◄

6.3.3 Explizite Vorgaben

Explizite Vorgaben sind die einfachste Strategie, den Dialog in der Spur zu halten. Dazu schlägt der Chatbot den Nutzenden konkrete Optionen vor, wie sie weitermachen können – in Form von Quick Replies oder Rich Responses, von Buttons, Links, Stichworten oder ähnlichen Elementen.

Explizite Vorgaben sind insbesondere in diesen Situationen hilfreich und sinnvoll:

- In frühen Phasen des Dialogs, in denen sie Orientierung geben können über den Funktionsumfang und die Funktionsweise des Chatbots
- In sehr aufgabenorientierten Sequenzen, zum Beispiel wenn der Chatbot bestimmte Schritte gehen muss, um einen Auftrag ausführen zu können
- An Stellen im Gespräch, an denen es im Prinzip viele Möglichkeiten gibt, weiter zu machen, aber der Chatbot nur wenige bedienen kann
- In Hilfetexten, wenn also schon ersichtlich ist, dass Nutzer:innen und geplanter Dialogverlauf nicht zusammenfinden

Ganz besonders nützlich sind explizite Vorgaben in der Anfangsphase der Dialogentwicklung: Mit expliziten Vorgaben legen Sie den geplanten (idealen) Dialogablauf sichtbar und nachvollziehbar an. Wenn dieses Grundgerüst steht, lässt sich der Dialog nach und nach um weitere Antwortoptionen und Seitenpfade erweitern, ohne dabei den Überblick zu verlieren.

Die gängigste Form expliziter Vorgaben sind Buttons, und in fast allen Chatbot-Tools ist es möglich, sie zu verwenden. Buttons allerdings sind nur dann sinnvoll, wenn es nicht zu viele Optionen gibt und sich diese in zwei, drei Worten präzise ausdrücken lassen. Lange Listen mit langen Buttons schrecken eher ab als dass sie hilfreich sind. Das Beispiel in Abb. 6.4 zeigt, dass die Obergrenze bei etwa fünf Buttons liegt.

6.3 Strategien der Gesprächsführung

Abb. 6.4 Explizite Vorgaben als Buttons und Schlagwörter von Chatbot Isa (hsag)

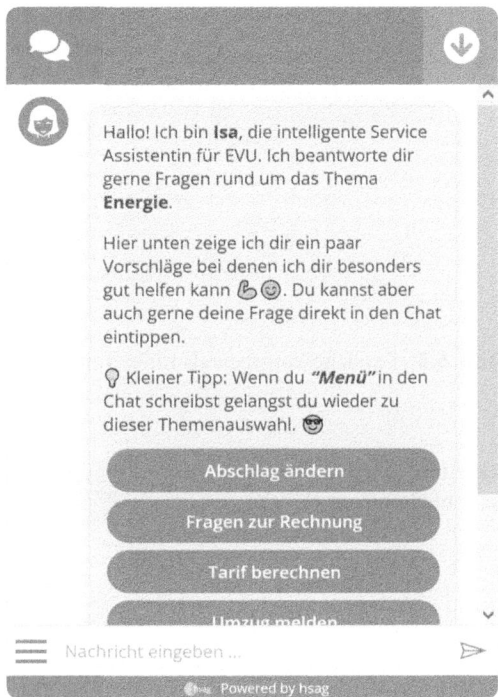

Eine Alternative, die allerdings nicht in jedem Tool möglich ist, sind Links, die direkt einen weiteren Gesprächsbeitrag des Chatbots aufrufen und damit an eine bestimmte Stelle im Dialogablauf springen (siehe das Beispiel in Abb. 6.5). Auch Menüs, eine Optionsauswahl über Bildergalerien oder „Karussells" sind Möglichkeiten, explizite Optionen anzubieten.

Bewährt hat es sich auch, im Gesprächsbeitrag des Chatbots bestimmte Schlüsselworte optisch hervorzuheben, wie in Abb. 6.6 in der Infobox nach den Buttons. Solche Schlüsselwörter bieten eine ähnlich gute Orientierung wie Buttons, sind aber platzsparender und durchbrechen den Gesprächscharakter weniger. Sie tragen außerdem dazu dabei, den Nutzer:innen zu vermitteln, wie sie mit dem Chatbot effizient kommunizieren können.

Wichtig ist bei expliziten Vorgaben, dass der Gesprächscharakter des Chats nicht verloren geht. Wenn der Chatbot nur auf bestimmte Schlüsselwörter reagiert, folgt er nicht mehr der Logik eines Gesprächs, sondern eines Menüs. Und in einem Chat, der stark oder ausschließlich auf Buttons und Links setzt, kommunizieren Nutzer:innen und Chatbot nicht mehr, sondern die Nutzer:innen klicken sich durch den Dialog wie durch ein Menü oder einen Hypertext.

Andererseits fördern explizite Vorgaben die Effizienz des Dialogs und helfen dabei, das Gesprächsziel sicher zu erreichen. Deshalb werden sie meist gerne angenommen: Zum einen geben sie Orientierung, zum anderen sparen sie Tipparbeit. Außerdem

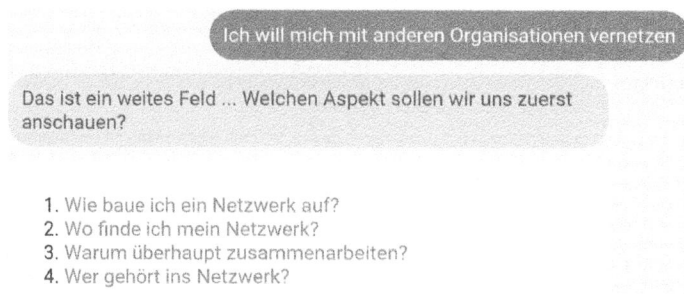

Abb. 6.5 Explizite Vorgaben als Links von der Wissenseule Wilma (time4you)

Abb. 6.6 Implizite Vorgaben in Formulierungen (Süwag)

werden visuelle Elemente im Chat – und dazu zählen auch Buttons – überwiegend als positiv wahrgenommen. Kein Wunder also, dass hybride Dialogdesigns, die den Text im Chat mit visuellen Elementen anreichern, in Sachen User Experience und Bedienbarkeit am besten abschneiden.

▶ **Tipp** Eine bewährte Faustregel zum Einsatz von expliziten Vorgaben im Dialog lautet: „So eng wie nötig, so natürlich wie möglich."

6.3.4 Implizite Vorgaben

Implizite Vorgaben werden in der Chatbot-Literatur auch als „Shaping" bezeichnet; in der Psychologie würde man von „Priming" sprechen. Grundgedanke ist, dass die Art, wie Menschen sprechen und was sie sagen, von dem, was sie direkt davor gehört oder gelesen haben, unweigerlich beeinflusst ist. Im Dialog passen sich die Gesprächspartner wechselseitig an ihre Sprechweise an, übernehmen zum Beispiel Tonfall und Wortwahl. Menschen machen das meist automatisch und unbewusst, rhetorisch vorgebildete Personen auch bewusst – und das kann sich der Chatbot zunutze machen.

Formulierungen, die der Chatbot selbst verwendet, sollten deshalb auch von ihm verstanden werden. Umgekehrt kann der Chatbot sich auch den Effekt, dass seine Formulierungen sehr wahrscheinlich aufgegriffen werden, zunutze machen, und Formulierungen, die er sicher versteht, im Gespräch platzieren – ohne gleich eine explizite Vorgabe daraus machen zu müssen.

Ein Chatbot wie der in Abb. 6.6 muss damit rechnen, dass die Nutzer:innen seine Formulierungen aufgreifen und „Zählerstand mitteilen" oder „Umzug melden" in den Chat eingeben. Aber auch die Formulierungen in den Buttons, wie „umziehen" oder „Zählerstand melden", werden sehr wahrscheinlich verwendet.

Etwas komplexer ist der Fall, wenn Eingaben in einer bestimmten Form benötigt werden. Beispielsweise muss ein Buchungs-Chatbot natürlich wissen, zu welchem Termin er die Buchung vornehmen soll. Wenn er fragt: „Für wann soll ich buchen?", muss er mit einer Vielzahl von Antworten umgehen können, auch solchen wie „übermorgen", „zum nächstmöglichen Termin" oder „für den fünfzehnten". Wenn er hingegen fragt: „Für welches Datum (TT:MM) soll ich buchen?", dürfte die Bandbreite der Antworten schon kleiner sein.

Beispiel

Beliebt ist es, dass der Chatbot die Nutzer:innen zu Beginn des Gesprächs nach ihrem Namen fragt, um diesen im weiteren Dialog zu verwenden – immerhin ein starkes Signal für soziale Präsenz. Technisch ist das leicht zu bewerkstelligen: Ein entsprechender Slot wird per Entity-Extraktion gefüllt und an passender Stelle ausgegeben.

Nicht alle Nutzer:innen sind jedoch bereit, einem Unbekannten ihren Namen zu verraten. Wenn also der Chatbot auf die Frage „Wie heißt du?" die Antwort erhält: „Warum?", wird er im Gesprächsverlauf sein Gegenüber immer mit „Warum?" ansprechen. Der gewünschte Effekt einer höheren sozialen Präsenz des Chatbots schlägt damit nur allzu schnell in sein Gegenteil um.

> Eine Formulierungsänderung kann ein wenig weiterhelfen. Wenn der Chatbot fragt „Mit welchem Namen soll ich dich anreden?", werden die Nutzer:innen zwar nicht unbedingt ihren wirklichen Namen nennen, sondern auch Spitz- und Fantasienamen, aber in der Regel seltener Gegenfragen stellen. Auszuschließen ist das jedoch auch dann nicht. Im Übrigen müssten Sie gemäß der europäischen Datenschutzverordnung erst einmal ein berechtigtes Interesse daran haben, den wirklichen Namen der Nutzer:in zu erfahren. Außerdem benötigen Sie zusätzliche Gesprächspfade für typische Reaktionen von Nutzer:innen, die keinen Namen angeben wollen, um die soziale Präsenz des Chatbots tatsächlich zu stärken. ◄

Dieses Beispiel zeigt, dass es bei impliziten Vorgaben auf jedes Wort ankommt, damit sie funktionieren. Hier ist viel Fingerspitzengefühl und Genauigkeit bei der Formulierung gefragt. Wenn Sie kurze, prägnante Formulierungen verwenden, erhöhen Sie die Wahrscheinlichkeit, dass die Nutzer:innen diese Formulierungen aufgreifen. Zudem greift dabei ein weiterer Effekt des Shaping: Wenn der Chatbot kurz und präzise formuliert, werden auch die Nutzer:innen eher kurze und prägnante Formulierungen wählen. Der umgekehrte Effekt gilt allerdings nicht! Bei langen Dialogbeiträgen des Chatbots lässt sich vielmehr beobachten, dass Nutzer:innen immer kürzer bis gar nicht mehr antworten; die Gefahr, dass der Dialog zu früh endet und abgebrochen wird, steigt.

Implizite Vorgaben sind also eine weniger zuverlässige Methode, den Dialog zu steuern, als explizite Vorgaben, dafür behalten sie den Gesprächscharakter bei. Sie tragen außerdem ebenso wie explizite Vorgaben zum Erwartungsmanagement bei. Besonders nützlich sind implizite Vorgaben und Shaping, wenn Antworten in einer bestimmten Form beziehungsweise einem bestimmten Format gegeben werden sollen, um weiterverarbeitet werden zu können, aber es keine festen oder zu viele Antwortmöglichkeiten gibt wie die Wunschtermine für die Buchung.

6.3.5 Geschlossene Fragen

„Wer fragt, führt", heißt es im Coaching. Fragetechniken gehören zu den wichtigsten Strategien für eine aktive Gesprächsführung. Sie sind vielfältig und nützlich: Sie helfen uns, Interessen und Aufgaben abzustimmen, Missverständnisse zu klären, Vereinbarungen zu treffen und vieles mehr.

Während in der menschlichen Kommunikation offene Fragen als geeigneter angesehen werden, ein Gespräch aufrechtzuerhalten, sind für Chatbots geschlossene Fragen zielführender. Je offener eine Frage ist, desto vielfältiger kann sie beantwortet werden; je geschlossener Sie die Frage formulieren, desto stärker steuern Sie, welche Antworten kommen.

Fragen sind eine Form des Shaping, und je enger die Frage gestellt ist, desto besser ist das Shaping. Wenn sie allerdings zu eng werden, decken sie möglicherweise das, was sich die Nutzer:innen in der jeweiligen Dialogsituation wünschen, nicht mehr genügend

6.3 Strategien der Gesprächsführung

ab. Genau dadurch können sie jedoch auch vermitteln, was im Scope des Chatbots liegt und was nicht. Ein Chatbot, der sagt: „Soll ich dir mehr zu unseren Produkten erzählen oder möchtest du mit einem Berater verbunden werden?" wird all diejenigen, die mehr über Karrieremöglichkeiten bei dieser Firma wissen möchten, vor den Kopf stoßen – was in Ordnung sein kann, wenn er zu Karrieremöglichkeiten tatsächlich nichts zu sagen weiß, aber schädlich ist, wenn er es könnte.

Ja-/Nein-Fragen sind die einfachste geschlossene Frageform und die sicherste. Praktikabel sind sie dennoch nur in manchen Situationen. Denn oft gibt es nicht nur zwei, sondern eine Vielzahl von Optionen. Wenn Sie alle diese Optionen einzeln mit Ja-/Nein-Fragen abfragen, werden die meisten Nutzer:innen spätestens bei der dritten Nachfrage aussteigen. Außerdem bekommt die Konversation durch mehrere Ja-/Nein-Fragen in direkter Abfolge schnell den Charakter eines Verhörs, was keine besonders angenehme Conversational User Experience darstellt.

Zu beachten ist bei Ja-/Nein-Fragen außerdem, dass als Antwort in der Regel dann tatsächlich auch „ja" oder „nein" erfolgt. Dabei sollte sichergestellt sein, dass der Chatbot nicht nur die vermutlich erwünschte Antwort „ja" sinnvoll verarbeitet, sondern auch „nein" – was im Übrigen nur funktioniert, wenn der Chatbot kontext-sensitiv genug ist, die Antwort auf die zuvor gestellte Frage zu beziehen. Ein Chatbot, der auf ein Nein mit „Ich habe dich nicht verstanden" reagiert, eine unzusammenhängende Antwort gibt oder unbeeindruckt einfach weiterfragt, macht keinen sonderlich kompetenten Eindruck.

▶ **Tipp** Vorsicht vor rhetorischen Fragen und höflichen Formulierungen! Diese kommen häufig als geschlossene Fragen daher, sind aber eigentlich als Anweisungen gemeint. Wer fragt: „Darf ich dich um … bitten?" will eigentlich sagen: „Ich möchte, dass du …" oder sogar „Bitte mach!". Auf eine solche Frage ein Nein nicht zu akzeptieren, zeigt, dass die Frage manipulativ gemeint ist und nicht dem Gegenüber tatsächlich die Entscheidung überlässt, die Bitte zu erfüllen oder nicht. Wenn also ein Chatbot ein Nein auf eine rhetorische Höflichkeitsfrage nicht versteht, hat er den guten Eindruck, den er mit der Formulierung eigentlich machen wollte, direkt wieder verspielt. Ganz abgesehen davon, dass ein Chatbot auch auf eine direkt formulierte Bitte ein Nein akzeptieren und alternative Dialogangebote haben sollte!

Vergleichbar mit Ja-/Nein-Fragen sind geschlossene Fragen, die nur eine bestimmte Auswahl an Optionen abfragen. Zum Beispiel statt „Was möchten Sie essen?" die geschlossen Frage „Möchten Sie Pizza oder Pasta essen?". Auf die zweite Frage wird kaum jemand „Schnitzel" antworten, auf die erste durchaus. Geschlossene Fragen bieten also auch Orientierung über das, was der Chatbot tatsächlich anzubieten hat.

Ebenso wie bei Ja-/Nein-Fragen ist es wichtig, dass der Chatbot genügend Antworten sinnvoll verarbeitet, nicht nur die unmittelbar gewünschten. Gerne vergessen werden insbesondere Antworten von Nutzer:innen, für die keine der angebotenen Optionen passt oder die sich nicht entscheiden können, also beispielsweise „weiß nicht", „egal", „nichts

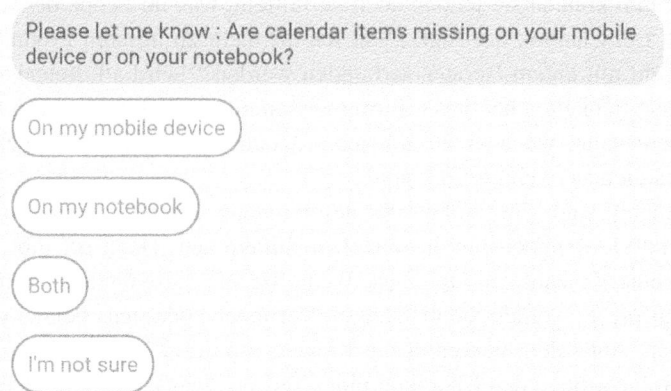

Abb. 6.7 Geschlossene Frage mit Antwortoptionen eines Support-Bots (time4you)

davon". Wenn solche für die Nutzer:innen relevante Optionen nicht verstanden werden, werden sie sich in dem Dialogangebot nicht wiederfinden und das Gespräch beenden. Dabei können auch scheinbar indifferente Reaktionen wichtige Informationen enthalten, wie im Beispiel in Abb. 6.7.

Geschlossene Fragen funktionieren dann besonders gut, wenn es auf sie möglichst einfache Antworten gibt, die leicht erkennbar und eindeutig sind, am besten genau die eine und einzige „richtige Antwort". Das passende Priming ist hier also sehr wichtig. In Kombination mit expliziten Vorgaben in Form von Buttons wird die Steuerung durch eine geschlossene Frage mit vorgegebenen Antwortmöglichkeiten noch stärker.

6.3.6 Rückfragen

Rückfragen sind eine der wichtigsten Strategien in der zwischenmenschlichen Kommunikation, um Ziele zu klären und Missverständnisse auszuräumen. Es gibt sogar Theoretiker, die sagen: Missverständnisse sind der Normalfall; Verstehen kommt überhaupt erst durch Reparaturstrategien zustande. Menschliche Reparaturstrategien in Form von Rückfragen reichen von offenen, unspezifischen Nachfragen („Was?") über Aufforderungen zur Konkretisierung („Was hast du gesagt willst du bestellen?") bis hin zur Formulierung von expliziten Alternativen („Wolltest du jetzt Pizza oder Pasta?").

Für aufgabenorientierte Chatbots sind Rückfragen oft entscheidend, um sicherzustellen, dass sie alle Informationen bekommen, die sie benötigen. Ein Chatbot Shirty, der in einem Online-Shop T-Shirt und Shorts verkauft, wird, wenn er die entsprechenden Entities nicht bereits aus der anfänglichen Anfrage des Nutzers extrahieren konnte, systematisch nachfragen müssen:

6.3 Strategien der Gesprächsführung

- Um welches Produkt geht es?
- Welche Farbe?
- Welche Größe?
- Welcher Preisrahmen?

Wichtig ist bei Rückfrage-Sequenzen, dass sie nicht zu lang werden. Zum einen stellt sich in einem Dialog, in dem eine kurze Frage nach der anderen gestellt wird, leicht eine Verhör-Atmosphäre ein. Zum anderen – und das ist noch entscheidender – bedeutet für Nutzer:innen jede Antwort auf eine Rückfrage eine Art soziale Investition in den Dialog mit dem Chatbot. Je länger also eine Rückfrage-Sequenz ist, desto größer wird die damit verbundene soziale Investition, und desto größer bei den Nutzer:innen die Erwartung, dass sie dafür am Ende belohnt werden, nämlich mit der Erfüllung der Aufgabe. Wenn Chatbot Shirty nach etlichen Rückfragen verkündet: „Tut mir leid, blaue, langärmelige T-Shirts mit Knopfleiste in Größe L sind ausverkauft", ist der Frust zu Recht groß. Hier wäre die Aufgabe des Chatbots, frühzeitig transparent zu machen, welche Optionen sinnvoll kombinierbar sind oder Alternativen anzubieten. Auch die Reihenfolge, in der die Fragen erfolgen, kann einen Unterschied machen, wie früh nicht verfügbare Optionen kommuniziert werden können.

▶ **Tip** Halten Sie Rückfrage-Sequenzen möglichst kurz! Machen Sie immer klar, worauf die Rückfragen abzielen. Eine Rückfrage-Sequenz sollte immer mit einem sinnvollen Ergebnis für die Nutzer:innen enden.

Wertvoll sind Rückfragen auch dann, wenn Missverständnisse ausgeschlossen werden sollen. Viele themenorientierte Chatbots setzen beispielsweise darauf, möglichst viele Eingaben einer bestimmten Kommunikationsabsicht, also einem Intent, zuzuordnen und lieber eine halbwegs passende Antwort zu geben als keine oder die „Ich habe dich nicht verstanden"-Standardantwort. Grundsätzlich ist es erst einmal naheliegend, dass der Chatbot zu möglichst vielem etwas zu sagen haben soll. Der unschöne Nebeneffekt ist jedoch, dass die Akzeptanz der Nutzer:innen leidet, wenn die Antworten zu oft zu unspezifisch sind oder eben doch nicht wirklich passend – die Nutzer:innen haben dann das Gefühl, nicht richtig verstanden worden zu sein.

Wenn eine Intent-Erkennung nicht immer mit ausreichender Sicherheit möglich ist, können Sie für die Zweifelsfälle einen Reparaturdialog anbieten. Die Rückfrage des Chatbots, was denn gemeint ist, leitet einen solchen Reparaturdialog ein. Besonders effektiv ist dieser, wenn die Rückfragen mit expliziten Vorgaben verbunden sind. Wenn der Chatbot also zusätzlich zu seiner Rückfrage angibt, welche Intents in diesem Kontext verarbeitet werden können, leistet er zudem einen weiteren Beitrag zum Erwartungsmanagement. Abb. 6.8 zeigt einen solchen Reparaturdialog der Wissenseule Wilma, wenn sie nicht verstanden hat, welches Thema sie aufrufen soll.

Auch hier wird es vor allem dann heikel, wenn eine Äußerung der Nutzer:innen eine längere Rückfrage-Sequenz auslöst, in der der Chatbot mehrere Optionen abfragt, die

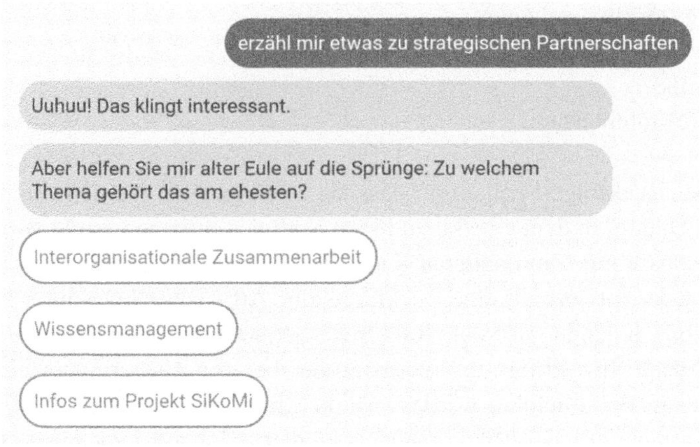

> erzähl mir etwas zu strategischen Partnerschaften
>
> Uuhuu! Das klingt interessant.
>
> Aber helfen Sie mir alter Eule auf die Sprünge: Zu welchem Thema gehört das am ehesten?
>
> (Interorganisationale Zusammenarbeit)
> (Wissensmanagement)
> (Infos zum Projekt SiKoMi)

Abb. 6.8 Reparaturdialog von Wissensbot Wilma (time4you)

ihm helfen sollen, den richtigen Gesprächsfaden zu finden. Wenn erst nach mehreren Rückfragen klar wird, dass der Chatbot die ganze Zeit in eine andere Richtung unterwegs war als die Nutzenden, ärgern diese sich zu Recht. Deshalb ist es wichtig, die Rückfrage-Sequenz möglichst kurz zu halten und in den Gesprächsbeiträgen des Chatbots immer wieder transparent zu machen, worauf seine Fragen abzielen.

Nützlich sind Rückfragen bei themenorientierten und auskunftsorientierten Chatbots auch, um Inhalte auf mehrere Gesprächsbeiträge des Chatbots aufzuteilen. Mit einer Rückfrage kann der Chatbot vertiefende Informationen anbieten („Möchtest du mehr dazu wissen?") oder sogar einen Ausblick auf weiterführende Gesprächsangebote machen („Sollen wir weiter über diesen Aspekt sprechen oder möchtest du lieber …?"). Durch die Rückfragen gehen auch hier Inhaltserschließung und Erwartungsmanagement Hand in Hand.

Eine spezielle Form von Rückfragen sind Reflexionsfragen wie „Ist dir das auch schon passiert?" oder „Was ist deine Meinung dazu?". Solche Rückfragen erhöhen die soziale Präsenz des Chatbots und vermitteln ein empathischeres Gesprächsverhalten. In etlichen Anwendungsfällen haben sie auch eine didaktische Funktion: Gerade bei Lernbots ist es wichtig, dass die Nutzer:innen nicht nur flüchtig lesen, sondern sich eigene Gedanken über das machen, was sie im Chat erfahren, und dafür sind Reflexionsfragen nützlich.

Die technische Behandlung solcher Reflexionsfragen ist meist gar nicht so schwierig, denn die wenigsten Antworten benötigen eine individuelle, differenzierte Reaktion des Chatbots. Vielmehr kann er nach einem kurzen Kommentar, der auf die Antwort eingeht, wieder zurück zum eigentlichen Thema leiten, wie Chatbot Kim es in Abb. 6.9 tut.

6.3 Strategien der Gesprächsführung

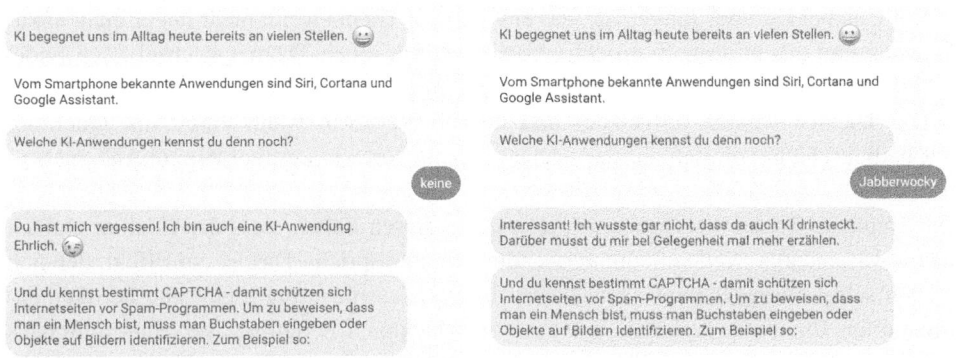

Abb. 6.9 Rückführung zum Thema von Lernbot Kim (time4you)

6.3.7 Themenwechsel und Themen-Rückführung

Kennen Sie den Loebner-Wettbewerb? Von 1991 bis 2019 traten Chatbots im Loebner-Wettbewerb an, um den Turing-Test zu bestehen, also 25 Minuten lang ein menschliches Gegenüber im Chat zu überzeugen, dass er oder sie nicht mit einem Chatbot, sondern einem anderen Menschen spricht. Diese Chatbots waren natürlich alle Smalltalk-orientiert und können für Chatbots, die ein konkretes Ziel haben oder einen Auftrag erledigen sollen, nur bedingt als Vorbild dienen.

Dennoch lohnt sich ein Blick auf die Gewinner der letzten Jahre. Neben einem relativ passiven Gesprächsverhalten, bei dem der Chatbot den Nutzer:innen die Gesprächsführung zuschiebt und selbst vor allem bestätigende oder unverbindliche Kommentare abgibt, waren nämlich vor allem kreative Themenwechsel-Strategien, wenn der Chatbot keine Antwort weiß, wesentlich für ihren Erfolg. Diese sind im Laufe der Jahre immer mehr perfektioniert worden – oft verbunden mit einer Persönlichkeit des Chatbots, die eine gewisse Sprunghaftigkeit oder Aussetzer im Gespräch plausibler macht. Wenn beispielsweise ein Chatbot sich als Teenager ausgibt, entschuldigt der menschliche Gesprächspartner ziemlich sicher nicht nur grammatikalische Fehler im Englischen, sondern auch plötzliche Themenwechsel bis hin zu kleinen Provokationen.

Themenwechsel-Strategien können explizit oder implizit sein. Ein impliziter Themenwechsel wird erreicht, indem einfach ein anderes Thema angeschnitten wird – was ein inhaltlicher Aspekt genauso sein kann wie ein Ablenkungsmanöver, zum Beispiel Schmeicheleien oder Provokationen. Bei einem expliziten Themenwechsel spricht der Chatbot den Themenwechsel und die Gründe dafür offen an. Zwei Beispiele:

- Der Chatbot weiß keine richtige Antwort und teilt mit: „Damit kenne ich mich nicht aus, aber lass uns doch über [Thema xy] sprechen." Zum neuen Thema ergänzt er gleich noch einen kurzen Einstiegs-Prompt.

- Der Chatbot hat alles mitgeteilt, was er zu einem Thema weiß, mehr hat er nicht anzubieten und macht deshalb proaktiv Vorschläge für einen Themenwechsel: „Ich finde, darüber haben wir lange genug gesprochen. Worüber sollen wir als Nächstes reden?". Die Themen werden aufgelistet und der:die Nutzer:in wählt eines aus. Oder der Chatbot schlägt von sich aus das nächste Thema vor, wie Lernbot Kim in Abb. 6.10.

Eine implizite Themenwechselstrategie wäre in diesen Fällen, dass der Chatbot einfach über etwas anderes, vielleicht ein verwandtes Thema, spricht. Das ist ein Effekt, der sich oft von selbst bei einer relativ unscharfen Intent-Klassifizierung ergibt und bei themenorientierten Chatbots, eventuell mit einer geschickten Überleitung versehen, durchaus funktionieren kann.

Der wesentliche Unterschied zwischen explizitem und implizitem Themenwechsel ist, welche Rolle der Chatbot dabei den Nutzer:innen zuweist. Ein impliziter Themenwechsel überlässt den Nutzer:innen keine Wahlfreiheit; der Chatbot beginnt einfach mit einem neuen Thema und hofft, dass er damit durchkommt und die Nutzer:innen ihm folgen. Ein expliziter Themenwechsel legt die Grenzen des Chatbots und seiner Gesprächsführung offen und gibt den Nutzer:innen die Entscheidungsgewalt, wie es weitergehen soll.

Explizite Themenwechsel sind sehr hilfreich, um aufgabenorientierten Chatbot nicht in Sackgassen geraten zu lassen beziehungsweise schnell wieder heraus zu kommen. Da sie gleichzeitig automatisch immer auch zum Erwartungsmanagement beitragen, helfen sie, das Gespräch über die konkrete Situation hinaus zu verbessern.

Themen-Rückführungen sind Themenwechsel, mit denen der Chatbot Nebenpfade beendet und wieder auf einen Hauptpfad zurückführt. Wenn er zum Beispiel Zusatzinformationen angeboten hat, kann er, nachdem diese abgerufen wurden, sagen:

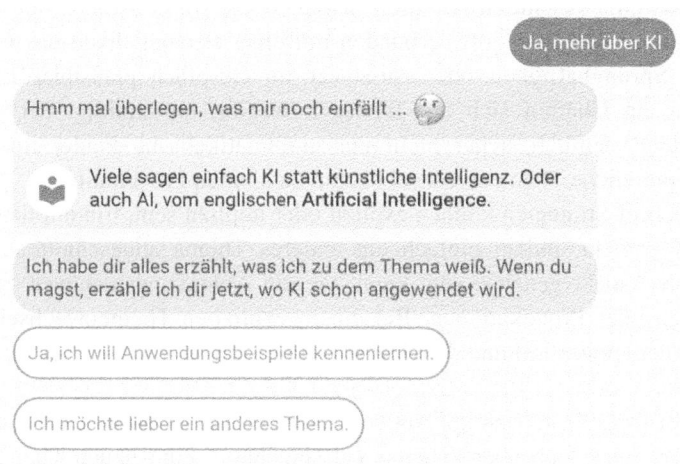

Abb. 6.10 Themenwechselstrategie von Lernbot Kim (time4you)

„Und jetzt zurück zu ...". Hilfreich sind Themen-Rückführungen auch in Verbindung mit Rück- und Reflexionsfragen (vgl. Abschn. 6.3.6).

6.3.8 Zusammenfassung: Strategien der Gesprächsführung

Mithilfe der folgenden Fragen können Sie überprüfen, welche Gesprächsstrategien Ihr Chatbot bereits verwendet und wo noch Ausbaumöglichkeiten bestehen:

- Werden die Erwartungen der Nutzer:innen durch ein geeignetes Erwartungsmanagement (Onboarding, Hilfen, Hinweise) kanalisiert?
- Steuert der Chatbot den Ablauf durch explizite Vorgaben?
- Oder verwendet er auch implizite Vorgaben wie beispielsweise beim Shaping?
- Setzt der Chatbot adäquate Fragetechniken ein? Wie zum Beispiel geschlossene Alternativfragen mit Buttons?
- Stellt der Chatbot Rückfragen, um weitere Aspekte in der Konversation zu erschließen oder Unklarheiten auszuräumen?
- Verwendet er Themenwechselstrategien, um den Dialog fortzuführen und zu bereichern?
- Verwendet er sinnvolle Knotenpunkte?
- Kommuniziert er „Rettungsring"-Wörter, auf die die Nutzer:innen zurückgreifen können, wenn der Dialog in eine Sackgasse gerät?

Insbesondere wenn es nicht gelingt, die Nutzer:innen im Dialog zum Ziel zu führen, ist es sinnvoll, die aktiven Gesprächsstrategien des Chatbots zu verstärken.

6.4 Fallbeispiel: StudiCoachBot der TH Köln

6.4.1 Hintergrund

Der StudiCoachBot der TH Köln wird im Rahmen eines Forschungsprojekts in Zusammenarbeit mit Studierenden und für Studierende entwickelt. Angesiedelt ist das Projekt am Cologne Cobots Lab und Cologne TrainING Center der Fakultät für Anlagen-, Energie- und Maschinensysteme. Erforscht wird unter anderem, wie sich bestimmte Gesprächsstrategien von StudiCoachBot auf das Erreichen der Gesprächsziele auswirken. Dieses Fallbeispiel hat Vanessa Mai, wissenschaftliche Mitarbeiterin im Projekt, zum Buch beigesteuert.

6.4.2 Use Case

StudiCoachBot soll als Coachingpartner Eigenreflexionsprozesse bei Studierenden anregen, unterstützen und begleiten sowie Tipps und Informationen mit an die Hand geben. Er ist als professioneller Coach konzipiert, mit einem gewissen Expertenwissen zum Thema Prüfungsangst. Gleichzeitig agiert er bewertungsfrei und auf Augenhöhe mit den Studierenden. Dazu gehören auch Aussagen über eigene Herausforderungen zum Thema Prüfungsangst und dass er die User duzt und nicht siezt. StudiCoachBot tritt als Maschine (als Coaching Chatbot) auf und nicht als menschlicher Coach und damit auch geschlechtsneutral. Gleichzeitig hat StudiCoachBot einige menschliche Züge; zum Beispiel drückt er eigene Emotionen aus.

Für den ersten Use Case wurde das Thema Prüfungsangst gewählt. Hierbei handelt es sich um ein besonders sensibles Thema; vielen Studierenden fällt es schwer, über ihre Prüfungsangst zu sprechen. Ein Coaching-Chatbot kann hier niedrigschwellig und bewertungsfrei erste Eigenreflexionsprozesse anregen und wahrt zudem die Anonymität der Nutzer:innen. Voraussetzung dafür ist, dass eine vertrauensvolle Atmosphäre zwischen StudiCoachBot und Student:in entsteht.

6.4.3 Gesprächsstrategien

In der Dialogkonzeption war an vielen Stellen das „echte" Coaching Vorbild: Auch hier ist es wichtig, zu Beginn des Coachingprozesses Aufgaben und Grenzen sehr deutlich zu machen, den Auftrag zu klären („Was soll hier passieren?") sowie Vertrauen aufzubauen.

Durch die Eingrenzung des Use Case auf das Thema Prüfungsangst war der Grundstein für ein klares Erwartungsmanagement gelegt. Außerdem folgt der StudiCoachBot einem stark strukturierten und im Coaching oft eingesetzten Coachinggesprächsablauf, der ziel- und lösungsorientierte Coachingfragen enthält. Der Fokus liegt eindeutig auf offenen Fragen, die Eigenreflexionsprozesse anregen sollen.

Eine wichtige Aufgabe beim Conversation Design für den StudiCoachBot war, Gesprächsstrategien zu entwickeln, die die für ein Coaching benötigte vertrauensvolle Atmosphäre schaffen.

Aus der Coaching-Forschung ist bekannt, dass Vertrauen und Empathie im Gespräch durch Self-Disclosure entstehen. Self-Disclosure bedeutet, etwas über sich selbst preiszugeben: Über die eigenen Gefühle, Wünsche, Gedanken, …. Weil dies einen Vertrauensvorschuss bedeutet, ist das Gegenüber dann ebenfalls eher geneigt, ebenfalls etwas von sich preiszugeben.

Bei StudiCoachBot sieht das dann beispielsweise aus wie in Abb. 6.11.

Als alternativer Ansatz wurden Information-Disclosure-Aussagen getestet; ein Konzept, das im Rahmen der Coachingforschung an der TH Köln entwickelt wurde. Aussagen der Self-Disclosure werden dabei umformuliert, statt in der Ich-Person des Chatbots in der dritten Person.

6.4 Fallbeispiel: StudiCoachBot der TH Köln

Abb. 6.11 Self-Disclosure von StudiCoachBot (TH Köln)

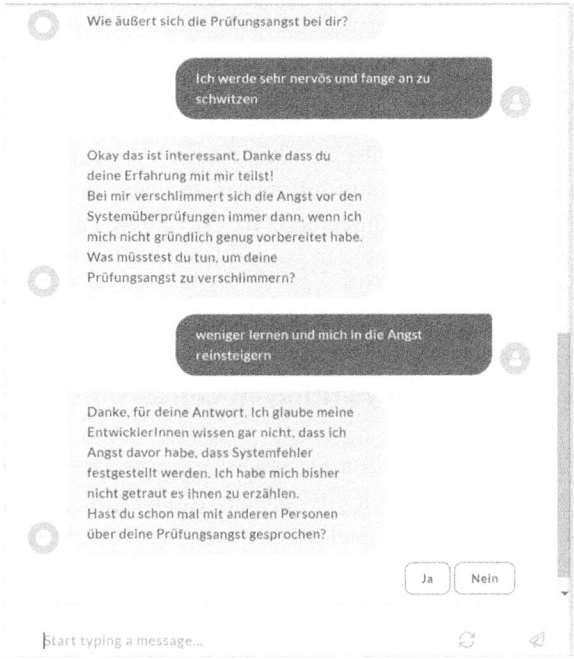

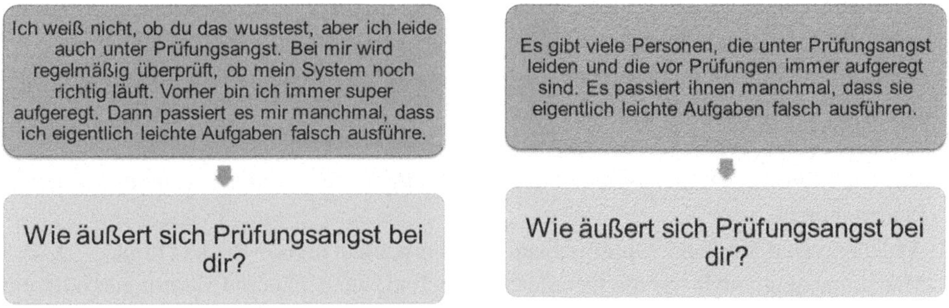

Abb. 6.12 Self-Disclosure und Information-Disclosure von StudiCoachBot (TH Köln)

Wenn man Self-Disclosure und Information-Disclosure Aussagen abwechselt, kann es zudem dazu beitragen, dass die Sprache des Chatbots etwas variantenreicher klingt. Abb. 6.12 zeigt ein Beispiel, wie eine Information entweder als Self-Disclosure Statement (links) oder als Information-Disclosure Statement (rechts) formuliert werden kann:

6.4.4 Ergebnisse

Die Evaluierung des Prototyps von StudiCoachBot zeigte, dass sowohl Self-Disclosure als auch Information-Disclosure positive Auswirkungen auf die Wirksamkeit im Chatbot-Coaching und auf dessen Akzeptanz bei den Studierenden haben.

Weitere Forschungen untersuchen, ob es einen Einfluss auf die Wirksamkeit im Chatbot-Coaching hat, wenn die User nur Antworten anklicken oder auch selbst etwas schreiben können. Erste Ergebnisse zeigen, dass beide Interaktionsformen eine gute Wirksamkeit zeigen: Schriftbasierte Interaktion scheint etwas mehr Nähe zwischen User und Chatbot aufzubauen; klickbasierte Systeme scheinen als niedrigschwelliger Einstieg in das Coaching hilfreicher zu sein, da sie die Studierenden durch vordefinierte Antworten besser durch den Prozess führen. Die Mischung macht's also!

6.5 Chatbot-Copywriting

6.5.1 Das Copywriting im Conversation-Design-Prozess

Ziel des Conversation Design ist es, einen lebendig und natürlich wirkenden Chatbot-Dialog zu gestalten, in dessen Verlauf die Nutzenden mit möglichst hoher Wahrscheinlichkeit ihr Ziel erreichen. Das Texten der Chatbot-Prompts, das sogenannte Copywriting, leistet dafür einen erheblichen Beitrag.

Die Chatbot-Prompts werden für die ersten Versionsstände üblicherweise nur mit einem einzigen Text pro Beitrag angelegt. Das sprachliche Feintuning erfolgt mit dem Copywriting. Sie runden die bisherigen Gesprächsbeiträge sprachlich ab und ergänzen alle weiteren gewünschten, geplanten oder benötigten Textvarianten in der angestrebten sprachlichen Qualität.

Dabei werden Ihnen unweigerlich noch Lücken in der Modellierung des Ablaufs auffallen:

- Manche Pfade haben Sie vielleicht bewusst offengelassen, weil sie strukturell anderen Pfaden ähneln.
- Anderswo sind mögliche Optionen und Verzweigungen nicht berücksichtigt.
- Manchmal zeigt auch erst die Detailarbeit am Text, wo genauere Erklärungen oder ein Zwischenschritt im Dialog nötig sind.

Es lohnt sich, während des Textens die Ablaufdiagramme regelmäßig zu aktualisieren, sodass beide Komponenten des Conversation Design auf dem gleichen Stand sind und zueinander passen. Die Ablaufdiagramme helfen zu überprüfen, ob wirklich alle benötigten Dialogbeiträge des Chatbots formuliert sind.

Die geforderte sprachliche Qualität für eine gute Conversational User Experience zu erzielen, ist ein gutes Stück Arbeit. Jeder Prompt des Chatbots muss für genau diesen Dialog, für genau diesen Use Case und genau diesen Schritt im Dialogverlauf, geschrieben werden. Jeder Chatbot-Prompt mit seinen TCUs, von inhaltlichen Aussagen bis zur kleinsten Button-Beschriftung, wird bewusst und sorgfältig getextet.

Es ist dabei sehr sinnvoll, möglichst viele Textbausteine und Dialogsequenzen pfad- und Chatbot-übergreifend wiederzuverwenden und flexibel im Dialog anzusteuern.

Wie gut dies gelingt, hängt vom verwendeten Chatbot-Tool ab und ist nicht zuletzt eine Frage der Erfahrung und des Könnens des Conversation-Design-Teams. Bequem wäre es, Texte aus bereits vorhandenen Quellen, seien es Wissensdatenbanken, Hilfesysteme oder Marketing-Broschüren, 1:1 in den Chatbot zu übernehmen. Leider funktioniert ein solches Vorgehen in der Regel nicht, denn diese Texte sind weder auf den Kontext Chat, noch auf die Persönlichkeit des Chatbots, noch auf Use Case und Gesprächsverlauf abgestimmt. Dadurch wirken sie meist unnatürlich, sind oft zu lang und nicht zielführend und bremsen den Dialog eher aus als dass sie ihn fördern. Sie dienen jedoch im Rahmen des Domänenkonzepts als Ausgangspunkt für die Chatbot-Prompts (vgl. dazu auch Abschn. 5.2).

▶ **Tipp** Auch wenn es meist nicht ideal ist, Texte aus anderen Quellen automatisiert in den Dialog des Chatbots zu übernehmen, ist es oft schlicht notwendig, wenn Inhalte effizient genutzt und gepflegt werden sollen. Dann ist die Frage, wie Sie sie möglichst geschickt in den Dialog einbetten.
Wenn es kurze Texte sind, kann sie der Chatbot zitieren, als Rat geben oder in einem hervorgehobenen Infokasten anzeigen. Bei längeren Texten arbeiten Sie lieber mit Links auf die ausführliche Quelle und verfassen Prompts, in denen der Chatbot zum Link mit den dort zu findenden Informationen hinführt.

Wie schon die vorherigen Arbeitsschritte ist auch das Copywriting ein iterativer Prozess. Die Chatbot-Entwicklung pendelt in diesem Stadium zwischen dem Conversation Design und der Umsetzung vom Prototyp über die Zwischenstände bis zur Final Version ständig hin und her. Für eine gute Conversational Experience ist das notwendig, schließlich sollen am Ende Ablauf, Text und Technik perfekt ineinandergreifen.

Für die primär auf eine funktionsfähige Konversation ausgerichteten frühen Versionsstände entwickeln Sie den Dialogablauf relativ unabhängig von den einzelnen Gesprächsbeiträgen Ihres Chatbots. Beim Copywriting ist das nicht mehr möglich. Oft fällt erst dann auf, welche kommunikativen Zwischenschritte oder Ergänzungen im Dialogablauf benötigt werden. Sie texten also einerseits die Prompts in engem Bezug zum Dialogablauf und verändern andererseits die bisherige Pfadstruktur dort, wo es aufgrund der neuen Copytexte angezeigt ist. Diese Arbeiten sind zudem eng mit der Umsetzung im Chatbot-Tool verzahnt, weil Sie erst in dem interaktiven „chat & feel" einer Konversation die Tauglichkeit des Textes beurteilen können, weil erst so die Conversational User Experience ganz erlebbar ist.

6.5.2 Vorgehensweisen im Copywriting

Das Schreiben von literarischen oder Gebrauchs-Texten und das Chatbot-Copywriting haben gemeinsam, dass viel Kreativität und auch strukturelles Denken benötigt wird, dass es auf Storytelling und Flow ankommt und auf jedes Wort. Wer schreiben lernt, beschäftigt sich viel mit dem Schreiben selbst, mit sprachlichen und kommunikativen Einzelaspekten, beispielsweise wie Dialoge, Naturschilderungen, Website-Texte, Reportagen oder Headlines gut werden. Dazu gehört auch ganz wesentlich, verschiedene Verfahren für das Schreiben kennenzulernen und die Tools, die sich kluge Leute und erfahrene Schreibende überlegt haben.

Das Texthandwerk zu lernen, bedeutet nicht zuletzt, viele dieser Methoden und Instrumente selbst auszuprobieren und so im Laufe der Zeit herauszufinden, was zu der eigenen Arbeitsweise am besten passt. Um bei jedem neuen Projekt den eigenen Werkzeugkoffer neu zu sortieren, denn dann passt plötzlich das eine liebgewonnene Tool irgendwie doch nicht, und dafür braucht man anderswo noch ein anderes, um weiter zu kommen.

Wie genau Sie vorgehen, welche Instrumente Sie nutzen und in welchen Dokumenten Sie Ihre Ergebnisse festhalten, kann von Chatbot zu Chatbot unterschiedlich sein. In den letzten Jahren haben sich im Conversation Design und generell in der Chatbot-Entwicklung verschiedene Methoden etabliert. Sehr wahrscheinlich werden Sie im Laufe der Zeit und mit zunehmender Erfahrung Ihre persönliche Toolbox zusammenstellen, auf die Sie immer wieder zurückgreifen. In Tab. 6.4 sind einige gängige Methoden kurz beschrieben.

Tab. 6.4 Methoden des Conversation Copywriting

Methode	Gut geeignet für	Beschreibung	Output
Einfacher Copytext	Einfache Chatbots mit wenig Varianz in den Prompts Button-basierte Chatbots	Lineares Auflisten der Prompts mit Alternativen	Einfaches Textdokument mit fortlaufendem Text
Ablauf-orientierter Copytext	Einfache Chatbots mit wenig Varianz in den Prompts	Ablaufdiagramme mit Texten für jeden Prompt	Erweitertes Flowchart
Komplexer Copytext	Umfangreichere Chatbots Komplexer strukturierte Dialogabläufe Hybride Responses	Strukturiertes Auflisten der Prompts mit Alternativen Oft mit „Regie-Anweisungen" für Implementierung	Drehbuch = stark strukturiertes Text- oder Tabellendokument
Copywriting im Chatbot-Tool	Einfache Chatbots mit wenig Varianz in den Prompts Button-basierte Chatbots	Direktes Erfassen der Prompts im Tool (Formular, Skript)	Konfiguration des Chatbot-Tools durch Parameter beziehungsweise Skript

Im Verlauf des Chatbot-Copywriting arbeiten Sie mit ganz unterschiedlichen Dokumenten, die Sie als Leitlinie benutzen und die Sie ergänzen, aktualisieren, neu erstellen:

- Dokumentation der Chatbot-Prompts in Textdokument, Drehbuch, Chatbot-Tool, Skript
- Ablaufdiagramme
- Verzeichnisse für die Ablaufdiagramme
- Floskelsammlungen für typische Äußerungen des Chatbots und Smalltalk
- Listen von Intents, Entities, Utterances
- Sammlung von Trainingsdaten
- CUX-Styleguide
- Richtlinien für Sprachgebrauch, Wording, Schreibweisen
- Richtlinien für Dokumentstrukturen, Namenskonventionen und Versionierung

▶ **Tipp** Versionierung und Versionskontrolle sind beim Copywriting enorm wichtig, um die Nachvollziehbarkeit der verschiedenen Arbeitsstände zu gewährleisten und die Zusammenarbeit im Chatbot-Team zu organisieren. Mit einer durchgängigen, transparenten Versionierung, gerne auch toolgestützt, verbessern Sie außerdem fast nebenbei die Qualität des Copywriting.
Gerade für Einsteiger sind Konventionen im Rahmen der Versionierung oft neu und ungewohnt. Wer sie einmal adaptiert hat und die persönliche Arbeitsweise darauf umgestellt hat, wird sie jedoch nicht mehr missen wollen!

Unabhängig von der jeweiligen Methode, gehen Sie beim Conversation Copywriting wie in Tab. 6.5 dargestellt in sieben Schritten vor, die Sie bei Bedarf wiederholen.

Wenn alles zu passen scheint, beginnt die systematische Qualitätssicherung – die Abschlussphase des Chatbot-Projekts ist erreicht. Abhängig von den Rückmeldungen aus der QS sind gegebenenfalls weitere Schleifen ab Schritt 1 oder Schritt 6 notwendig. Je nach Erfahrung des Conversation-Design-Teams und abhängig vom Use Case, dem Gesprächstyp des Chatbots und dem verwendeten Tool überlappen sich die genannten Arbeitsschritte.

6.5.3 Das Drehbuch: Zentrales Instrument für das Conversation Copywriting

Bei einfachen Chatbots und einem sehr erfahrenen Conversation-Design-Team ist es durchaus möglich, das sprachliche Feintuning im Ablaufdiagramm auszuarbeiten oder direkt im Chatbot-Tool vorzunehmen. In den meisten Fällen ist es jedoch hilfreich, für die Chatbot-Prompts ein eigenes Dokument zu erstellen, das alle Prompts,

Tab. 6.5 Conversation Copywriting in sieben Schritten

Schritte	Tätigkeit
Schritt 1	Sie beginnen mit einem Pfad des Dialogablaufs und reformulieren die bisherigen Prompts. Dabei folgen Sie den Schritten des Pfads im Ablaufdiagramm
Schritt 2	Für jeden Dialogbeitrag prüfen Sie, welche TCUs oder Rich Responses ergänzt werden müssen. Hinzu kommen Textvarianten für TCUs, wo dies möglich oder sinnvoll ist. Wichtig ist jetzt, dass der Chatbot-Prompt in allen Varianten inhaltlich und sprachlich adäquat ist
Schritt 3	Anschließend gehen Sie die möglichen Dialogverläufe innerhalb des Pfades durch, vermerken, wo der Pfad weitere Verfeinerung benötigt, und arbeiten diese aus
Schritt 4	Wenn Sie alle Chatbot-Prompts des Pfades geschrieben haben, überprüfen Sie wiederum mithilfe des Ablaufdiagramms, ob alle Beiträge vollständig formuliert sind, und ergänzen wo nötig
Schritt 5	Zum Schluss notieren Sie umsetzungsrelevante Hinweise wie besondere Formatierungen, Angaben zu Response-Arten und Ähnliches
Schritt 6	Die Änderungen werden im Chatbot-Tool als ausformulierte Pfade umgesetzt und in den möglichen Verläufen getestet
Schritt 7	Wenn Unstimmigkeiten oder Lücken auftreten, beginnt die Arbeit erneut bei Schritt 1 oder direkt bei Schritt 6

inklusive möglicher Textvarianten, enthält. Chatbot-Copywriter nutzen für die Prompt-Dokumentation unterschiedliche Formate und Dokumenttypen. Relativ weit verbreitet ist das sogenannte Drehbuch. Abhängig vom Use Case, der Komplexität der Konversation und den persönlichen Vorlieben kommen dialogische oder strukturierte Drehbücher zum Einsatz. Abbildungen der verschiedenen Drehbuchtypen finden Sie in Abschn. 6.5.6 und 6.7.1.

▶ **Tipp** Dialogische Drehbücher sind typischerweise als Textdokument verfasst und enthalten die Dialogpfade in dramatischer Form, in der die Beiträge des Chatbots sich mit idealtypischen Beiträgen einer fiktiven Nutzerin abwechseln.
  Strukturierte Drehbücher in Tabellenform enthalten nicht nur die Prompts des Chatbots, sondern auch umsetzungsrelevante Informationen zu Verzweigungen im Dialogablauf, Response-Typ, Formatierung und Ähnliches.

Im Drehbuch stehen die Gesprächsbeiträge des Chatbots im Mittelpunkt. Das hilft, den Blick ganz auf die sprachliche Qualität zu lenken. Wenn Sie die Prompts direkt im Chatbot-Tool oder im Ablaufdiagramm erfassen, tritt sehr schnell die Mechanik des Conversation Flow in den Vordergrund, den genauen Wortlaut der Prompts nehmen Sie eher am Rande wahr. Beim Schreiben des Drehbuchs lenken Sie Ihre eigene Kreativität in die Bahnen eines imaginierten Gesprächs und konzentrieren sich stärker auf die kommunikative und dramaturgische Seite des Chatbot-Dialogs, weniger auf die technisch-funktionalen Aspekte. Im Drehbuch haben Sie außerdem immer eine gute Übersicht über den gesamten Dialogablauf und alle Gesprächsbeiträge des Chatbots, eine Übersicht, die bei der direkten Eingabe vor allem in formulargestützten Tools leicht verloren geht.

Weitere Vorteile eines Drehbuchs:

- Die Dialogbeiträge hinsichtlich Grammatik, Stilistik und Rechtschreibung sowie in Bezug auf den konsistenten Gebrauch von Emojis, Formaten und Ähnlichem Korrektur zu lesen, ist im Drehbuch meist einfacher und übersichtlicher als in einem Tool oder Skript.
- Das Drehbuch ist ein Dokument, das ohne Tool-Kenntnis verständlich und lesbar ist. Das erleichtert die interne und externe Abstimmung und Freigabeprozesse beispielsweise mit Auftraggeber, Product Owner, Subject Matter Expert, Stakeholdern.
- Im Drehbuch sind mit den Chatbot-Prompts wesentliche Teile der Konversation dokumentiert. Es dient damit als Ausgangspunkt für Wartung und Weiterentwicklung. Voraussetzung dafür ist allerdings, dass das Drehbuch möglichst aktuell ist.
- Mit einem Drehbuch kommen Sie außerdem Anforderungen hinsichtlich der Transparenz der Gesprächsinhalte und ihrer Revisionssicherheit nach.

Wie viele zusätzliche Informationen außer dem eigentlichen Text der Prompts das Drehbuch enthält, hängt von der jeweiligen Arbeitsteilung, von den Rahmenbedingungen hinsichtlich der Umsetzung und nicht zuletzt von den Erfahrungen und Vorlieben des Conversation-Design- und Copywriting-Teams ab.

6.5.4 Copywriting im Ablaufdiagramm

Copywriting direkt im Ablaufdiagramm eignet sich vor allem für einfache, stark strukturierte Chatbots. Aufgabenorientierte Chatbots mit kleineren Aufgaben, die in wenigen Dialogschritten abgearbeitet werden, und kleinere Button-basierte Chatbots können dazu gehören.

Beim Copywriting direkt im Ablaufdiagramm haben Sie immer den gesamten Dialogpfad vor Augen. Die Gefahr ist gering, einen Dialogabschnitt zu übersehen, für den ein Prompt getextet werden muss. Allerdings verliert man leicht die sprachliche Qualität der einzelnen Prompts aus den Augen, denn die Flow-Struktur selbst tritt visuell stärker in den Vordergrund. Außerdem ist es mühsamer, die Prompts aus einem Ablaufdiagramm in das Produktionstool zu kopieren als aus einem Text- oder Tabellendokument.

Nicht geeignet ist das Copywriting im Ablaufdiagramm, wenn der Chatbot eine große sprachliche Variabilität und Vielfalt benötigt und für die einzelnen Prompts mehrere Textvarianten erstellt werden müssen. Die Diagramme selbst werden unübersichtlicher, oft fehlt auch schlicht der Platz für mehrere Prompt-Varianten an einem Knotenpunkt. Ein solches Vorgehen sprengt den Rahmen eines Ablaufdiagramms.

Unabhängig von diesen Einschränkungen kann Copywriting im Ablaufdiagramm bei allen Typen von Chatbots ein hilfreicher erster Schritt für das Texten der Chatbot-Prompts sein. Sie prüfen auf diese Weise den bis dahin geplanten Ablauf auf seine kommunikative Funktionsfähigkeit und legen exemplarisch eine Textvariante für die Realisierung des Dialogs fest. Diese dient dann als Grundlage für die weitere sprachliche Ausdifferenzierung der Prompts und Dialogvarianten mit einer dafür passenderen Methode.

▶ **Tipp** Beim Copywriting im Ablaufdiagramm ist es wichtig, die einzelnen Prompts nicht isoliert zu betrachten, sondern sich immer gedanklich in den Dialogverlauf zu versetzen.
Sinnvoll ist es deshalb, vor dem Texten des Prompts immer ein paar Dialogschritte zurückzugehen und den Dialogablauf Schritt für Schritt bis zu dem Prompt nachzuvollziehen und ihn erst dann zu formulieren.

6.5.5 Prompts im Chatbot-Tool texten

Das Copywriting im Chatbot-Tool eignet sich vor allem für einfache, nicht allzu komplexe Chatbots. Die benötigte oder gewünschte Übersichtlichkeit und Dokumentierbarkeit sind entscheidend dafür, ob die Direkteingabe im Tool ausreicht oder ob es der Zwischenstufe des expliziten Textdokuments für die Prompts bedarf.

Sehr erfahrene Conversation Designer oder Chatbot-Entwickler in Personalunion mit dem Conversation Design und Copywriting setzen dessen ungeachtet Änderungen, bisweilen das gesamte Copywriting wie auch die Modellierung des Dialogablaufs, direkt im Tool um, ohne separate detaillierte Planungsdokumente oder ein Drehbuch zu verwenden.

Wenn das benutzte Chatbot-Tool skriptbasiert ist, sind letztlich alle Elemente des Conversation Design in einer oder mehreren Skript-Dateien dokumentiert (Abb. 6.13): die Intents und Entities, die Utterances, die Chatbot-Prompts, der Dialogablauf mit den Haupt- und Nebenpfaden, die Patterns, die NLU-Parametrisierung und das Dialogmanagement. Verschiedene Pfade und Pfadtypen werden üblicherweise in unterschiedliche Skript-Dateien ausgelagert; das macht das Scripting inklusive Copywriting übersichtlicher und erlaubt verteiltes Arbeiten. Die Skript-Dateien selbst werden in der Regel mit einem Texteditor erstellt, der im Idealfall die syntaktische Fehlersuche unterstützt.

Bei rein formularbasierten Chatbot-Tools (Abb. 6.14) fehlen die Skript-Dateien, die die Parametrisierung der Konversation zusammenfassend dokumentieren. Die relevanten Parameter wie Intents, Entities, Copytexte und Ähnliche werden in den entsprechenden Formularen erfasst und sind nicht ohne Weiteres im Gesamtzusammenhang zugänglich. Bei einfachen Chatbots ist auch dieses Vorgehen praktikabel; mit größerem Umfang und höherer Komplexität sind bald die Grenzen erreicht.

Sowohl beim Copywriting in skriptbasierten wie auch in formularbasierten Tools erfolgt das Optimieren von Ablauf und Prompt stets in der Pendelbewegung zwischen Überprüfen und Verfeinern von Ablauf, Copytext und Implementierung.

6.5 Chatbot-Copywriting

```
<category>
<pattern>Hallo</pattern>
<template>
  <random>
    <li>Hallo! </li>
    <li>Grüß dich! </li>
  </random>
  <random>
    <li>Wie schön, dich zu sehen. </li>
    <li>Schön, dich zu sehen. </li>
    <li></li>
  </random>
  <random>
    <li>Hier ist Kim, dein Lernbot. </li>
    <li>Kim hier. </li>
    <li>Ich bin Kim. </li>
  </random>
  Bist du neu hier?
  <button>
      <text>Ja, ich bin neu hier</text>
      <postback>ja neu</postback>
  </button>
```

Abb. 6.13 Skript-Baustein für Onboarding mit Textvarianten in AIML

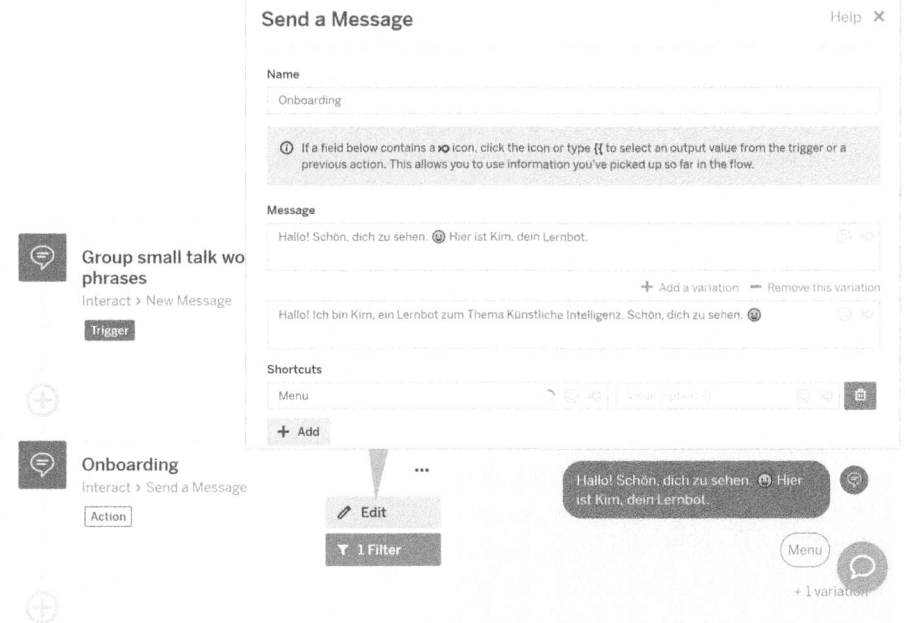

Abb. 6.14 Formularbasierte Erfassung von Prompts in Flowxo

Ein derartiges, sehr schnelles, Vorgehen setzt jedoch voraus, dass für Abnahmen und Freigaben das Skript beziehungsweise die Konfigurationsdateien und -parameter des Chatbot-Tools oder der Betrieb des Chatbots ausreichen. Das wird bei größeren Chatbot-Entwicklungen, vor allem solchen für externe Auftraggeber, eher selten der Fall sein. Hier sind eigenständige Planungs- und Spezifikationsdokumente wie Ablaufdiagramme und Drehbuch notwendig, die unabhängig von der Tool-Expertise verstanden und beurteilt werden können.

In jedem Fall ist zu beachten, dass bei Chatbots, die in einen regulären Betrieb gehen sollen, das durchgängige Dokumentieren aller Elemente wie Flow, Domäne, Intents, Entities, Utterances, Prompts unverzichtbar ist. Wenn das nicht geschieht, sind mittel- und langfristig Probleme bezüglich Wartung und Pflege, Revisionssicherheit, Nachvollziehbarkeit und ähnlichen Aspekten vorhersehbar.

6.5.6 Copywriting im strukturierten Drehbuch

Bei Chatbots mit umfangreicheren oder komplexeren Dialogabläufen stoßen einfache Methoden wie das Copywriting im Ablaufdiagramm, das formlose Texten der Prompts oder die direkte Eingabe im Chatbot-Tool in der Regel an ihre Grenzen. Sie sind hilfreich, sich dem Prompt-Schreiben zu nähern und Material für Prompt-Texte zu produzieren; für ein Copywriting, dass alle benötigten Dialogvarianten berücksichtigt und als Grundlage für die Implementierung dienen kann, reichen sie nicht aus. Auch wenn eine stärkere Arbeitsteilung zwischen Conversation Design qua Copywriting und Implementierung vorgesehen ist, ist es sinnvoll, für die Chatbot-Prompts ein dediziertes Drehbuch zu erstellen.

Eine große Herausforderung beim Chatbot-Copywriting ist es, die Übersicht über die Texte zu behalten. Die Schwierigkeit entsteht dadurch, dass eine zweidimensionale Struktur, nämlich die der Ablaufdiagramme, in eine eindimensionale, lineare Struktur, den fortlaufenden Copywriting-Text, überführt werden muss.

Eine ideale Lösung gibt es wahrscheinlich nicht. Bewährt hat sich folgendes Vorgehen:

- Bezeichnen Sie in den Ablaufdiagrammen die Pfade, Sequenzen und Turns mit eindeutigen IDs und Namen.
- Folgen Sie in der Struktur des Drehbuchs der Struktur der Pfade, Sequenzen und Turns folgen: Die Kapitel entsprechen den Pfaden, die Unterkapiteln den Stories und Sequenzen.
- Führen Sie im Drehbuch für jeden Turn die ID mit auf.
- Gleichen Sie immer wieder Drehbuch und Ablaufdiagramme miteinander ab! Denn mal merkt man beim Drehbuchschreiben, dass man eine Verzweigungsmöglichkeit nicht bedacht hat, mal beim Dialogdesign.
- Fügen Sie für ein vollständiges Bild im Drehbuch zu Beginn eines Kapitels beziehungsweise Unterkapitels die jeweiligen Ablaufdiagramme ein.

6.5 Chatbot-Copywriting

Strukturierte Drehbücher können in eher dialogischer Form (Abb. 6.15) angelegt werden oder in tabellarischer Form (Abb. 6.16) – welche Form besser funktioniert, ist letztlich Geschmackssache. In beiden Formen führt das Drehbuch nicht nur alle Dialogbeiträge des Chatbots in allen textlichen Varianten auf, sondern auch die Verzweigungen

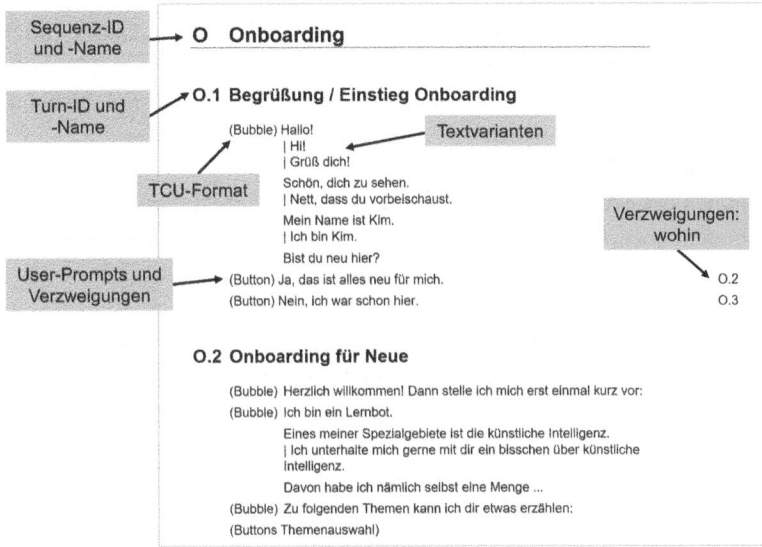

Abb. 6.15 Strukturiertes Drehbuch in dialogorientierter Form

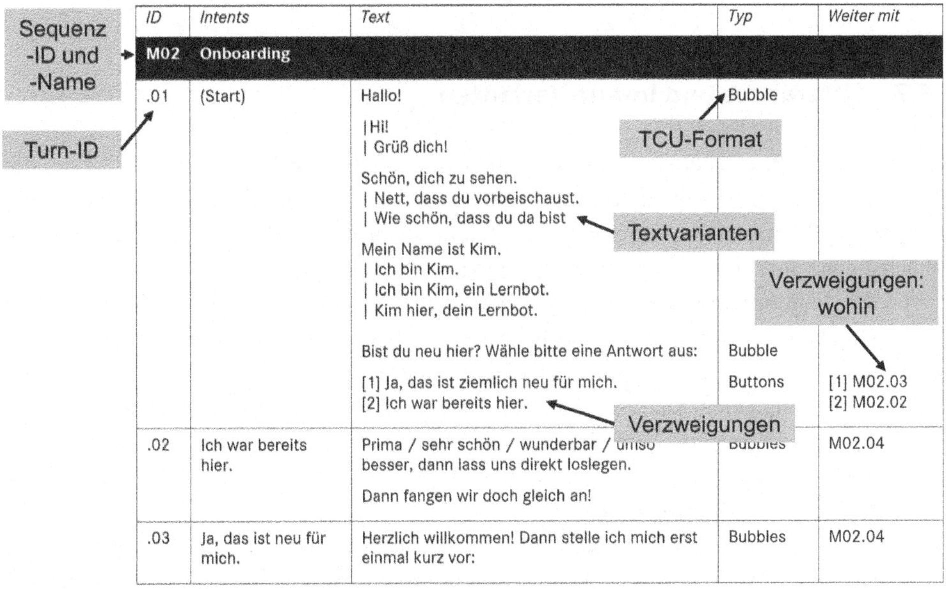

Abb. 6.16 Strukturiertes Drehbuch in tabellarischer Form

und Verbindungen zwischen den Dialogschritten sowie weitere Angaben, die für die Implementierung eine Rolle spielen:

- Eindeutige ID, Nummer oder Bezeichnung jedes Dialogbeitrags beziehungsweise jeder TCU, für Verweise und Identifizierung, auch für Abgleich später bei Implementierung und Qualitätssicherung
- Vollständige Chatbot-Beiträge und -Prompts, inklusive Medien, Links, Quick Replies oder idealtypische Nutzereingaben
- Angaben, wie die Beiträge des Chatbots zusammengesetzt sind beziehungsweise welches Format die TCUs haben
- Texte für sämtliche TCUs, mit Varianten
- Informationen über Anschlüsse, Weiterleitung, nächste Reaktion
- Informationen über Kontexte, die gemerkt beziehungsweise berücksichtigt werden müssen

▶ **Tipp** Für die Nachvollziehbarkeit des Dialogablaufs spielen die IDs im Drehbuch eine große Rolle. Diese sollten einem festen und möglichst einfachen System folgen.

Nur Nummern oder kryptische technische Bezeichnungen, die nicht zumindest ein bisschen „sprechend" sind, erschweren die Überprüfung zum Beispiel von Verzweigungen. Andererseits sind „sprechende" Namen für IDs schnell zu lang und damit auch unübersichtlich.

Ein Kompromiss besteht darin, Buchstaben für die Hauptpfade zu vergeben, der zum Namen des Pfades passt, gefolgt von fortlaufenden Nummern für die Sequenzen und die einzelnen Turns.

6.5.7 Utterances und Intent-Varianten

Bisher wurde das Thema Utterances bewusst weitgehend ausgeblendet. Für die Implementierung der frühen Versionsstände genügt es nämlich, zunächst mit einer einzigen, stellvertretenden Utterance pro Intent zu arbeiten. Das hat den Vorteil, sich zunächst ganz auf die kommunikativen Aspekte des Dialogs konzentrieren zu können.

Für das Funktionieren des Chatbots unter realen Bedingungen reicht dies natürlich nicht aus – da ist es wichtig, dass die Intent-Klassifizierung in jedem Dialogschritt möglichst viele Utterances erkennt und den richtig zuordnet. Deshalb sollte im Rahmen des Dialog-Feintunings eine Analyse und Zusammenstellung möglicher Utterances erfolgen. Diese erfolgt idealerweise gemeinsam mit einem Data Scientist, insbesondere wenn ein Chatbot-Tool mit NLU-Funktionen genutzt wird und basierend auf den Utterances Trainingsdaten erstellt werden müssen.

Bei der Sammlung von Utterances für die Intent-Klassifizierung sind Brainstorming, Nutzerbeobachtung und die Auswertung von Gesprächsprotokollen aus den Testrunden oder auch von anderen Chatbots hilfreich. Leitfragen bei der Analyse sind: Was sind typische Benutzereingaben? Was steckt dahinter? Was wollen User damit erreichen?

Zudem gibt es Utterances, die sich zwar grob einem bestimmten Intent zuordnen lassen, aber möglicherweise eine andere Hinführung oder eine zusätzliche Erläuterung brauchen, wenn der Dialog natürlicher wirken soll. Diese Intent-Varianten zu erkennen und zu behandeln, ist Aufgabe des Copywriting. Dabei gilt es, diejenigen Utterances zu identifizieren, die sich zu Neben-Intents gruppieren lassen, die mit einer kleinen Ergänzung zu einem anderen Intent übergeleitet werden können. Diese Ergänzungen und Überleitungen werden im Copywriting-Dokument ergänzt. Diese Form, verwandte Intents differenziert zu behandeln, lässt den Chatbot-Dialog viel lebendiger und „echter" erscheinen, bei überschaubarem Aufwand.

Oft lassen sich auch Anliegen der Nutzer:innen, die out of scope sind, als Neben-Intents auffassen und elegant in den Hauptpfad überleiten, indem der Chatbot etwas sagt wie „Dafür bin ich nicht zuständig, aber ich kann dir anbieten ...". Für andere Utterances, die out of scope sind, können Sie einen Out-of-scope-Intent schaffen, auf den der Chatbot nicht mit der allgemeinen Fallback-Message antwortet, sondern mit einem Beitrag zum Erwartungsmanagement.

Wenn mitten im Dialogverlauf Utterances auftreten, die keinem Intent zugeordnet werden können, sollten Sie im Rahmen des Copywriting überlegen, wie der Chatbot diese Sackgassen vermeiden oder zumindest mit ihnen besser umgehen kann. Manchmal braucht es nur einen weiteren Dialogschritt oder eine kleine Hilfestellung, um die Wahrscheinlichkeit zu erhöhen, dass klassifizierbare Utterances erfolgen und der Dialog zum Ziel geführt werden kann.

6.5.8 Entity-Extraktion und Slot-Filling

Im Dialog muss der Chatbot sicherstellen, dass er alle Informationen bekommt, die er benötigt, dass also alle benötigten Entities mit einem passenden Wert belegt werden, alle offenen Slots gefüllt sind. Die Grundlagen dafür sind bereits gelegt, indem zum einen die notwendigen Schnittstellen spezifiziert sind, zum anderen die Dialogabläufe mit Blick darauf angelegt wurden, dass der Chatbot alle erforderlichen Parameter (Entities) abfragt.

Im Chatbot-Copywriting wird nun dafür gesorgt, dass den Nutzenden an den entsprechenden Stellen nicht nur klar ist, nach welcher Entity gefragt ist, sondern auch, in welcher Form sie eingegeben werden soll, damit die Schnittstellen sie verarbeiten können. Hier spielen Shaping und Priming eine besonders große Rolle, außerdem Rückfragestrategien und gezielte Hilfsangebote, wenn eine Entity nicht zuverlässig erkannt oder verarbeitet werden konnte.

Mit folgenden Strategien kann der Chatbot dazu beitragen, dass die benötigten Entities in einer Form eingegeben werden, dass sie verarbeitet werden:

- Explizite und implizite Vorgaben machen
- Beispiele anführen
- Möglichst konkrete Einzel-Daten abfragen
- Komplexe Informationen in mehrere Einzelabfragen unterteilen
- Die Angaben wiederholen und bestätigen lassen (um die Gelegenheit zu geben, Tippfehler und Ähnliches zu korrigieren)
- Rückfragen stellen
- Hilfestellung anbieten

Dabei ist jedoch große Umsicht und Fingerspitzengefühl gefragt. Wenn der Chatbot in einer langen Kette von Fragen viele Daten nacheinander abfragt – womöglich sogar welche, die die Nutzer:innen im Dialog bereits erwähnt haben –, ist die Conversational User Experience eher unbefriedigend. Nicht immer sind solche Sequenzen vermeidbar; aber Sie sollten dann zumindest versuchen, den Chatbot nicht zu bürokratisch klingen zu lassen und seiner sozialen Präsenz genügend Aufmerksamkeit zukommen lassen – natürlich, ohne vom Ziel des Dialogs abzulenken.

Wichtig sind auch Exit-Strategien. Gerade, wenn Entities nicht verarbeitet werden können, entstehen schnell unproduktive Schleifen, in denen Chatbot und User festhängen, ohne dass eine Lösung erzielt wird. Hier sind Hilfestellungen anzuraten, idealerweise mit einem Eskalationsmechanismus, damit der Chatbot flexibler reagieren und Auswege anbieten kann.

6.6 Nebenpfade unter der Lupe

6.6.1 Onboarding

Mit dem Onboarding beginnt der Dialog – es ist eine der wichtigsten Dialogsequenzen überhaupt. Was in den ersten ein, zwei Dialogschritten passiert, bestimmt die Erwartungen, den Ton und die Zielrichtung für die weitere Interaktion.

Die Anforderungen an ein gutes Onboarding sind hoch:

- Der Chatbot stellt sich vor und vermittelt einen ersten Eindruck von seiner Persönlichkeit.
- Der Chatbot macht klar, was sein Wissensgebiet und sein Auftrag beziehungsweise sein Versprechen an die Nutzer:innen ist. Idealerweise werden dabei auch die Grenzen seines Könnens deutlich.
- Das Onboarding vermittelt, wie die Interaktion mit dem Chatbot am besten funktioniert.
- Es spricht Neulinge genauso an wie Nutzer:innen, die den Chatbot schon kennen.

Gleichzeitig muss das Onboarding chatgerecht kurz sein und deshalb immer einen Kompromiss finden zwischen dem, was gesagt werden könnte, und dem, was gesagt werden muss.

Zu viel ist dabei ähnlich schädlich wie zu wenig. Wenn der Chatbot die Nutzer:innen zur Begrüßung vom Chatbot förmlich zutextet, ist das weder besonders informativ noch fördert es seine Vertrauenswürdigkeit. Auf das Onboarding weitestgehend zu verzichten und den Chatbot nur fragen zu lassen „Was willst du wissen?" gibt den Nutzer:innen zu wenig Orientierung – es bleibt ihnen nur, zu raten, was sie fragen können. Wenn sie keine sinnvollen Antworten bekommen, wissen sie oft nicht, ob es nur an ihrer eigenen Formulierung lag oder daran, dass der Chatbot die Antwort tatsächlich nicht weiß. Besonders schädlich ist dies dann, wenn der Chatbot zu Beginn vollmundige Versprechungen macht, wie „Frag mich alles, was du wissen willst" oder „Egal, zu welchem Thema Du etwas wissen möchtest; ich finde für Dich die passende Lösung."

Erschwert wird ein gutes Onboarding noch dadurch, dass unterschiedliche Nutzer:innen unterschiedliche Bedürfnisse haben. Erfahrene User, die schon öfter mit dem Chatbot kommuniziert haben, brauchen höchstens eine kurze Erinnerung, mit welchem Chatbot sie es zu tun haben, wohingegen Neulinge ein ausführlicheres Onboarding benötigen. In einem Online-Shop einer bestimmten Marke benötigen Fans der Marke eine andere Art der Orientierung als Personen, die zufällig oder aus anderen Gründen vorbeischauen.

In solchen Fällen kann es sinnvoll sein, mit einer kurzen Begrüßung zu starten und dann den Chatbot erst einmal nachfragen zu lassen, wen er vor sich hat. Da die Beantwortung dieser Frage jedoch eine Vorleistung des Gegenübers bedeutet – der Chatbot erhält eine Antwort, bevor er selbst etwas gegeben hat –, sollte die Frage unaufdringlich formuliert, leicht zu beantworten und ihre Sinnhaftigkeit unmittelbar einleuchtend sein.

> **Beispiel**
>
> Leicht umzusetzen ist ein zweistufiges Onboarding, das zwischen neuen und erfahrenen Nutzenden differenziert.
>
> Technisch ist es in den meisten Umgebungen nicht möglich, fehlerfrei nachzuverfolgen, ob die Nutzenden zuvor schon einmal mit dem Chatbot interagiert haben. Da hilft das Prinzip „menschliche Gesprächsstrategien verwenden, wo die Technik Grenzen setzt". Beispielsweise kann der Chatbot agieren wie ein etwas vergesslicher menschlicher Gesprächspartner: Er fragt nach „Kennen wir uns schon?" und liefert dann passend zur Antwort eine kurze Vorstellung oder steigt direkt ins Gespräch ein (Abb. 6.17).
>
> Natürlich ist diese erste Abfrage ein zusätzlicher Dialogschritt. Aber gerade erfahrene User erledigen diesen im Bruchteil einer Sekunde – und wenn sie die

Tab. 6.6 Checkliste: Onboarding

Bereich	Merkmal
Soziale Präsenz	• Begrüßen und Namen nennen; das schafft soziale Nähe und Vertrauen, verbessert die Akzeptanz des Chatbots • „Schnelleinstiege" für erfahrene User bieten • Nicht mit einem leeren Chatfenster starten und erst auf ein „Hallo" reagieren • Möglichst nichts Persönliches wie den Namen erfragen, bevor der Chatbot nicht selbst entsprechende Auskunft gegeben hat
Erwartungsmanagement	• Hinweise auf Themenschwerpunkte und Funktionsumfang des Chatbots geben • Realistische Erwartungen schaffen, nicht zu viel versprechen • Nicht nur allgemeine Floskeln verwenden („Wie kann ich helfen?")
Umfang	• Kurz und chatgerecht • Nicht zu viele verschiedenen Response-Elemente und -Formate • Auf Relevanz achten • Kein juristisches „Kleingedrucktes" • Gegebenenfalls mehrstufiges, differenziertes Onboarding für unterschiedliche Nutzergruppen

Knotenpunkte und Rettungsring-Wörter des Chatbots bereits kennen, gehen sie sogar ganz darüber hinweg. ◄

Die Checkliste in Tab. 6.6 listet auf, wie ein ideales Onboarding gestaltet ist.

6.6.2 Hilfe

Es ist schwierig, alles Nötige im Onboarding unterzubringen, und oft gelingt es auch nicht. Umso wichtiger sind Hilfesequenzen beziehungsweise Nebenpfade, die Hilfe für die Nutzung des Chatbots anbieten.

Erstaunlich oft wissen Chatbots auf Fragen wie „was weißt du?", „mit welchen Themen kennst du dich aus?", „was kannst du mir sagen?" keine Antwort. Und sogar auf die simple Anfrage „Hilfe" oder „help" kommt oft keine hilfreiche Reaktion.

Eine Antwort auf „Hilfe" jedoch sollte das Mindeste sein, was Ihr Chatbot an Hilfestellung geben kann. Schließlich ist den Nutzer:innen sehr bewusst, dass sie nicht mit einem Menschen, sondern mit einem technischen System chatten, und eine Hilfefunktion ist bei technischen Systemen heute Standard. Mit einer weiteren Ausdifferenzierung der Intents können Sie können auch unterschiedliche Hilfetexte zum Beispiel zur Bedienung, zur Funktionsweise und zum thematischen Umfang des Chatbots anbieten.

Ein anderer Hilfepfad, ohne den es nicht geht, ist die Hilfe, wenn der Chatbot eine Eingabe nicht versteht. Die sogenannte Fallback-Message der meisten Chatbots fordert

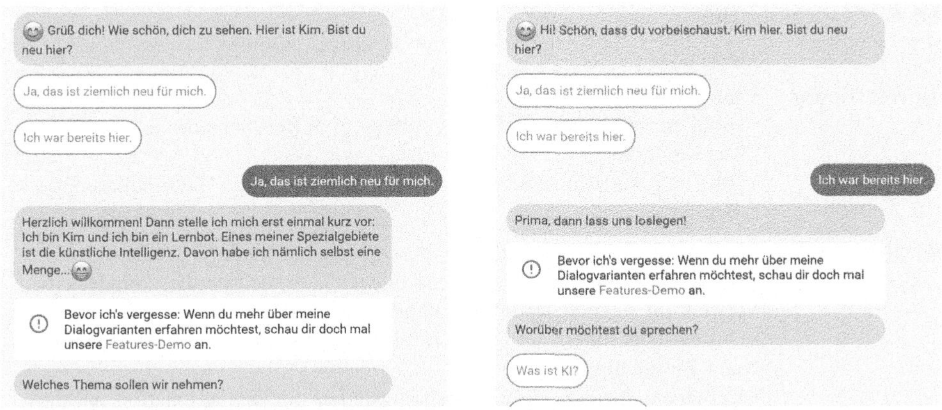

6.6 Nebenpfade unter der Lupe

Abb. 6.17 Onboarding von Lernbot Kim (time4you)

in diesem Fall dazu auf, die Eingabe anders zu formulieren. Dieses Vorgehen funktioniert jedoch nur bedingt – nur ein Teil der Nutzer:innen (die sogenannten „Players") sind tatsächlich dazu in der Lage, flexibel und ein Stück weit spielerisch andere Formulierungen und Wege zum Ziel auszuprobieren; viele (die „Non-Players") halten beharrlich an der einmal gewählten Formulierung fest, werden ratlos und frustriert und beenden das Gespräch. Für alle lästig wird es, wenn der Chatbot mehrfach hintereinander nicht versteht und die Fallback-Message wiederholt wie ein Papagei. Dadurch entsteht ein immer größeres Ungleichgewicht in der Interaktion: Der User hat möglicherweise schon mehrfach sein Verhalten geändert und soll immer weitere Varianten ausprobieren, während sich beim Chatbot überhaupt nichts tut.

Dabei wäre es nicht allzu schwierig, differenzierter vorzugehen und nicht nur eine gleichbleibende Fallback-Message auszugeben, sondern eine eskalierende Hilfefunktion anzubieten – zum Beispiel so:

- Beim ersten Nicht-Verstehen bittet der Chatbot um eine andere Formulierung.
- Beim zweiten Nicht-Verstehen gibt er zusätzlich einen Hilfetext aus mit „Rettungsringwörtern" und Formulierungshilfen.
- Beim dritten Nicht-Verstehen bietet er einen Sprung an einen Knotenpunkt im Dialogablauf an.

Bei weiterem Nicht-Verstehen sollte, wenn möglich, ein realer Mensch übernehmen, was allerdings nicht in allen Anwendungsfällen und -kontexten machbar ist. Aber Achtung: Wenn zu unvermittelt statt des Chatbots ein echter Mensch chattet, können sich Nutzer:innen überfahren fühlen oder irritiert sein. Die Übergabe an einen Menschen sollte also vom Chatbot deutlich kommuniziert werden – und er sollte den Nutzer:innen auch alternative Wege, wie sie mit dem Unternehmen in Kontakt treten können, aufzeigen.

Tab. 6.7 Checkliste: Hilfe

Bereich	Merkmal
Hilfefunktionen	• Antwort auf „Hilfe" • Hilfe zum Wissensbereich des Chatbots, zum Beispiel eine Antwort auf „Was weißt du?" • Hilfe zum Funktionieren des Chatbots: „Rettungsringe", Formulierungshilfen
Nicht-Verstehen	• Mehrstufige, schrittweise eskalierende Hilfe bei Nicht-Verstehen • Bei Bedarf Weiterleitung an menschlichen Gesprächspartner; mindestens Verweis auf entsprechende Kommunikationskanäle • Out-of-scope-Intent zur Differenzierung zwischen Nicht-Verstehen und Nicht-Zuständigkeit • Knotenpunkte und „sichere Absprungstellen" im Dialog schaffen, auf die verwiesen werden kann

Voraussetzung für eine differenzierte Fallback-Hilfe ist, dass Sie in Ihrem Chatbot-Tool den Kontext entsprechend mitverfolgen können, beispielsweise mit einer Zählerfunktion.

Idealerweise differenzieren Sie beim Nicht-Verstehen des Chatbots auch zwischen Fällen, in denen die Eingabe nicht verarbeitet werden konnte, und Fällen, die inhaltlich out of scope sind. Bei ersteren liegt letztlich eine mangelnde Intent-Erkennung vor, während bei letzteren der Intent erkannt wurde, und zwar als out of scope. Für häufige Nutzereingaben, die außerhalb des Scope sind, lohnt sich deshalb, diese in die Intent-Klassifizierung mit aufzunehmen, gerade weil der Chatbot gar nicht zuständig ist. In diesem Fall ist eine sinnvolle Reaktion ein erneutes Erwartungsmanagement.

Die Checkliste in Tab. 6.7 listet auf, welche Arten von Hilfe der Chatbot auf jeden Fall anbieten sollte.

6.6.3 Positive Reaktionen: Verabschiedung, Dank und Lob

Nur selten verabschieden sich Nutzer:innen vom Chatbot; die meisten beenden das Gespräch einfach kommentarlos, wenn es ihrer Ansicht nach zum Ziel geführt hat. Auch Dank und Lob werden eher vereinzelt ausgesprochen – offenbar ist den Nutzer:innen zu bewusst, dass sie mit einem technischen System gechattet haben und nicht mit einem Menschen.

Aber es kommt vor. Und deshalb sollte der Chatbot eine sinnvolle Antwort auf ein „Tschüss" haben, ebenso wie auf ein „Danke" oder „Gut gemacht!". Wenn er darauf mit „gern geschehen" anstatt mit „Entschuldige, ich habe dich nicht verstanden" reagiert, hinterlässt er mit Sicherheit einen besseren Eindruck bei den Nutzer:innen.

An dieser Stelle im Dialog darf Ihr Chatbot auch gerne ein weiteres Gesprächsangebot machen. So wie ein menschlicher Servicemitarbeiter ja auch sagen würde: „Gern geschehen – und kann ich sonst noch etwas für Sie tun?"

6.6 Nebenpfade unter der Lupe

Tab. 6.8 Checkliste: Positive Reaktionen

Bereich	Merkmal
Positive Reaktionen	• Differenzierte Reaktionen für Verabschiedung, Dank und Lob vorsehen • Kurz und freundlich • Mit weiterem Gesprächsangebot verbinden

Die Checkliste in Tab. 6.8 listet auf, wie eine angemessene Reaktion des Chatbots auf Verabschiedung, Dank, Lob und ähnliche Nettigkeiten aussieht.

6.6.4 Negative Reaktionen: Anmache, Beschimpfungen

Wichtiger noch als eine Reaktion auf Dank oder Verabschiedung ist, dass der Chatbot Beschimpfungen und Anmachsprüche parieren kann. Im Business-Kontext sind diese zwar seltener, aber ein „du Idiot" erscheint schnell einmal im Chat, wenn die Nutzer:innen sich über eine Antwort geärgert haben oder frustriert sind über den Gesprächsverlauf.

Das Gute ist: Der Chatbot muss in solchen Situationen nicht wirklich spontan reagieren, sondern Sie können ihm genau die schlagfertige, freundliche, aber gleichzeitig deutlich in die Grenzen weisende Formulierung in den Mund legen, von der man als Mensch oft hinterher wünscht, sie wäre einem schnell genug eingefallen.

Gerade bei Anzüglichkeiten ist es jedoch heikel, den Chatbot allzu humorvoll reagieren zu lassen, denn auch so werden sprachliche sexuelle Übergriffe verharmlost und als gesellschaftlich akzeptabel dargestellt. Im schlimmsten Fall können humorvolle Reaktionen sogar zu weiteren Übergriffen animieren, um die Reaktionen des Chatbots auszutesten. Da aber auf diese Weise geschlechtsstereotypes Verhalten auch für die reale Welt eingeübt wird, sollte eine Antwort, selbst wenn sie mit einer Prise Humor formuliert ist, auf jeden Fall mit einer klaren Ansage verbunden sein: Stopp, keinen Schritt weiter.

Im Übrigen kann der Chatbot bei der Reaktion auf grob unhöfliche und unangemessene Beiträge auch seine Persönlichkeit ausspielen. Wissensbot Wilma, die kleine Eule reagiert mit einem erstaunten „Huhuuu? Das habe ich jetzt lieber nicht gehört" oder auch etwas unwirscher: „Sprechen Sie mit allen Eulen so? Ich hoffe nicht" (Abb. 6.18). Sie verbindet dieses jedoch stets mit einem Versuch, die Nutzer:innen zurückzuführen zu ihrem Wissensbereich: „Mir wäre lieber, wir konzentrieren uns auf die Themen, mit denen ich mich auskenne".

Anders als bei Dank und Lob gilt bei Beschimpfungen jedoch: Wenn der Chatbot darauf antwortet „Entschuldigen Sie, ich habe Sie nicht verstanden", ist das nicht die schlechteste Reaktion.

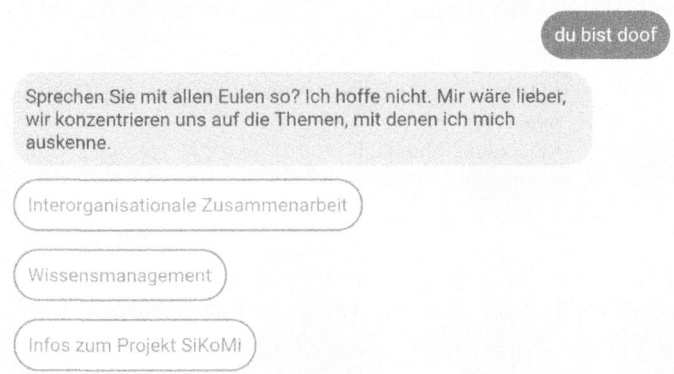

Abb. 6.18 Reaktion der Wissenseule Wilma auf Beschimpfung (time4you)

Die Checkliste in Tab. 6.9 hilft Ihnen, die Reaktionen des Chatbots auf verbale Übergriffe wie Beschimpfungen und Anzüglichkeiten angemessen zu gestalten.

6.6.5 Smalltalk und „Ostereier"

Smalltalk hat in menschlichen Gesprächen eine durchaus wichtige Funktion: Er fungiert als Türöffner und „soziale Schmiere", dank derer auch Unbekannte ein Gespräch miteinander führen können. Tiefergehende Gespräche entstehen typischerweise erst dann, wenn sich die Beteiligten schon vertrauter geworden sind.

Insofern ist es nicht verwunderlich, dass Smalltalk von Nutzer:innen bevorzugt zu Beginn eines Dialogs mit einem Chatbot eingebracht wird, denn es ist der normale Weg, sich eine unbekannte Person etwas vertrauter zu machen. Zum einen liegt es also nach dem CASA-Paradigma nahe, dieses Vorgehen auch auf Chatbots anzuwenden; zum anderen erkunden Nutzer:innen auf diese Weise auch ein Stück weit die Funktionsweise und den Wissensumfang des Chatbots.

Tab. 6.9 Checkliste: Reaktion auf verbale Übergriffe

Bereich	Merkmal
Negative Reaktionen	• Bei Beschimpfungen, verbalen Übergriffen und Anzüglichkeiten klare Grenzen setzen • Nicht zu humorvoll oder interessant gestalten, um nicht weitere Übergriffigkeiten zu provozieren • Persönlichkeit des Chatbots nutzen • Zum Wissensbereich des Chatbots zurückführen

Allerdings ist es durchaus eine Frage des Onboardings, wie naheliegend und notwendig es für die Nutzer:innen überhaupt ist, das Gespräch mit Smalltalk zu beginnen. Chatbots, die direkt offensiv Vorschläge für Gesprächsthemen machen, werden kaum erst einmal gefragt „Wie geht's"; ein Chatbot, der mit der Aufforderung „Stell mir eine Frage" das Gespräch eröffnet, schon eher.

Smalltalk seitens der Nutzer:innen ist deshalb oft ein Signal, dass der Chatbot relativ passiv agiert und wenig eigeninitiative Gesprächsangebote macht. Es kann aber auch einfach ein Versuch sein herauszufinden, wie gut der Chatbot Smalltalk beherrscht, oder wo „Ostereier" versteckt sind.

Ostereier beziehungsweise „Easter Eggs" sind versteckte Funktionen in Medien und Computerprogrammen, zum Beispiel geheime Zusatzlevel in Computerspielen oder Funktionen wie „do a barrel roll" in der Google-Suche, das die Ergebnisseite einmal rotieren lässt. Im Zusammenhang mit Chatbots sind solche Ostereier Informationen außerhalb der eigentlichen Domäne des Chatbots, die er preisgibt, wenn die richtige Frage gestellt wird. Oft sind das Informationen zur Person und zur Geschichte des Chatbots, Hintergrundinformationen zum Unternehmen und zum Projekt, manchmal auch einfach witzige Anspielungen auf die Populärkultur. Alexa beispielsweise stimmt auf die Aufforderung „Alexa, sing ein Weihnachtslied" das Lied „O Tannenbaum" an oder antwortet auf die Frage „Wer ist die Schönste hier?": „Frau Königin, ihr seid die Schönste hier. Aber Schneewittchen hinter den Bergen, bei den sieben Zwergen ist noch tausendmal schöner als Ihr."

Grundsätzlich schadet es nicht, auf die wichtigsten Smalltalk-Floskeln, wie zum Beispiel „wie geht's" eine sinnvolle Reaktion zu implementieren, zumal sich auch hier wieder eine Gelegenheit bietet, die Persönlichkeit des Chatbots zum Vorschein zu bringen. Und indem Ostereier den Spieltrieb der Nutzer:innen anstacheln, können sie auch zur Akzeptanz des Chatbots beitragen.

Sofern jedoch Smalltalk nicht die Hauptaufgabe des Chatbots ist oder – wie zum Beispiel bei vielen Coaching-Bots – keine tragende Rolle für den Gesprächserfolg spielt, sind Ostereier und Smalltalk-Fähigkeit nicht entscheidend für seinen Erfolg, wenn nicht sogar überflüssig. Außerdem steigen die Erwartungen an die Smalltalk-Fähigkeiten des Chatbot, je mehr Sie bereits implementiert haben. Aber letztlich führt der Smalltalk von der eigentlichen Funktion des Chatbots weg, ist also nicht förderlich für die Erfüllung des Use Case.

Bei Smalltalk-Ostereiern gilt deshalb: Weniger ist mehr. Zumal man sehr viel Zeit damit zubringen kann, sich lustige Ostereier auszudenken, von denen fraglich ist, ob sie jemals jemand findet. Verwenden Sie Ihre Zeit und Energie lieber darauf, die Dialoge des Chatbots an den Stellen auszubauen, wo die Nutzer:innen sie tatsächlich benötigen.

Auf jeden Fall sollte der Chatbot, ähnlich wie bei den positiven und negativen Reaktionen, Smalltalk mit einem Gesprächsangebot verbinden, das zu seiner eigentlichen Domäne führt, wie Lernbot im Kim in Abb. 6.19.

Für den Umgang mit Smalltalk gibt Ihnen die Checkliste in Tab. 6.10 Orientierung.

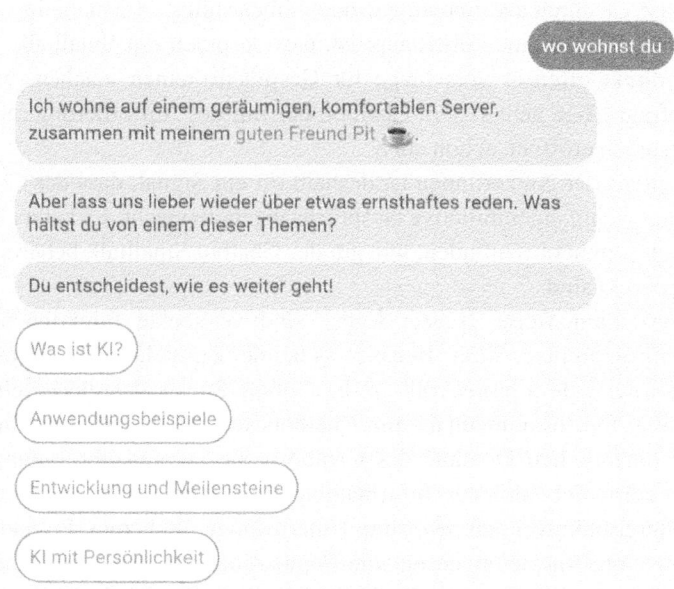

Abb. 6.19 „Osterei" von Lernbot Kim mit Rückführung zur Domäne (time4you)

Tab. 6.10 Checkliste: Smalltalk

Bereich	Merkmal
Smalltalk	• Keine Gesprächssituationen aufkommen lassen, die Smalltalk provozieren • Auf typische Smalltalk-Floskeln Reaktionen vorsehen • Zur Domäne des Chatbots zurückführen
Ostereier	• Weniger ist mehr • Für Vermittlung von Zusatzinformationen nutzen • Keinesfalls den Ausbau der Hauptpfade zugunsten von Ostereiern vernachlässigen • Immer verbinden mit Rückführung zur Domäne des Chatbots

6.6.6 Anbieterkennung

Ostereier, die Sie auf jeden Fall implementieren sollten, sind solche, die Auskunft geben, wer hinter dem Chatbot steckt. Dies können bei einem Chatbot mehrere Beteiligte sein:

- Das Unternehmen oder die Organisation, für die er tätig ist
- Der Anbieter des Chatbot-Tools
- Das Conversation-Design-Team oder -Dienstleister

Tab. 6.11 Checkliste: Anbieterkennungen

Fragen zur Anbieterkennung
• Für wen arbeitet der Chatbot? Wer ist sein Auftraggeber?
• Wer hat den Chatbot entwickelt?
• Wer ist der Tool-Anbieter?
• Wo „wohnt" der Chatbot?

Wenn Ihr Chatbot auf Fragen wie „Wer hat dich gemacht?", „Wie funktionierst du?" keine Antwort geben kann, verpassen Sie eine Chance, die Beteiligten im Hintergrund zu positionieren und sichtbar zu machen. Ganz abgesehen davon, dass es nicht sehr glaub- und vertrauenswürdig ist, wenn jemand weder zu seinem Arbeitgeber noch zu seinen Erzeugern Angaben machen kann.

Wie bei allen Ostereiern gilt auch hier: Die Auskünfte sollten kurz sein, und der Chatbot sollte direkt im Anschluss wieder auf das eigentliche Thema zurückkommen.

Die Checkliste in Tab. 6.11 führt die wichtigsten Fragen zur Anbieterkennung auf, auf die der Chatbot antworten können sollte.

6.7 Tipps aus der Copywriting-Werkstatt

6.7.1 Freies Dialogschreiben als Vorstufe für das Copywriting

Um in die Arbeit an den Chatbot-Prompts besser hinein zu finden, ist das freie Schreiben eines Dialogs zwischen Chatbot und User eine bewährte Methode. Sie entwickeln dabei eine oder mehrere fiktive Szenen in freier Form in einem fortlaufenden Dialog wie in einem erzählerischen oder dramatischen Text. Mithilfe dieser Methode begeben Sie sich aus der Struktur des Dialogablaufs heraus wieder in einen echten Gesprächsfluss. Zum Einstieg in das freie Dialogschreiben kann es helfen, mit einem menschlichen Gegenüber ein tatsächliches Gespräch zum Thema zu führen oder bereits geschriebene Texte mit verteilten Rollen laut zu lesen.

Der Dialog wird formlos notiert, außer den Dialogbeiträgen wird nur angegeben, wer gerade spricht. Er muss auch nicht genau dem Ablaufdiagramm folgen; es genügt, wenn er von einem bestimmten Anfangs- zu einem bestimmten Endpunkt kommt. Dazu ist es hilfreich, sich vor dem Schreiben den entsprechenden Dialogpfad im Ablaufdiagramm einzuprägen. Beim Schreiben selbst dürfen Sie sich jedoch ganz dem Schreibfluss hingeben. Schreiben Sie ruhig mehrere Versionen eines Dialogpfades – diese verschiedenen Versionen liefern Ihnen die verschiedenen Textvarianten für einzelne Prompts.

Die Methode ist vor allem dann geeignet, wenn die Dialoge zu mechanisch geraten und die Sprache in einer befehlsorientierten Input-Output-Ablauflogik feststeckt. Sie hilft, wieder das menschliche Kommunikationsverhalten und menschliche Ausdrucksweisen in den Blick zu bekommen. Auch für auskunfts- und themenorientierte Chatbots mit vielen ähnlichen, aber kurzen Dialogpfaden ist diese Methode gut geeignet.

Die auf diese Weise entstehenden Dialogtexte sind in der Regel zunächst zu weitschweifig, um chatgerecht zu sein. Die notwendige Komprimierung und Zuspitzung erfolgt dann in der Überarbeitung.

Sie können Ihre Dialogtexte auch als Ausgangspunkt für ein vollständiges dialogisches Drehbuch benutzen. Dafür müssen am Ende die Prompt-Texte noch in eine etwas strukturiertere Form gebracht werden, anhand derer sich die Verzweigungen im Dialogablauf nachvollziehen lassen. Ein sorgfältiger Abgleich mit den Ablaufdiagrammen ist unumgänglich, um sicherzustellen, dass kein Prompt vergessen wurde. Abb. 6.20 zeigt ein solches Drehbuch in dialogischer Form.

O Onboarding

O.1 Begrüßung / Einstieg Onboarding

1. Chatbot:
   Hallo!
   | Hi!
   | Grüß dich!

   Schön, dich zu sehen.
   | Nett, dass du vorbeischaust.

   Mein Name ist Kim.
   | Ich bin Kim.

   Bist du neu hier?

User:

   1.1. Nein, ich bin hier zum ersten Mal.
   Chatbot:
       Herzlich willkommen! Dann stelle ich mich erst einmal kurz vor:
       Ich bin ein Lernbot.
       Eines meiner Spezialgebiete ist die künstliche Intelligenz.
       | Ich unterhalte mich gerne mit dir ein bisschen über künstliche Intelligenz.
       Davon habe ich nämlich selbst eine Menge …

   1.2. Ja, ich war schon hier.
   Chatbot:
       Prima,
       | sehr schön,

Abb. 6.20 Drehbuch in dialogischer Form

6.7.2 Wiederverwendung von Pfaden und Prompts

Die große Kunst beim Conversation Design ist, Kommunikation und Technik zusammenzudenken. Denn der Dialog soll ja automatisiert funktionieren, innerhalb der Gesprächssituation, die Sie schaffen. Während es im ersten Schritt wichtig ist, den Blick auf einen sinnvollen Gesprächsverlauf zu richten und nicht zu technisch zu denken, lohnt es sich jedoch, zwischendurch einmal innezuhalten und zu überlegen, wo sich Strukturen ähneln und möglicherweise wiederverwendet werden können.

Auf der einfachsten Stufe sind dies Nebenpfade oder -Stories, die Sie an verschiedenen Stellen im Dialogablauf aufrufen. Je nachdem, ob Ihr Tool es zulässt, können Sie auch Schleifen einbauen – eine gute Strategie beispielsweise bei themenorientierten Chatbots, die sehr auskunftslastig sind.

Wiederverwendbare Strukturen zu schaffen, lohnt sich insbesondere, wenn

- es Dialogbeiträge gibt, die immer wiederkehren, beziehungsweise Dialogstrukturen oder -sequenzen, die sich gleichen, und
- sich die Interaktionsmöglichkeiten der User in diesen Sequenzen gleichen.

Voraussetzung ist natürlich, dass mit Ihrem Chatbot-Tool eine Wiederverwendung von Dialogbeiträgen oder Sequenzen überhaupt möglich ist, dass diese also zentral an einer Stelle gepflegt werden können, wo sie von verschiedenen Kontexten aus aufgerufen werden. Wenn Sie ohnehin in der Implementierung jeden einzelnen Pfad und jede Sequenz separat pflegen müssen, können Sie auch variierende Prompts verwenden.

Wenn eine echte Wiederverwendung möglich ist, müssen Sie beim Copywriting natürlich darauf achten, dass die Dialogbeiträge des Chatbots in allen Kontexten, in denen der Beitrag aufgerufen wird, sprachlich und inhaltlich passen.

▶ **Tipp** Wenn Sie nicht bereits viel Erfahrung im Conversation Design haben, sollten Sie nicht zu früh über Wiederverwendbarkeit nachdenken – es besteht die Gefahr, dass Sie dann zu sehr versuchen, den Dialog passend zu machen, anstatt einem natürlichen Gesprächsfluss zu folgen.

Formulieren Sie lieber erst einmal die Prompts entlang der Pfade passend zum jeweiligen Kontext. Beim Schreiben wird Ihnen von selbst auffallen, wo sich Inhalte wiederholen. Markieren Sie diese und prüfen Sie in einem zweiten Schritt, wo sich Sequenzen oder Prompts tatsächlich gleichen und wiederverwenden lassen und welche Intent-Varianten Sie eventuell dafür anlegen müssen.

Tab. 6.12 Checkliste: Feintuning der Chatbot-Prompts

Bereich	Merkmal
Qualität	• Stimmt die sprachliche Qualität? (vgl. Checkliste in Abschn. 6.2.6) • Tragen die gewählten Gesprächsstrategien und Formulierungen dazu bei, den Dialog zu steuern und das Dialogziel zu erreichen? (vgl. Checkliste in Abschn. 6.3.8)
Konsistenz und Ausgewogenheit	• Wie ist das Verhältnis von Text und grafischen oder spielerischen Elementen wie Buttons, Bild-Karussell im Dialog? • Werden Emojis, Text- und TCU-Formate, Rich Reponses und andere Style-Elemente konsistent benutzt? • Wie ist das Verhältnis von Smalltalk und Floskeln zu zielführenden Inhalten – je Prompt, je Dialogpfad, im gesamten Dialog?
Utterances, Intents, Entities	• Funktionieren Übergänge und Einleitungssätze von Prompts zu bestimmten Intents bei allen Utterances? • Stellt der Dialog die Eingabe von Entities in der benötigten Form sicher?

6.7.3 Checkliste: Feintuning der Chatbot-Prompts

Wenn Sie sämtliche Dialogbeiträge des Chatbots ausformuliert haben, lohnt es sich, sie alle noch einmal durchzugehen und systematisch ihre Qualität und Konsistenz zu überprüfen. Dabei hilft Ihnen die Checkliste in Tab. 6.12.

Literatur

Ashktorab Z, Jain M, Liao QV, Weisz JD (2019) *Resilient Chatbots: Repair Strategy Preferences for Conversational Breakdowns*. In: Proceedings of the 2019 CHI Conference on Human Factors in Computing Systems. Association for Computing Machinery, New York, NY, USA, pp 1–12.

Bruns B., Kowald C (2022) *Conversation Design in der Chatbot-Entwicklung: Erfolgsfaktor Sprache*. In: Handbuch E-Learning 98. Erg.-Lfg. August 2022.

Chaves, A. P., Egbert, J., Hocking, T., Doerry, E., & Gerosa, M. A. (2022) *Chatbots language design: The influence of language variation on user experience with tourist assistant chatbots*. ACM Transactions on Computer-Human Interaction, 29(2), 1–38.

Chaves AP, Gerosa MA (2021) *The impact of chatbot linguistic register on user perceptions: a replication study*. In: Conversations – International Workshop on Chatbot Research. p 16.

Croes EAJ, Antheunis ML (2021) *36 Questions to Loving a Chatbot: Are People Willing to Self-disclose to a Chatbot?* In: Følstad A, Araujo T, Papadopoulos S, et al. (eds) Chatbot Research and Design. Springer International Publishing, Cham, pp 81–95.

Deibel D., Evanhoe R. (2021) *Conversations with Things: UX Design for Chat and Voice*. Rosenfeld Media, New York.

Feine J, Gnewuch U, Morana S, Maedche A (2019) *A Taxonomy of Social Cues for Conversational Agents*. International Journal of Human-Computer Studies 132:138–161. https://doi.org/10.1016/j.ijhcs.2019.07.009.

Følstad A, Taylor C (2020) *Conversational Repair in Chatbots for Customer Service: The Effect of Expressing Uncertainty and Suggesting Alternatives*. In: Følstad A, Araujo T, Papadopoulos S, et al. (eds) Chatbot Research and Design. Springer International Publishing, Cham, pp 201–214.

Gnewuch, U, Feine, J, Morana, S, & Maedche, A (2020a) *Soziotechnische Gestaltung von Chatbots*. In: Cognitive Computing (pp. 169–189). Springer Vieweg, Wiesbaden.

Gnewuch U, Yu M, Maedche A (2020b) *The Effect of Perceived Similarity in Dominance on Customer Self-Disclosure to Chatbots in Conversational Commerce*. In: Proceedings of the 28th European Conference on Information Systems (ECIS 2020b). https://www.researchgate.net/publication/341454177_The_Effect_of_Perceived_Similarity_in_Dominance_on_Customer_Self-Disclosure_to_Chatbots_in_Conversational_Commerce. Accessed 29 Jul 2022.

Hobert S, Berens F (2020) *Small Talk Conversations and the Long-Term Use of Chatbots in Educational Settings – Experiences from a Field Study*. In: Følstad A, Araujo T, Papadopoulos S, et al. (eds) Chatbot Research and Design. Springer International Publishing, Cham, pp 260–272.

Kamoen N, McCartan T, Liebrecht C (2021) *Conversational Agent Voting Advice Applications: A Comparison between a Structured, Semi-structured, and Non-structured Chatbot Design for Communicating with Voters about Political Issues*. In International Workshop on Chatbot Research and Design (pp. 160–175). Springer, Cham.

Liebrecht C, Sander L, van Hooijdonk C (2021) *Too Informal? How a Chatbot's Communication Style Affects Brand Attitude and Quality of Interaction*. In: Følstad A, Araujo T, Papadopoulos S, et al. (eds) Chatbot Research and Design. Springer International Publishing, Cham, pp 16–31.

Lotze, N. (2016). *Chatbots: eine linguistische Analyse*. Peter Lang International Academic Publishers.

Mai, Vanessa; Neef, Caterina; Richert, Anja (2022): *„Clicking vs. Writing": The Impact of a Chatbot's Interaction Method on the Working Alliance in AI-based Coaching*. In: Coaching: Theorie & Praxis. Vol. 8, S. 1–17. https://doi.org/10.1365/s40896-021-00063-3.

Mai, Vanessa; Richert, Anja (2021): *StudiCoachBot an der TH Köln – Reflexionsprozesse KI-basiert begleiten*. In: fnma Magazin – Forum neue Medien in der Lehre Austria. Vol. 2021, S. 21–24.

Mai, Vanessa; Wolff, Annika; Richert, Anja; Preusser, Ivonne (2021): *Accompanying Reflection Processes by an AI-Based StudiCoachBot: A Study on Rapport Building in Human-Machine Coaching Using Self Disclosure*. In: Stephanidis, Constantine; Harris, Don; Li, Wen-Chin; Schmorrow, Dylan D.; Fidopiastis, Cali M.; Antona, Margherita; Gao, Qin; Zhou, Jia; Zaphiris, Panayiotis; Ioannou, Andri; Sottilare, Robert A.; Schwarz, Jessica; Rauterberg, Matthias (Hrsg.): HCI International 2021 – Late Breaking Papers : Cognition, Inclusion, Learning, and Culture. Cham: Springer (Lecture Notes in Computer Science), S. 439–457.

o.A. (o. J.) *Chatbot Stella | SUB Hamburg*. https://www.sub.uni-hamburg.de/bibliotheken/projekte-der-stabi/abgeschlossene-projekte/chatbot-stella.html. abgerufen am 11.2.2022.

Der Chatbot geht live 7

7.1 Was jetzt noch zu tun ist

In der letzten Projektphase (Abb. 7.1) erstellen Sie eine erste finale Version Ihres Chatbots, die Sie nach Feintuning und ausführlicher Qualitätssicherung und letzten Abrundungen in Betrieb nehmen. Ein zweistufiges Vorgehen ist dabei durchaus sinnvoll, bei dem Sie dem Roll-out eine Pilotphase voranstellen, in der eine kleinere Anwendergruppe den Chatbot für einen überschaubaren Zeitraum nutzt. Die Pilotgruppe sollte dabei so repräsentativ für die Zielgruppe sein, dass die Auswertung der Pilotphase aussagekräftige Hinweise zur Verbesserung des Chatbots vor dem umfassenden Roll-out liefert.

Dennoch ist kein Chatbot perfekt, wenn er live geht – denn ganz gleich, wie viele Tests Sie gemacht haben: Früher oder später kommt jemand, der etwas Neues vom Chatbot erwartet, etwas, womit Sie nicht gerechnet haben. Das gilt übrigens für jede Software. Und wie jede Software wird auch ein Chatbot nur besser, wenn er benutzt wird.

Deshalb es wichtig, den Chatbot nach dem Go-live genau zu beobachten und regelmäßig und kurzfristig nachzubessern – je nach Nutzungszahlen täglich oder mindestens wöchentlich. Wenn er sich dann eine Zeit lang bewährt hat, können Sie das Wartungsintervall nach und nach erhöhen. Planen Sie jedoch ein, dass es einige Wochen oder eher noch Monate braucht, bis Ihr Chatbot souverän seinen Job macht.

Vor und mit dem Go-live für die gesamte Zielgruppe erfolgen die geplanten Kommunikations- und Marketing-Maßnahmen innerhalb der Organisation oder im Zielmarkt, das Chatbot-Projekt wird intern abgeschlossen und an das Wartungsteam übergeben. Es beginnt die Phase der kontinuierlichen Beobachtung, Verbesserung und Weiterentwicklung des Chatbots.

© time4you GmbH communication & learning 2023
B. Bruns und C. Kowald, *Praxisleitfaden Chatbots*,
https://doi.org/10.1007/978-3-658-39645-9_7

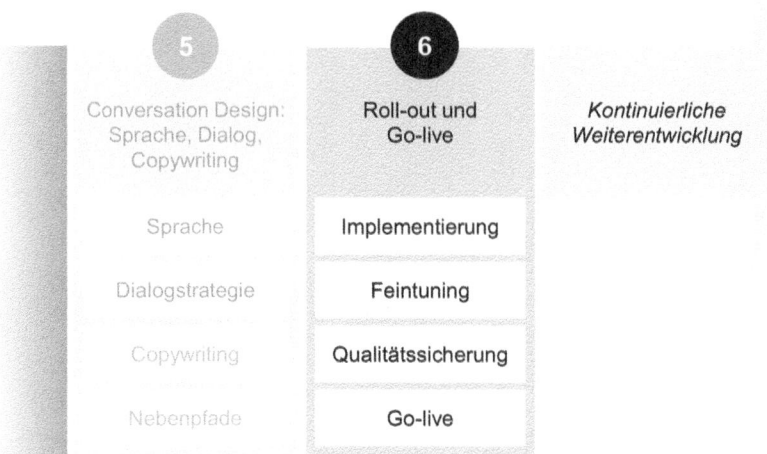

Abb. 7.1 Aufgaben im sechsten Schritt der Chatbot-Entwicklung

7.2 Feintuning

7.2.1 Auf dem Weg zum Release Candidate

Bei der Chatbot-Implementierung geht es darum, das Conversation Design vollständig, ohne Lücken und in allen Varianten, umzusetzen. Diese Vollständigkeit ist natürlich relativ – einen wirklich vollständigen Chatbot gibt es nicht. Vollständig sollte der Chatbot jedoch insofern sein, als er den Use Case und die User Stories umsetzt und seinen Zweck im Wesentlichen erfüllt.

Im agilen Prozess der Chatbot-Entwicklung gehen Implementierung und Conversation Design mit Conversation Flow und Copywriting lange Zeit Hand in Hand. Dabei beginnen Sie die Umsetzung entweder mit Ihrem Prototypen und verfeinern diesen weiter oder setzen mit der Implementierung noch einmal neu an. Welcher Weg sinnvoller ist, hängt von der Qualität Ihres Prototypen ab: Je besser dieser ist, desto geeigneter ist er als Grundlage für den nächsten Versionsstand. Auch das Chatbot-Tool, das Sie verwenden, spielt hierbei eine Rolle.

Abhängig von der Methode, die Sie im Chatbot-Copywriting gewählt haben, und abhängig vom Grad der Verzahnung zwischen Conversation Design und Implementierung sind in der Feintuning-Phase unterschiedliche Aufgaben zu erledigen:

- Pfade vervollständigen und abrunden
- Copytexte vollständig einpflegen

7.2 Feintuning

- Medien ergänzen
- Verarbeitung von Freitexteingaben ergänzen
- Entities vollständig konfigurieren
- Pattern Matching erweitern beziehungsweise Intent-Klassifizierung trainieren
- Zustände und Kontexte abrunden
- Konversation auf korrekte Verarbeitung prüfen: „Läuft es wie geplant durch?"
- Konversation auf Übereinstimmung mit Use Case und User Stories prüfen

Nach jedem Implementierungssprint wird der Chatbot getestet und bei Bedarf Änderungen und Ergänzungen in Drehbuch und Ablaufdiagramm sowie den weiteren betroffenen Dokumenten vorgenommen, die im nächsten Sprint implementiert werden. Daneben können auch während der Implementierung immer wieder Dialogsituationen auffallen, die noch behandelt werden müssen – dass zum Beispiel bei geschlossenen Fragen weitere Optionen nötig sind, dass Prompts und Intents nicht richtig zusammenpassen oder Ähnliches. Diese Punkte werden entweder direkt korrigiert oder ins Conversation Design beziehungsweise Copywriting zurückgespielt und Schritt für Schritt ergänzt.

▶ **Tipp** Empfehlenswert ist, dass die Teams aus Entwicklung und Conversation Design sich regelmäßig, zum Beispiel einmal pro Woche, über den Stand des Projekts abstimmen und die zwischenzeitlich aufgetauchten Fragen klären; in „heißen Phasen" täglich oder öfter. Lücken oder Fehler im Dialogablauf sollten immer in Rücksprache mit dem Conversation Design geklärt und behoben werden.

Mit jedem Durchlauf wird der Chatbot besser und vollständiger. Wenn er in den User-Tests die meisten Gespräche gut bewältigt, erfolgt ein Feature Freeze, das heißt ab diesem Zeitpunkt werden keine Änderungen in der Dialogverarbeitung mehr vorgenommen und höchstens noch kleinere Fehler im Text behoben. Auf dieser Basis wird der Release Candidate erstellt und die Qualitätssicherung für die Auslieferung („deployment") beginnt.

▶ **Definition** Ein *Release Candidate* ist ein Software-Versionsstand, in dem alle Funktionen verfügbar und alle bis dahin bekannten Fehler behoben sind.

Der Release Candidate wird vor der Inbetriebnahme noch einmal umfassend getestet. Nach Behebung der dort gefundenen Fehler wird ein weiterer Release Candidate erstellt; möglicherweise sind weitere Iterationen nötig.

7.2.2 Feintuning der Intent-Klassifizierung

Ein wesentlicher Schritt in der Abrundung des Chatbots zum Release Candidate ist das Feintuning der Intent-Klassifizierung. Zwei Indikatoren sind hierbei besonders wichtig:

- Die Fallback-Messages in den Gesprächsprotokollen
- Die Anzahl und Variationsbreite der Utterances je Intent

Die Gesprächsprotokolle aus den Testrunden zeigen Ihnen, auf welche Utterances der Chatbot mit der Fallback-Message geantwortet hat, weil sie keinem Intent zugeordnet werden konnten. Für diese Utterances beziehungsweise Dialogsituationen ist zu prüfen:

- Sind im Conversation Design alle relevanten inhaltlichen beziehungsweise taskorientierten Aspekte berücksichtigt oder muss an dieser Stelle nachgebessert werden?
- Lassen sich die Utterances einem vorhandenen Intent zuordnen? Oder einer Intent-Variante, die eine leicht abweichende sprachliche Behandlung, aber keine Abweichung vom Dialogpfad erfordert?
- Sind die Utterances out of scope und sollten besser über einen Out-of-scope-Intent mit einem Beitrag zum Erwartungsmanagement beantwortet werden?

Für eine effektive Intent-Klassifizierung sind die Anzahl und insbesondere die Variationsbreite der Utterances je Intent ausschlaggebend. Pro bestehendem Intent sollten genügend Utterances vorgesehen sein, damit der Chatbot nicht schon bei den ersten Nutzereingaben scheitert. Tab. 7.1 zeigt beispielhaft, wie unterschiedlich Utterances für einen einzigen Intent aussehen können. Auch hier sind die Gesprächsprotokolle der Testrunden eine wichtige Quelle, ebenso wie andere Formen der Nutzerbeobachtung und des Brainstormings sowie semantische und linguistische Analysen und Recherchen.

Die Utterance „Muss ich am *[der auf den aktuellen Wochentag folgende Wochentag]* meinen Schirm mitnehmen?" setzt voraus, dass der Chatbot den aktuellen Wochentag und die Reihenfolge der Wochentage kennt und überhaupt erst einmal erkennt, dass es um einen Wochentag geht (Entity). Das ist für das Erfassen von Utterances beziehungsweise Trainingsdaten schon nicht mehr ganz so trivial. Auch bei der Frage „Gibt es morgen Regen?" ist es ein Zeichen von besserem Sprachverständnis, wenn der Chatbot nicht pauschal den ganzen Wetterbericht für den nächsten Tag vorliest, sondern gezielt

Tab. 7.1 Beispiele für Utterances und Trainingsdaten zu einem Intent

Intent	Utterance
Wettervorhersage für den nächsten Tag	„Wettervorhersage morgen."
	„Wetter, morgen"
	„Wie wird das Wetter morgen?"
	„Muss ich am [*der auf den aktuellen Wochentag folgende Wochentag*] meinen Schirm mitnehmen?"
	„Gibt es morgen Regen?"
	„Scheint in 24 h die Sonne?"
	Und viele weitere Varianten …

auf die Wahrscheinlichkeit, den erwarteten Zeitraum und die Menge des Niederschlags eingeht.

Wenn Sie ein NLU-Tool verwenden, benötigen Sie pro Intent mindestens zehn, besser 20 oder mehr Formulierungsbeispiele (Utterances), damit die NLU ein brauchbares neuronales Netz aufbauen kann. Die Korrektheit der Zuordnung einer realen Eingabe zu einer NLU-Regel (Intent Classification) ist umso besser, je größer die Bandbreite der passenden Trainingsdaten in semantischer und syntaktischer Hinsicht ist. Dabei darf die Abgrenzung zu anderen Intents nicht beeinträchtigt werden.

Umgekehrt sollten Sie auch darauf achten, dass wichtige Wörter, die in verschiedenen Kontexten unterschiedliche Bedeutungen haben oder unterschiedliches Verhalten des Chatbots auslösen sollen, in den Formulierungsbeispielen vorkommen. NLU verwendet vortrainierte Wortvektoren, um ähnliche Bedeutungen von Wörtern und Wortfamilien zu erfassen. Die Ähnlichkeit wird umso besser erkannt, je mehr möglichst unterschiedliche Beispiele einer Wortbedeutung in einer NLU-Regel angegeben sind. Mindestens fünf, besser zehn Wortbeispiele für jede Bedeutung sind eine gute Faustregel.

Das Erstellen von Trainingsdaten für neuronale Netze ist keine triviale Aufgabe. Die nötige Trennschärfe ist gerade bei einer großen Granularität von Themen nicht einfach zu erreichen; und je weiter das neuronale Netz schon trainiert ist, desto schwieriger wird es, bei fehlerhaften Intent-Klassifizierungen gegenzusteuern. Nehmen Sie sich also genügend Zeit für die Recherche von Utterances und für das Feintuning der Beispielformulierungen.

Einfacher, wenn auch ebenfalls nicht trivial, ist das Feintuning der Intent-Klassifizierung mit einem skript- und regelbasierten Tool. Sie ergänzen die Formulierungen in der Definition der Patterns für die Intent-Klassifizierung und wissen immer genau, welche Utterance mit welchem Intent verknüpft ist. Doch auch hier lohnt sich systematische Arbeit und Recherche: Mit trennscharfen Keywords und generalisierten Satzmustern lässt sich die Trefferquote der Eingabeverarbeitung deutlich erhöhen.

7.2.3 Wiederverwendbare Strukturen und Dialogmanagement

Gerade bei Chatbots mit einer sehr umfangreichen Domäne beziehungsweise komplexeren Tasks ist es sinnvoll, wiederverwendbare Strukturen zu schaffen, um diese besser warten und bei Bedarf erweitern zu können.

Inwieweit wiederverwendbare Strukturen sinnvoll und möglich sind, hängt von vielen Rahmenfaktoren ab, unter Anderem:

- Lässt das Chatbot-Tool die Wiederverwendung von Sequenzen, Dialogstrukturen und ähnlichen Elementen überhaupt zu?
- Wie aufwendig ist es, Elemente wiederzuverwenden?
- Ist es auch nach der Wiederverwendung möglich, diese zentral zu pflegen?
- Sind entsprechende Schleifen im Dialogverlauf aus kommunikativer Sicht möglich und sinnvoll?

Die Entscheidung, wo Dialogsequenzen mit Blick auf Wiederverwendbarkeit angelegt werden und wie das konkret aussehen kann, treffen Conversation Design und Entwicklung am besten gemeinsam. Idealerweise geschieht das bereits bei der Entwicklung des Prototypen. Es kommt jedoch regelmäßig vor, dass erst ein späterer Versionsstand wirklich erkennen lässt, welches Potenzial für wiederverwendbare Strukturen vorhanden ist. In diesem Fall wird der darauffolgende Versionsstand mit eben diesen Strukturen erstellt, um die tatsächliche Eignung und Funktionsfähigkeit zu überprüfen.

Gerade bei geskripteten Chatbots ergeben sich oft während der Implementierung weitere Möglichkeiten, wiederverwendbare Elemente zu schaffen, die auf Dauer viel Schreibarbeit sparen. Ein wichtiges Kriterium ist auch hier die Wartbarkeit und Erweiterbarkeit der Lösung: Wenn die Flexibilität bei der Umsetzung der Dialoge steigt oder sich der Aufwand für die Pflege von Prompts, Intents oder Dialogpfaden verringert, sind wiederverwendbare Elemente sinnvoll.

Ganz ähnlich ist das Vorgehen beim Dialogmanagement. Developer und Conversation Designer sollten sich in einer möglichst frühen Phase der Chatbot-Entwicklung verständigen und prüfen, ob standardmäßig im Tool vorgesehene Dialogmanagement-Funktionen für das spezifische Conversation Design, insbesondere in Bezug auf Flow, Intent-Klassifikation und Schnittstellen (Stichwort: Slots), ausreichen. Wenn das nicht der Fall ist, werden sie ergänzt oder konfiguriert beziehungsweise neue Dialogmanagement-Funktionen programmiert. Solange die Abstimmung nicht erfolgt ist oder der Bedarf noch nicht absehbar ist, ist es besser, im Conversation Design und bei der Implementierung der entsprechenden Versionsstände mit „black box"-Platzhaltern zu arbeiten. Auf diese Weise vermeiden Sie, dass Sie Dialogsequenzen und Abläufe umfassend skripten oder im Tool konfigurieren, die Sie später eleganter und einfacher mit den neuen Funktionen des Dialogmanagement realisieren.

In beiden Fällen, bei der Identifikation wiederverwendbarer Strukturen wie beim Dialogmanagement, führt die frühe Abstimmung außerdem dazu, dass Conversation Design und Implementierung stärker parallel arbeiten und zu einem früheren Zeitpunkt die angepassten Komponenten nutzen können. Beides verbessert die Effizienz der Chatbot-Entwicklung.

7.2.4 Anbieterkennung

Wenn der Chatbot in eine Webseite oder eine App eingebunden ist, gilt deren Impressum und Anbieterkennung auch für den Chatbot. Eine separate Anbieterkennung ist hier also nicht nötig.

Anders sieht es bei Chatbots aus, die über Plattformen von Drittanbietern angeboten werden. Hier sollten Sie juristisch prüfen lassen, welche Vorgaben, auch in Bezug auf den Datenschutz, Sie erfüllen müssen, und entsprechende Maßnahmen umsetzen.

7.3 Qualitätssicherung für den Go-live

Grundsätzlich gibt es mehrere Möglichkeiten, eine Anbieterkennung unterzubringen:

- Im Impressum der Webseite oder App
- An der Stelle, an der die Nutzer:innen den Chatbot finden, also zum Beispiel auf der Landing-Page
- Im Chatfenster
- Im Dialog

Da immer einige User dem Chatbot Fragen stellen wie „Wer hat dich gemacht?", „Wie funktionierst du?" oder „Wer bist du?", sollte ein entsprechender Nebenpfad vorhanden sein. Die Chatbot-Antworten auf diese Fragen runden die direkte Anbieter- beziehungsweise Provider-Kennung im Impressum oder im Chatfenster sehr schön ab. Idealerweise kann der Chatbot nicht nur zum Auftraggeber bzw. seinen inhaltlichen „Macher:innen" Auskunft geben, sondern auch zum Anbieter des verwendeten Chatbot-Tools – insbesondere wenn (wie in Abb. 7.2) das Chatfenster die Kennung eines externen Anbieters trägt.

Abb. 7.2 Anbieterkennungen von Chatbot Karl (Süwag)

7.3 Qualitätssicherung für den Go-live

7.3.1 Tipps zum Vorgehen

Bis zur Qualitätssicherung vor dem Go-live haben Sie den Chatbot in seinen unterschiedlichen Entwicklungsstufen bereits mehrfach getestet. Das macht jedoch eine weitere Qualitätssicherung keineswegs überflüssig. Im Zuge des Feintuning haben Sie mit ziemlicher Sicherheit Änderungen vorgenommen, die ein erneutes Testen erforderlich machen.

Die Qualitätssicherung vor der Inbetriebnahme umfasst verschiedene Testtypen. Dazu gehören:

- Der fachliche Test, der gegebenenfalls rollenspezifisch durchgeführt wird, wenn zum Beispiel der Use Case unterschiedliche Rollen für Teilaspekte enthält
- Der Funktionstest, ebenfalls bei Bedarf rollenspezifisch
- Lasttests für die verschiedenen Anwendungsumgebungen
- Der Integrationstest, der in der Regel erst in dieser Phase der Chatbot-Entwicklung vollständig durchgeführt werden kann, beispielsweise weil vorher nicht alle Schnittstellen implementiert wurden

Das Vorgehen und die Auswertung der Tests erfolgen grundsätzlich wie gewohnt und in Abschn. 5.7 ausführlich beschrieben. In diesem Abschnitt werden deshalb lediglich einige, für diese Stufe der Qualitätssicherung charakteristische Aspekte ergänzt.

Besonders nutzbringend ist die abschließende Qualitätssicherung dann, wenn Sie neben bereits erfahrenen Testpersonen, die auf Chatbot-spezifische Probleme wie beispielsweise fehlerhafte Intent-Klassifizierung oder Kontext-Zuordnungen achten können, weitere Testpersonen hinzuziehen, die bisher an der Entwicklung nicht beteiligt waren und den Chatbot ganz unvoreingenommen testen.

Idealerweise ist Ihre Testgruppe heterogen – neben Personen, die der Zielgruppe entsprechen, helfen in dieser Phase Blicke aus anderer Perspektive dabei, Schwächen des Chatbots aufzudecken, beispielsweise, um die Barrierefreiheit oder die Verständlichkeit der Gesprächsbeiträge des Chatbots zu verbessern. Außerdem ist es sinnvoll, den Chatbot auch ganz gezielt einem sprunghaften, gleichsam erratischen Gesprächsverhalten auszusetzen, damit Sie sehen, ob die Gesprächsführung auch dann noch einigermaßen funktioniert.

Alle auftretenden Unstimmigkeiten werden gesammelt und Punkt für Punkt in der bereits bekannten engen Abstimmung von Conversation Design und Entwicklung abgearbeitet. Im Anschluss wird nachgetestet.

Nach Abschluss der Qualitätssicherung und Freigabe durch den Auftraggeber wird der letzte Release Candidate zur „final release" mit einer eindeutigen Release-Kennung erklärt. Die Release-Kennung, zum Beispiel Chatbot Alpha v1.0, und entsprechende

Konventionen für die Bezeichnung der verschiedenen Versionsstände und zukünftigen Releases sind bei Chatbots als Software-Produkten beziehungsweise -Tools notwendig. Sie dienen einerseits der internen Unterscheidbarkeit im Entwicklungsprozess und machen andererseits deutlich, dass sich der Chatbot weiterentwickelt und nicht auf einer Release-Stufe stehen bleibt.

7.3.2 Memory und Persistenz

Ein sprunghaftes Gesprächsverhalten seitens der Testnutzer:innen, das nicht den Gesprächsangeboten des Chatbots folgt, sondern Dialogsequenzen abbricht, unvermittelt das Thema wechselt, später ebenso unvermittelt frühere Themen wieder aufgreift, ist besonders geeignet, Fehlern in der Kontextverarbeitung und in der Verarbeitung von Entities und Variablen auf die Spur zu kommen. Fehler entstehen sowohl dadurch, dass Kontexte oder Variablen nicht gespeichert werden, genauso aber auch, wenn sie nicht rechtzeitig wieder zurückgesetzt werden.

▶ **Tipp** Planen Sie für das Überprüfen der Kontextverarbeitung genügend Zeit ein, denn Kontextabhängigkeiten sind fehleranfällig und oft unübersichtlich.

Dabei sollte sowohl getestet werden, was passiert, wenn Nutzer:innen innerhalb einer Session ein neues Gespräch beginnen, zum Beispiel nach einer Pause oder einem Neuaufruf der Seite im Browser, als auch das Verhalten des Chatbots nach einem vollständigen Neustart der Anwendung. Bei einem Neustart innerhalb einer Session kann es durchaus sinnvoll sein, dass sich der Chatbot bestimmte Informationen aus dem Gesprächsverlauf merkt, während er andere womöglich besser schnell „vergisst". Wer gerade mit einem Shopping-Bot ein blaues T-Shirt gekauft hat, weiß es zu schätzen, wenn der Chatbot sich bei einem direkt anschließenden Gespräch daran erinnert – es ist jedoch nicht unbedingt gewollt, dass der Chatbot automatisch nur noch blaue Kleidungsstücke anbietet, weil die Variable „Farbe" bereits belegt ist.

Session-übergreifende Persistenz setzt voraus, dass der Chatbot sein Gegenüber eindeutig anhand des User-Namens, einer User-ID oder Ähnlichem identifiziert und aus einer entsprechenden Datenbank die erforderlichen Informationen abruft. Dafür ist eine Authentifizierung im weiterverarbeitenden System oder ein Single-Sign-On-Verfahren nötig.

Zwei Beispiele

Ein Shopping-Chatbot ruft über die Schnittstelle zum Shopsystem Informationen zu bisherigen Bestellungen, Präferenzen und weitere relevante Informationen ab und nutzt dies zur stärkeren Individualisierung des Dialogs. Die Informationen liegen User-spezifisch vor, weil sich der User im Shopsystem, gegebenenfalls via Chatbot, anmelden muss, um überhaupt etwas bestellen zu können.

Ein themenorientierter Chatbots weiß, welche Topics er mit einem User bereits besprochen hat oder welche Ergebnisse und Level dieser erreicht hat, wenn der Chatbot Bestandteil eines Content- oder Learning-Management-Systems ist. Dies ist möglich, weil sich die Nutzenden vor der Chatbot-Nutzung mit einer eindeutigen Kennung im System anmelden, in dem die entsprechenden Informationen User-spezifisch gespeichert sind. ◄

In derartigen Fällen sind Schnittstellentests ein wichtiger Teil der Qualitätssicherung für die Persistenz.

7.3.3 Integrationstest

Kurz vor dem Go-live sind die Voraussetzungen geschaffen, um den Chatbot mit allen seinen Komponenten in der zukünftigen Anwendungsumgebung zu testen. Der sogenannte Integrationstest erstreckt sich bei Chatbots insbesondere auf drei Aspekte:

- Schnittstellen zu externen Systemen
- Die Einbindung in die verschiedenen Anwendungsumgebungen wie Website, Messenger-App, Forum, Shop nach der Installation des Systems
- Die Ausgabekanäle, die der Chatbot bedient

Für den Schnittstellentest prüfen Sie beide Richtungen der Kommunikation zwischen Chatbot und Zielsystem:

- Funktioniert die Übergabe an die weiterverarbeitenden Systeme?
- Werden die übergebenen Daten vom Zielsystem korrekt verarbeitet?
- Fließen die Antwortdaten aus den weiterverarbeitenden Systemen zurück?
- Stellt der Chatbot die Antwortdaten im Dialog korrekt dar?

Beispiel

Im Schnittstellentest für die Verarbeitung von Daten zwischen dem Chatbot und dem weiterverarbeitenden System prüfen Sie beispielsweise, was passiert, wenn die Entity-Erkennung eine Variable mit einem grundsätzlich zulässigen Wert belegt, dieser aber nicht verarbeitet werden kann.

Dies ist beispielsweise dann der Fall, wenn als Wunschfarbe für ein T-Shirt im Freitext „gelb" angegeben wird, es das T-Shirt jedoch gar nicht in der Farbe Gelb gibt. An dieser Stelle ist es vermutlich sogar erforderlich, dass Sie die Entity-Definition noch einmal anpassen. ◄

Neben den Schnittstellen des Chatbots zu externen Systemen unterziehen Sie im Integrationstest seine Einbettung in die Anwendungsumgebung der Qualitätssicherung. Unerkannte Mängel an dieser Stelle können die User Experience stark beeinträchtigen; im schlimmsten Fall verhindern sie, dass Nutzer:innen überhaupt mit dem Chatbot in Interaktion treten.

Wenn der Chatbot auf einer Webseite als Webchat eingebunden wird, ist jetzt die letzte Gelegenheit, die entsprechenden Seiten anzulegen, gemäß dem Styleguide zu gestalten und benötigte Texte zu schreiben. Bei Chatbots, mit denen die Nutzenden über einen Messaging-Dienst interagieren, läuft die technische Einbettung meist direkt über das Produktionstool. Sie testen den Chatbot in seiner Anwendungsumgebung am besten von verschiedenen Endgeräten aus.

Wenn der Chatbot in unterschiedlichen Ausgabekanälen (Webchat, verschiedene Messenger-Apps und Ähnliches) läuft, prüfen Sie die Funktionsfähigkeit und Qualität auf allen Kanälen und in allen Software-Versionen, die die Zielgruppe am häufigsten nutzt, gründlich.

7.3.4 Barrierefreiheit

Chatbots sind dank der Interaktion im Dialog grundsätzlich schon recht barrierearm. Wie bei der barrierefreien Gestaltung von Webseiten sind jedoch bei der Implementierung eines Chatbots einige spezielle Anforderungen und Randbedingungen zu beachten, damit er für so viele Nutzer:innen wie möglich in der für sie geeigneten Anwendungsumgebung nutzbar ist. Damit ein Chatbot zum Beispiel einwandfrei mit einem Screenreader bedient werden kann, ist unter anderem Folgendes notwendig:

- Buttons und Quick Replies funktionieren nicht nur per Klick, sondern auch, indem die User den Text als Freitext eingeben.
- Alle Bedienelemente in Rich Responses sowie das Icon zum Aufruf des Chatbots sind mit Alternativtexten versehen, mit denen sie ausgewählt werden können.
- Audiovisuelle Medien sind mit Unterschriften beziehungsweise Untertiteln versehen sind; idealerweise gibt es gegebenenfalls rein textbasierte Alternativen.
- Kontraste von Grafiken, Bedienelementen, Hervorhebungen und Ähnlichem sind hoch genug.

Das alles ist in einem Chatbot mit wenig Aufwand machbar, und es kommt letztlich allen Nutzer:innen zugute – aber es muss gemacht werden. Lassen Sie deshalb Ihren Chatbot gezielt auch auf Barrierefreiheit testen, um eventuell noch vorhandene Lücken zu entdecken.

7.3.5 Datenschutz

Kein Chatbot kommt ohne das Erheben und Verarbeiten von Daten aus – schließlich werden die Eingaben der User dazu verwendet, einen passenden Gesprächsbeitrag des Chatbots auszugeben, und in der Regel werden auch Gesprächsprotokolle zur späteren Auswertung und Verbesserung gespeichert. Es ist deshalb im Sinne der DSGVO beziehungsweise der EU-DSGVO notwendig, die Nutzer:innen über die Verwendung der Daten zu informieren und ihre Zustimmung zur Datenverarbeitung, zu Cookies und Analyseverfahren einzuholen.

Dies geschieht am besten, bevor der Dialog mit dem Chatbot beginnt, und nicht erst im Onboarding. Denn zum einen ist es genau genommen zu spät, wenn der Dialog bereits begonnen hat. Zum anderen zeigt ein Chatbot, der zur Begrüßung sinngemäß sagt: „Erst einmal müssen wir den Datenschutz klären" und ohne ein „ja" als Antwort jedes weitere Gespräch verweigert, kein sonderlich einladendes Gesprächsverhalten.

Eine wichtige Aufgabe ist es also zu gewährleisten, dass in der Anwendungsumgebung die Hinweise zur Datenverarbeitung durch den Chatbot enthalten sind und das Einverständnis der Nutzerinnen und Nutzer eingeholt wird. Typischerweise erfolgt das mit dem Aufruf der Anwendungsumgebung explizit in einem Dialogfenster, das sich auf die relevanten Datenschutz-Aspekte bezieht, oder implizit durch Verweis auf die in der Anwendungsumgebung veröffentlichten und bei weiterer Nutzung akzeptierten Regelungen zum Datenschutz. Sobald Chatbots in der Anwendungsumgebung vorgesehen sind, sind sinnvollerweise und der Einfachheit halber alle Chatbot-spezifischen Informationen auch dort enthalten. Nur wenn der Chatbot über die dort genannten Daten hinaus Daten erhebt oder verarbeitet, ist ein weiteres Einholen des Einverständnisses im Chatbot-Dialog notwendig.

7.4 Der Chatbot im Live-Betrieb

7.4.1 Pilotbetrieb

Nach Abschluss der Qualitätssicherung und Freigabe durch den Auftraggeber wird der letzte Release Candidate zur Final Release-Version erklärt – er ist bereit für die Inbetriebnahme. Häufig jedoch erfolgt erst einmal ein Betrieb nur für eine Pilotgruppe und nicht für die ganze Zielgruppe. Die Pilotgruppe sollte eine gewisse aussagekräftige Größe haben und die Zielgruppe gut repräsentieren, damit der Pilotbetrieb Rückschlüsse darauf zulässt, was beim Live-Betrieb zu erwarten ist.

Während die Qualitätssicherung zum Teil noch in der Entwicklungs- oder einer Preview-Umgebung stattfindet, erfolgt der anschließende Pilotbetrieb in der Anwendungsumgebung, in der der Chatbot auch längerfristig laufen soll.

Der Pilotbetrieb liefert weitere Erkenntnisse über die tatsächliche Nutzung des Chatbots und die Erwartungen und Anforderungen der Nutzer:innen. Er ist damit wesentlich dafür, den Chatbot noch besser auf den Use Case abzustimmen. Selbst erfahrene Chatbot-Entwickler, die zum Beispiel in vertrieblichen und Service-Kontexten seit Jahren Chatbots implementieren, heben diesen Punkt immer wieder hervor. Es ist in der Konzept- und Implementierungsphase eben nur näherungsweise vorhersehbar, mit welchen Anforderungen im Detail die User in die Konversation einsteigen und wie sie konkret mit dem Chatbot interagieren.

Die systematische Auswertung der Gesprächsprotokolle zeigt, wo der Chatbot Benutzereingaben nicht versteht, das Gespräch nicht ausreichend zum Ziel lenkt, mögliche Antwortoptionen nicht angelegt wurden, Kontexte nicht berücksichtigt werden. Manchmal entdecken Sie auch Hinweise auf neue Use Cases, wenn die Pilotgruppe Anliegen formuliert, auf die Ihr Chatbot aktuell nicht eingestellt ist.

Wenn Sie ein NLU-basiertes Chatbot-Tool verwenden, liefert Ihnen der Pilotbetrieb weitere Beispielsätze, mit denen Sie den Chatbot trainieren können. Wie schon bei der Zusammenstellung der initialen Trainingsdaten sollten Sie hier auf eine ausreichende Trennschärfe der Trainingssätze achten. Dies gilt analog für die Abrundung der Patterns bei Pattern-Matching-Verfahren.

Auf der Grundlage der Auswertungen, Ihrer Schlussfolgerungen und der darauf basierenden Entscheidungen wird der Chatbot noch ein weiteres Mal überarbeitet und verbessert; dann ist es Zeit für den Go-live – auch wenn der Chatbot zu diesem Zeitpunkt sicher immer noch nicht perfekt ist. Wer mit dem Go-live wartet, bis der Chatbot perfekt funktioniert, wartet ewig!

7.4.2 Roll-out und Go-live

Alle Änderungen sind umgesetzt, alle Tests bestanden, alle Vorbereitungen abgeschlossen: Der große Tag, auf den Sie hingearbeitet haben, ist da, und Ihr Chatbot geht live!

Aus Management-Perspektive ist damit die Erstentwicklung abgeschlossen und der Continuous-Improvement-Prozess beginnt. Gleichzeitig tritt die Kommunikation und Vermarktung des Chatbots in die wichtigste Phase ein – bisher gab es vielleicht schon Ankündigungen; nun gilt es, die potenziellen Nutzer:innen mit dem Chatbot wirklich zusammenzubringen.

Wenn niemand von Ihrem Chatbot weiß, wird ihn auch niemand benutzen. Vielleicht haben Sie einen bereits rege genutzten Servicebereich auf Ihrer Webseite und benötigen kein weiteres Vermarktungskonzept, sondern können Ihren Chatbot einfach dort einbinden. Chatbots jedoch, die über Messenger-Apps interagieren, müssen meist auch auf anderen Kanälen beworben werden, damit die Nutzer:innen überhaupt den Weg zu ihnen finden. Ganz generell sind Webseiten oder Landing Pages, Mailings, Explainer-Videos, Podcasts, Pressemitteilungen und andere Formate der Publikation geeignete Instrumente.

Dabei ist die Zusammenarbeit zwischen dem Conversation-Design-Team und dem Marketing gefragt. Da Marketingabteilungen ihre Instrumente zur Kommunikation mit internen und externen Zielgruppen oft langfristig planen, sollten Sie schon frühzeitig über den geplanten Chatbot informieren und gemeinsam Maßnahmen und Zeitpläne für die Kommunikation und Vermarktung entwickeln und abstimmen.

Generell sollten alle an der Chatbot-Entwicklung beteiligten Personenkreise wie Stakeholder, Test- und Pilotgruppen, Key User, Subject Matter Experts, Designer und Prozessverantwortliche in den Roll-out eingebunden, mindestens jedoch gut informiert sein. Im Chatbot-Kernteam erfolgt ein De-Briefing; vielleicht gestalten Sie gemeinsam einen Event, um den Go-live zu feiern. In vielen Fällen bleibt zumindest ein Teil des Chatbot-Kernteams über den Go-live hinaus aktiv, um die Vermarktung und die erste Continuous-Improvement-Phase zu begleiten. Schließlich kennt niemand den Chatbot so gut wie die unmittelbar an seiner Entwicklung beteiligten Personen!

In der Betriebsphase übernehmen oft andere Bereiche und Personen das Continuous Improvement. Die Roll-out-Phase ist ein guter Zeitpunkt, sie zu schulen beziehungsweise zu briefen. Inhalte sind technische und organisatorische Aspekte wie die Bedienung der verwendeten Tools, Namenskonventionen, Datenorganisation ebenso wie Kennenlernen von Use Case, Persönlichkeit und Sprache des Chatbots.

7.4.3 Weiterentwicklung und Continuous Improvement

Bei Chatbots ist es tatsächlich so: Sie müssen reifen und werden erst im Laufe der Zeit richtig gut. Es ist nahezu unmöglich, im Conversation Design vollständig vorherzusehen, wie Nutzer:innen mit dem Chatbot interagieren werden. Die ersten Wochen und Monate sind eine entscheidende Lernphase für den Chatbot, weiter gelernt wird jedoch darüber hinaus: „Lebenslanges Lernen" ist bei der Chatbot-Entwicklung der vielleicht wichtigste Grundsatz.

Die kontinuierliche Weiterentwicklung und Verbesserung erfolgt in drei Schritten:

- Erheben der Dialogdaten
- Auswerten der Daten
- Verbesserung des Chatbots hinsichtlich Zielerfüllung, Domäne, Flow, Copywriting, Intents, Entities, …

> ▶ **Tipp** Als Product Owner mit Verantwortung für das Continuous Improvement ist eine Person aus dem Conversation-Design-Team ideal. Viele Chatbot-Tools sind einfach zu bedienen und brauchen keine spezifische Programmierungs-Kompetenz, um die Änderungen aus dem Continuous-Improvement-Prozess umzusetzen. Hingegen ist für eine gelungene Conversational User Experience die Expertise im Conversation Design unverzichtbar.

Es gilt also, den Chatbot im Live-Betrieb weiterhin zu beobachten, die Gesprächsprotokolle regelmäßig auszuwerten, zu untersuchen, was im Dialog gut funktioniert und was schief geht, und entsprechend nachzubessern. Dies erfolgt in der ersten Zeit nach dem Go-live am besten täglich; selbst bei geringen Zugriffszahlen wenigstens zweimal wöchentlich. Planen Sie feste Termine ein, wann Sie Updates einspielen. Je nach Zugriffszahlen, aber auch abhängig von Eigenschaften der Zielgruppe, können Sie die Update-Frequenz im Laufe der Zeit verringern. Wenn es für Ihren Use Case jedoch wichtig ist, dass möglichst wenig Nutzer:innen mit dem Chatbot frustrierende Erfahrungen machen, sollten Sie lieber häufiger Updates einspielen, selbst wenn diese nur geringfügige Änderungen enthalten.

Wichtigstes Gebiet für Updates ist natürlich der Dialog selbst. Vor allem in der Intent-Klassifizierung, bei der Formulierung der Chatbot-Prompts sowie dem Dialogverlauf wird es anfangs viel Optimierungspotenzial geben. Daneben bieten das Design, die Benutzerführung sowie der Einsatz von Medien und Rich Responses Potenzial für Verbesserungen.

Wie schon bei der Implementierung des Chatbots arbeiten auch hier Entwicklungs- und Conversation-Design-Team Hand in Hand zusammen. Ein Chatbot wird nur dann richtig gut, wenn Technik, Sprache und Kommunikationsverhalten perfekt ineinandergreifen.

Literatur

Bertelsmann Stiftung, Aydin T (2021) *Digitale Barrierefreiheit: Ein Leitfaden für zugänglichere digitale Angebote.* https://www.bertelsmann-stiftung.de/de/publikationen/publikation/did/digitale-barrierefreiheit-1. abgerufen am 25.7.2022.

Berg B, Knott P, Sandhaus G (2014) *Hybride Softwareentwicklung: Das Beste aus klassischen und agilen Methoden in einem Modell vereint.* Springer.

Bruns B. (2019) *Wie konzipiere ich einen Lernbot? Conversational Learning und die Suche nach der Antwort auf »alles«.* in: Hohenstein A., Wilbers K. (Hg.): Handbuch E-Learning. 79. Erg.-Lfg., Februar 2019.

Hundertmark S (2020) *Digitale Freunde: Wie Unternehmen Chatbots erfolgreich einsetzen können.* Wiley-VCH, Weinheim.

Kohne A, Kleinmanns P, Rolf C, Beck M (2021) *Chatbots: Aufbau und Anwendungsmöglichkeiten von autonomen Sprachassistenten.* Springer Vieweg, Wiesbaden Heidelberg.

Shevat A (2017) *Designing bots: creating conversational experiences.* O'Reilly, Beijing ; Boston.

Glossar

AIML Auf XML basierende Auszeichnungssprache für die Entwicklung von Chatbots

Anthropomorphismus Vermenschlichung, meist unwillkürliche Übertragung menschlicher Eigenschaften oder Verhaltensweisen auf nicht-menschliche Wesen oder Dinge, beispielsweise wenn Maschinen Gefühle oder Absichten zugeschrieben werden

Aufgabenorientierung → Gesprächstyp von Chatbots, deren Dialog ausschließlich Mittel zu einer effizienten Aufgabenerfüllung ist

Auftragsorientierung Untertyp der → Aufgabenorientierung von Chatbots, deren Aufgabe die Erfüllung eines kleinen Auftrags ist

Auskunftsorientierung Untertyp der → Aufgabenorientierung von Chatbots, deren Aufgabe die Erteilung einer Auskunft ist

Äußerungseinheit In sich abgeschlossener Teil eines Dialogbeitrags, zum Beispiel eine Aussage, eine Sprechblase oder eine Rich Response

Bot Grundsätzlich jede Software, die eigenständig eine automatisierte Aufgabe erledigt

CASA Kurz für: „Computers are social actors"

CASA-Paradigma Beobachtung, dass Menschen dem Umgang mit Maschinen menschliche Maßstäbe für soziales Handeln zugrundelegen, → CASA

Chatbot → Conversational User Interface, bei dem die Interaktion über Chat erfolgt

Chatbot-Builder Tool mit einer grafischen Benutzeroberfläche zur Erstellung von Chatbots, meist auf einer Online-Plattform

Chatterbot Chatbot, der vor allem Smalltalk beherrscht

Conversational Agent → Conversational User Interface

Conversational Commerce Einsatz von Chatbots und Messenger-Diensten im E-Commerce

Conversational Experience → Conversational User Experience

Conversational User Experience Das Erlebnis, das ein Chatbot den Nutzer:innen mittels seiner Bedienung, Fachkompetenz, Ästhetik, Gesprächsführung und Dialogqualität vermittelt

Conversational User Interface Dialogbasierte Benutzerschnittstelle, über die Menschen mit einem technischen System per natürlicher Sprache (im Chat oder per Stimme) interagieren, kurz: CUI

CUI → Conversational User Interface

CUX → Conversational User Experience

Dialogablauf Gesamtheit der Pfade, die die möglichen Dialogverläufe in der Interaktion mit dem Chatbot beschreiben

Domäne Fachgebiet, das ein Chatbot beherrscht, auch: Informationsraum

Drehbuch Textdokument, das alle Chatbot-Prompts inklusive möglicher Textvarianten enthält

Easter Egg → Osterei

Eliza Erster Chatbot, entwickelt 1966 von dem US-amerikanischen Informatiker Joseph Weizenbaum

Entity Parameter, den der Chatbot dem Dialog entnehmen muss, weil er für die Erfüllung des Dialogziels benötigt wird

Entity Extraction → Entity-Extraktion

Entity-Extraktion Erkennung und „Entnahme" einer Entity aus dem Dialog

Explizite Vorgaben Konkrete Antwortoptionen, die der Chatbot in seinem Gesprächsbeitrag für den weiteren Dialogverlauf vorschlägt, zum Beispiel in Form von Stichworten, → Quick Replies oder → Rich Responses

FAQ Kurz für: Frequently Asked Questions, eine Zusammenstellung häufig gestellter Fragen und der dazugehörigen Antworten

FAQ-Bot Chatbot, der auf häufige Fragen eine standardisierte Antwort gibt, ohne darauf aufbauend weitere Dialogangebote zu machen

Flow → Dialogablauf

Freitexteingabe Freie Eingabe von Dialogbeiträgen durch die Nutzer:innen im Chatfenster

funktionale Qualität → pragmatische Qualität

Gesprächstyp Kategorisierung von Chatbots nach Art ihres Dialogziels; → Aufgabenorientierung, → Themenorientierung

GOFAI Kurz für „good old-fashioned artificial intelligence", also die „gute altmodische KI"

Happy Path Kürzestmöglicher Dialogverlauf zur Erfüllung des Use Case

Hauptpfad Dialogpfad, der dem Erreichen des im Use Case definierten Ziel dient

Hedonische Qualität Qualitätsaspekte einer Software, die über die pragmatische Qualität hinausgehen, wie Spaß, Unterhaltung, Stimulation, Image

Implizite Vorgaben Durch Wortwahl des Chatbots nahegelegte Formulierungen für → Utterances der Nutzer:innen

Informationsraum → Domäne

Intent Absicht, die mit einer → Utterance verfolgt wird

Intent Classification → Intent-Klassifizierung

Intent-Klassifizierung Zuordnung einer → Utterance zu einem → Intent in der Eingabeverarbeitung eines Chatbots

Kleinste sprechbare Sinneinheit Die Informationsmenge, die ein Chatbot in einem Gesprächsbeitrag unterbringen kann, textuelle Vorstufe der → turn-constructional unit KSE

KSE → kleinste sprechbare Sinneinheit

Künstliche Intelligenz Teilgebiet der Informatik, das sich mit der Automatisierung intelligenten Verhaltens befasst

Loebner-Preis Auszeichnung für Computerprogramme, die den → Turing-Test bestehen

Machine Learrning → subsymbolische KI

Magic Assistant Brainstorming-Methode zur Entwicklung des Use Case eines Chatbots

Maschinelles Lernen → subsymbolische KI

Memory Merkfähigkeit und Kontextverständnis eines Chatbots

ML Kurz für: Maschinelles Lernen bzw. Machine Learning, → subsymbolische KI

Natural Language Generation Maschinelle Erzeugung natürlichsprachlicher Ausgaben

Natural Language Processing Maschinelle Verarbeitung natürlicher Sprache, kurz: NLP

Natural Language Understanding Maschinelle Verarbeitung natürlichsprachlicher Eingaben

Nebenpfad Dialogpfad, der nicht unmittelbar der Erfüllung des Use Case dient, beispielsweise Hilfe, Reaktion auf Dank oder Beschimpfung

NLP → Natural Language Processing

Onboarding Begrüßungssequenz im Chatbot-Dialog direkt nach dem Aufruf, erster → Prompt des Chatbots nach dem Aufruf

Osterei Versteckte Funktionen in einer Software

Paarsequenz Dialogsequenz, die aus nur jeweils einem Gesprächsbeitrag der beiden Gesprächspartner:innen besteht

Pattern-Matching Regelbasierte Verfahren zur → Intent-Klassifizierung

Persistenz Merkfähigkeit eines Chatbots über eine Session hinaus

Persona Beispielhafte Beschreibung einer (fiktiven) Person einer Zielgruppe, die hinsichtlich ihrer demografischen und sonstigen Eigenschaften repräsentativ für diese Gruppe ist

Pfad Dialogsequenz mit einem bestimmten Auslöser und einem bestimmten Ziel

pragmatische Qualität Qualitätsaspekte einer Software, die zu ihrer Nützlichkeit und Nutzbarkeit beitragen

Prompt Gesprächsbeitrag des Chatbots im Dialog

Quick Reply → Schnellantwort

Regelbasierte Verfahren → symbolische KI

Rettungsring Vom Chatbot kommunizierte explizite Formulierungen oder Schlagwörter, mit denen die Nutzer:innen bestimmte Prompts des Chatbots abrufen bzw. bestimmte Dialogpfade ansteuern können

Rich Response → Explizite Vorgabe in Form visueller Interaktionselemente wie Buttons, Links, Menüs

Schnellantwort Vorformulierte Antwortoptionen, die der Chatbot im Dialog ausgibt, meist in Form von Buttons

Sequenz Abschnitt eines → Dialogs

Simple Response → Freitexteingabe

Slot-Filling Belegung von Variablen mit durch Entity-Extraktion gewonnenen Werten

Soziale Präsenz Empfundene Stärke des Kontakts zum Gegenüber in einer Interaktion

Story Thematisch oder funktional abgeschlossene → Sequenz innerhalb eines → Dialogs

Subsymbolische KI Auf künstlichen neuronalen Netzen basierende Verfahren der → Künstlichen Intelligenz, auch: → Maschinelles Lernen (Machine Learning)

Symbolische KI Verfahren der → Künstlichen Intelligenz, die auf Logiken, Schlussregeln und Inferenzverfahren beruhen

Task-led → Aufgabenorientierung

TCU Kurz für: turn-constructional unit, → Äußerungseinheit

Themenorientierung → Gesprächstyp von Chatbots, deren Gespräch nicht nur Hilfsmittel, sondern Teil des Auftrags ist

Topic-led → Themenorientierung

Trigger Auslöser für einen Gesprächsbeitrag des Chatbots, wie Freitexteingaben der Nutzer:innen, aber auch Funktionsaufrufe, Links, Rich Responses und ähnliches

Turing, Alan Britischer Mathematiker und Informatiker (1912–1954)

Turing-Test Vom britischen Mathematiker Alan → Turing formuliertes Experiment, um die Ebenbürtigkeit einer künstlichen Intelligenz mit der menschlichen zu testen

Turn Gesprächsbeitrag in einem Dialog

Turn-constructional unit → Äußerungseinheit, kurz: TCU

Uncanny Valley „Gruselgraben" der Nutzerakzeptanz: Effekt, dass die Akzeptanz eines künstlichen Wesens bei zu großer Menschenähnlichkeit nicht mehr weiter zu-, sondern abrupt abnimmt

Utterance Äußerung, textuelle Eingabe durch Nutzer:innen im Chat

Voicebot → Conversational User Interface, bei dem die Interaktion über gesprochene Sprache erfolgt

The manufacturer's authorised representative in the EU is Springer Nature Customer Service Centre GmbH, Europaplatz 3, 69115 Heidelberg, Germany. If you have any concerns regarding our products, please contact ProductSafety@springernature.com

Printed and bound by CPI Group (UK) Ltd, Croydon, CR0 4YY
25/03/2026
02078182-0016